名校名师精品系列教材

Typical Data Analysis Visualization Project with Python

# Python 数据分析与可视化典型项目实战

**微课版**

高海英 陈承欢 ◉ 主编

姚锋刚 刘娜 ◉ 副主编

人 民 邮 电 出 版 社

北 京

**图书在版编目（CIP）数据**

Python数据分析与可视化典型项目实战 ：微课版 / 高海英，陈承欢主编. -- 北京 ：人民邮电出版社，2024.7
名校名师精品系列教材
ISBN 978-7-115-62214-3

Ⅰ. ①P… Ⅱ. ①高… ②陈… Ⅲ. ①软件工具一程序设计一教材 Ⅳ. ①TP311.561

中国国家版本馆CIP数据核字(2023)第121659号

## 内 容 提 要

在数字化趋势背景下，数据分析几乎应用到了各行各业。数据已经成为企业的核心生产要素，而数据分析技术也成为企业的核心竞争力。

本书注重教学内容的思想性，“因势利导、顺势而为”，将知识传授、技能训练、能力培养和价值塑造有机结合；注重案例的典型性，优选人口与生产总值数据分析、天气与空气质量数据分析、房源数据分析、旅游景点数据分析、商品销量数据分析、订单数据分析、电商客户行为分析、电商客户消费偏好特征分析、广告投放效果分析、股票数据分析与股价趋势预测共10个典型数据分析案例；注重数据信息的有效性，各个数据分析案例都提供合法、公开的足量数据；注重数据分析的实用性和方法应用的灵活性，每个案例的数据分析与可视化都提供实现过程，能全面训练读者的数据分析与可视化综合能力；注重图形展示的多样性，涉及多种图形，并且图形的绘制方法多样、参数设置恰当、展示效果美观，具有较高的参考价值。

本书可以作为普通高等院校、高等或中等职业院校各专业的Python数据分析与可视化综合训练课程的教材，也可以作为Python数据分析与可视化的培训教材及自学参考书。

◆ 主　　编　高海英　陈承欢
　副 主 编　姚锋刚　刘　娜
　责任编辑　桑　珊
　责任印制　王　郁　焦志炜

◆ 人民邮电出版社出版发行　　北京市丰台区成寿寺路11号
　邮编　100164　　电子邮件　315@ptpress.com.cn
　网址　https://www.ptpress.com.cn
　三河市君旺印务有限公司印刷

◆ 开本：787×1092　1/16
　印张：19.5　　2024年7月第1版
　字数：498千字　　2025年1月河北第2次印刷

定价：69.80元

读者服务热线：(010)81055256　印装质量热线：(010)81055316
反盗版热线：(010)81055315
广告经营许可证：京东市监广登字20170147号

# 前言

本书全面贯彻党的二十大精神，以社会主义核心价值观为引领，传承中华优秀传统文化，坚定文化自信，使内容更加体现时代性、把握规律性、富于创造性。

在数字化趋势背景下，各行各业都在数字化浪潮中发生了深刻的变革。数字化将更好地服务于社会发展，不断提升人们的生活水平，这是不可逆转的趋势。在数字化时代，我们若想更好地理解和认识这个数字化世界，就需要学会利用数据，学会让数据真正产生价值。数字化给我们提供了认识世界的全新视角和方法论，让我们可以更加便捷、全面、深刻地理解世界。

当前数据分析几乎应用到了各行各业，以大数据、人工智能技术为核心的分布式计算平台为数据分析插上了腾飞的翅膀，各种应用场景的拓展，让数据分析有了发展的土壤。

本书通过 Python 数据分析与可视化典型项目实战探索数据分析与可视化的方法，主要特色与创新如下。

**1. 教学内容注重思想性**

本书为了实现“知识传授、技能训练、能力培养和价值塑造有机结合”，在教学目标、教学过程、教学策略、教学活动、教学案例选择等方面，有意、有机、有效地融入辩证思维、系统思维、严谨细致、精益求精、求真务实、诚实守信、普遍联系、效率观念、全局意识、创新意识这 10 项重要的思维品质，通过课程教学全过程让学生思想上有正向发展、行为上有良好改变，以期真正实现育人“真、善、美”的统一、“传道、授业、解惑”的统一。

**2. 案例注重典型性**

为了更好地满足人民日益增长的美好生活需要，各行各业应该运用科学方法精准施策、主动作为，大数据分析是提高服务质量、服务精准度、用户满意度行之有效的方法。本书优选人口与生产总值数据分析、天气与空气质量数据分析、房源数据分析、旅游景点数据分析、商品销量数据分析、订单数据分析、电商客户行为分析、电商客户消费偏好特征分析、广告投放效果分析、股票数据分析与股价趋势预测共 10 个典型数据分析案例，通过完成 36 项数据分析任务，对数据分析与可视化进行综合实践，让读者可以全面掌握数据分析与可视化方法，提高数据分析的能力。

**3. 数据信息注重有效性**

本书中各个数据分析案例都提供足量的数据，这些数据都是合法且公开的，并且进行了必要的脱敏处理，不存在任何侵权行为。人口与生产总值数据是国家统计局公布的官方数据，天气与空气质量数据是 2345 天气王网站提供的各大城市天气历史数据，房源数据是售房网站公开的售房数据，旅游景点数据是旅游网站公开的景点数据，商品销量数据、订单数据、电商客户行为数据、电商客户消费偏好特征数据、广告投放效果数据是天池大数据竞赛公开的数据，股票数据是股票网站公开的股票交易数据。这些高质量的有效数据为本书的数据分析与处理、挖掘数据背后潜在的意义提供了充分保证。

**4. 数据分析注重实用性**

本书中每个案例的数据分析与可视化都提供了实现过程，主要包括模块导入、数据读取、数据审阅、数据预处理、数据分析与可视化等，全方位、多角度训练读者的数据分析与可视化综合能力。

本书以数据分析与可视化任务实战为主体，主要突出知识应用与能力训练，各模块涉及的数据分析方法在“方法要点”中列出，各模块展示数据的各类图形在“绘图清单”中列出。相关Python基础知识请参考《Python程序设计任务驱动式教程（微课版）》一书，相关数据分析与可视化基础知识请参考《Python数据分析基础与应用（微课版）》一书。

5. 方法应用注重灵活性

数据分析与可视化应用的相关知识点多、内容覆盖面广，除了Python基础知识，还包括numpy、pandas、matplotlib、seaborn、pyecharts等多个库的知识。本书灵活地将相对不变的知识点应用在变化多样的实际数据分析问题中，同一知识点用于解决不同的问题，同一问题使用不同方法解决。例如，分析杭州市在售房源数据时，“单价”列的数据包含单位“元 / 平方米”，要删除单位取出单价数字可以使用正则表达式，也可以使用“元”字进行字符串分割，还可以使用“元”字在“单价”列中的位置获取单价数字。分析药店药品销量数据时，“销售时间”列数据中包含星期数据，可以使用split()或者slice()把“销售时间”列中的日期和星期拆分开。以下多种方法都可以实现饼图绘制以分析京东电商客户喜好的商品大类：使用matplotlib.pyplot的pie()函数，使用matplotlib.pyplot的plot()函数，使用plotly.graph_objs的Pie类，使用pyecharts.charts的Pie类，等等。

6. 图形展示注重多样性

本书可视化图形涉及pandas、matplotlib、seaborn、pyecharts、altair等多个库，用于可视化展示数据的图形主要包括柱形图、条形图、饼图、圆环图、折线图、箱形图、散点图、堆叠图、玫瑰图、金字塔图、漏斗图、地图、层次聚类图、小提琴图、热力图、直方图、词云图、矩形树图、日历图、旭日图、极坐标图、棒棒糖图、仪表盘图、雷达图等20多种。这些图形的绘制方法多样、参数设置恰当、展示效果美观，具有较高的参考价值。由于绘制的图形多、代码长，受纸质教材篇幅限制，不能将所有图形绘制代码和生成的图形在纸质教材中展示，本书对长代码和图形进行合理取舍，部分代码和图形随纸质教材以电子活页方式提供，以电子活页方式展示的图形更逼真、更清晰、更灵活。电子活页能有效解决数据分析教材代码多、数据多、参数多、图形多的问题，有效保证绘制图形的代码、参数与图形的完整性和系统性，避免顾此失彼，充分拓展知识宽度、降低教材厚度、提高教学效率。

本书由高海英、陈承欢任主编，姚锋刚、刘娜任副主编，湖南铁道职业技术学院的张丽芳、林保康，以及西安航空职业技术学院的谭婕娟、张莉彬参与编写并提供部分案例。由于编者水平有限，书中的疏漏之处敬请专家与读者批评指正。

编者

2024年5月

# 本书导学

## 1．导入通用模块

为了避免相同的导入模块代码重复出现，本书各个模块介绍的案例都需要导入以下通用模块，在各个模块中不再说明。

```
import numpy as np
import pandas as pd
import matplotlib.pyplot as plt
%matplotlib inline
```

## 2．解决中文字符无法正常显示的问题

设置加载指定字体的示例代码如下：

```
plt.rcParams['font.sans-serif'] = ['SimHei']
plt.rcParams['font.sans-serif'] = ['Microsoft YaHei']
plt.rcParams['font.sans-serif'] = ['FangSong']
```

解决负号“-”显示为方块的问题的示例代码如下：

```
plt.rcParams['axes.unicode_minus'] = False
```

## 3．使用 seaborn 库

以下代码用于导入 seaborn 库，并设置其别名为 sns。

```
import seaborn as sns
```

## 4．使用 pyecharts.charts 库

使用 pyecharts.charts 库的方法绘制各种图形时，需要使用以下代码导入所有模块。

```
from pyecharts.charts import *
from pyecharts import options as opts
```

也可以使用以下代码，分别导入所需的模块。

```
from pyecharts.charts import Bar, Pie, Map, Line, Scatter, Geo, Grid, Polar
from pyecharts.charts import Timeline, WordCloud, HeatMap, Funnel
```

## 5．使用 set_option() 方法灵活设置列显示长度

pandas 库对列中显示的字符有一些限制，默认显示 50 个字符。所以，有的列的字符过长就会显示省略号。参数 display.max_columns 用于控制列显示长度，默认值为 20。

设置列显示长度为 200 的示例代码如下：

```
pd.set_option('display.max_columns',200)
```

把列显示长度设置成最大的示例代码如下：

```
pd.set_option('display.max_columns', None)
```

## 6．使用 set_option() 方法灵活设置行显示长度

默认情况下，pandas 库的输出是不超出屏幕的显示范围的，如果数据表的行数很多，pandas

库会截断中间的行，只显示一部分。可以通过设置 display.max_rows 来控制行显示长度。

设置显示 100 行的示例代码如下：

```
pd.set_option('display.max_rows', 100)
```

显示所有行，把行显示长度设置成最大的示例代码如下：

```
pd.set_option('display.max_rows', None)
```

# 目录

## 模块 10 股票数据分析与股价趋势预测 / 281

# 模块1 人口与生产总值数据分析

01

本模块主要针对我国部分人口生产总值数据进行分析与可视化，包括第七次全国人口普查部分数据分析与可视化，2011—2021年全国各大区的生产总值数据分析与可视化，综合分析我国各地区的面积、人口与生产总值数据。

## 方法要点

☑ 使用 read_excel() 函数读取 Excel 文件中的数据，完成读取数据时的参数设置。
☑ 使用 read_csv() 方法读取长字符串数据。
☑ 复制数据集。
☑ 查看数据集中前 5 行数据。
☑ 查看数据集的列名。
☑ 指定数据集各列的名称。
☑ 重命名数据集中的列。
☑ 判断与统计数据集中缺失值的数量。
☑ 数据集的重置索引、替换操作、排序操作、转置操作。
☑ 数据集中列数据的计算。
☑ 向数据集中添加、计算列数据。
☑ 在数据集中新增列，且设置初始值。
☑ 从数据集中提取符合指定条件的指定列数据。
☑ 获取数据集的列索引和行索引。
☑ 指定行索引的名称。
☑ 获取数据集中指定行或指定列的数据。
☑ 从数据集中删除指定索引、删除空值。
☑ 从数据集中删除指定行数据或指定范围内的行数据。
☑ 查看数据集中的行索引。
☑ 转换数据类型。
☑ 将数据集中的索引或指定列转换为列表。
☑ 使用正则表达式删除数据集中指定列中的多余文字。

- ☑ 使用 merge() 方法合并两个或多个数据集。
- ☑ 使用 concat() 方法合并数据集。
- ☑ 使用 pandas 库的 iterrows( ) 方法遍历 DataFrame 的行数据。
- ☑ 使用 pandas 库的 assign() 函数根据某个列进行计算得到一个新列。
- ☑ 使用 scipy.cluster.hierarchy 的 cut_tree() 方法进行分组。
- ☑ 使用 background_gradient() 方法设置渐变的条件格式。
- ☑ 获取数据集中最小列值和最大列值。
- ☑ 计算数据集中各列数值型数据的比值。
- ☑ 根据指定的要求从数据集指定的列中截取不同长度的数据。
- ☑ 应用以下方法或函数：apply()、mean()、map()、len()、isin()、agg() 等以及 lambda 函数。

## 绘图清单



- ☑ 使用 pandas 的 DataFrame.plot.bar() 方法绘制柱形图。
- ☑ 使用 pandas 的 DataFrame.plot.barh() 方法绘制条形图。
- ☑ 使用 pandas 的 DataFrame.plot() 方法绘制箱形图。
- ☑ 使用 pandas 的 DataFrame.plot.scatter() 方法绘制散点图。
- ☑ 使用 seaborn 的 barplot() 方法绘制金字塔图。
- ☑ 使用 pyecharts.charts 的 Pie 类绘制玫瑰图、饼图、圆环图。
- ☑ 使用 pyecharts.charts 的 Bar 类绘制柱形图、堆叠条形图。
- ☑ 使用 pyecharts.charts 的 Funnel 类绘制漏斗图。
- ☑ 使用 pyecharts.charts 的 Map 类绘制人口分布地图、轮播地图。
- ☑ 使用 pyecharts.charts 的 Geo 类和 Timeline 类绘制轮播地图。
- ☑ 使用 hierarchy.dendrogram() 方法绘制层次聚类图（谱系树）。
- ☑ 使用 altair 的 Chart() 方法绘制分组柱形图、数据关系图。
- ☑ 在同一画布中绘制多张圆环图对全国人口进行画像。

## 任务实战

# 【任务 1-1】第七次全国人口普查数据分析与可视化

### 【任务描述】

人口是影响国家和地区发展的重要因素，我国在 2020 年开展了第七次全国人口普查，普查标准时点是 2020 年 11 月 1 日零时。第七次全国人口普查是新时代开展的一次重大国情国力调查，全面查清了我国人口数量、结构、分布等方面的情况，为完善我国人口发展战略和政策体系，促进人口长期均衡发展，科学制定国民经济和社会发展规划，推动经济高质量发展，开启全面建设社会主义现代化国家新征程，向第二个百年奋斗目标进军，提供科学准确的统计信息支持。

普查主要调查人口和住户的基本情况，内容包括：姓名、公民身份证号码、性别、年龄、民族、受教育程度、行业、职业、迁移流动、婚姻生育、死亡、住房情况等。2021 年 5 月 11 日，第七次全国人口普查结果公布，全国人口共 1411778724 人（本例中均未包含香港特别行政区、澳门特别行政区、台湾省数据）。

以下各个主要数据文件来源于国家统计局公布的第七次全国人口普查结果。

★ 2020 年各地区每 10 万人口中拥有的各类受教育程度人数 .xlsx。

★ 2020 年和 2010 年各地区 15 岁及以上人口平均受教育年限 .xlsx。

★ 2020 年各地区人口 .xlsx。

★ 2020 年各地区人口年龄构成 .xlsx。

★ 2020 年各地区人口性别构成 .xlsx。

★ 2020 年全国人口年龄构成 .xlsx。

针对文件数据，分析以下内容。

（1）全国及各地区各类受教育程度人口分布。

（2）全国及各地区人口性别构成。

（3）全国及各地区人口年龄构成及其影响因素。

（4）全国及各地区人口数量分布。

（5）2010—2020 年这 10 年间人口增长情况。

（6）各地区 15 岁及以上人口平均受教育年限。

（7）各地区的人口流动情况。

（8）绘制 2020 年全国人口画像。

**【任务实现】**

在 Jupyter Notebook 开发环境中创建 tc01-01.ipynb，然后在单元格中编写代码并输出对应的结果。

### 1. 导入模块

导入通用模块的代码详见“本书导学”，导入其他模块的代码如下：

```
from pyecharts.commons.utils import JsCode
import random
pd.set_option('precision', 2)
import altair as alt
```

### 2. 2020 年全国及各地区每 10 万人口中拥有的各类受教育程度人数分布数据分析与可视化

（1）读取数据

代码如下：

```
df_edu=pd.read_excel(r"data\2020年各地区每10万人口中拥有的各类受教育程度人数.xlsx")
```

（2）查看部分数据

代码如下：

```
df_edu.head()
```

输出结果：

|  | 地区（单位：人/10万人） | 大学（大专及以上） | 高中（含中专） | 初中 | 小学 |
|---|---|---|---|---|---|
| 0 | 全国 | 15467 | 15088 | 34507 | 24767 |
| 1 | 北京 | 41980 | 17593 | 23289 | 10503 |
| 2 | 天津 | 26940 | 17719 | 32294 | 16123 |
| 3 | 河北 | 12418 | 13861 | 39950 | 24664 |
| 4 | 山西 | 17358 | 16485 | 38950 | 19506 |

说明

以下正文、代码及图中的“大学”包含“大专及以上”，“高中”包含“中专”。

（3）定义列名

代码如下：

```
df_edu.columns=["地区","大学","高中","初中","小学"]
```

（4）查看是否存在缺失值

代码如下：

```
df_edu.isnull().sum()
```

（5）删除“地区”列中多余的空格

代码如下：

```
df_edu['地区'] = df_edu['地区'].str.replace(' ','')
```

（6）复制数据集

代码如下：

```
education=df_edu.copy()
```

（7）计算受教育程度为“其他”的人数

代码如下：

```
education['其他'] = 100000-education['大学']-education['高中']-education
['初中']-education['小学']
```

（8）对数据集进行排序

代码如下：

```
education.sort_values(by=['大学','高中','初中','小学','其他'],ascending=
False,inplace = True)
```

（9）绘制堆叠柱形图

代码如下：

```
matplotlib.rc('figure', figsize =(16,8))
education.plot.bar(x = '地区', y = ['大学','高中','初中','小学','其他'],stacked
= True)
plt.title('各地区每10万人口中各类受教育程度的人数', loc = 'left', fontsize = 20)
plt.legend(bbox_to_anchor =(1,1.1), ncol = 10, facecolor = 'None')
plt.xlabel('')
plt.show()
```

输出结果如图 1-1 所示。

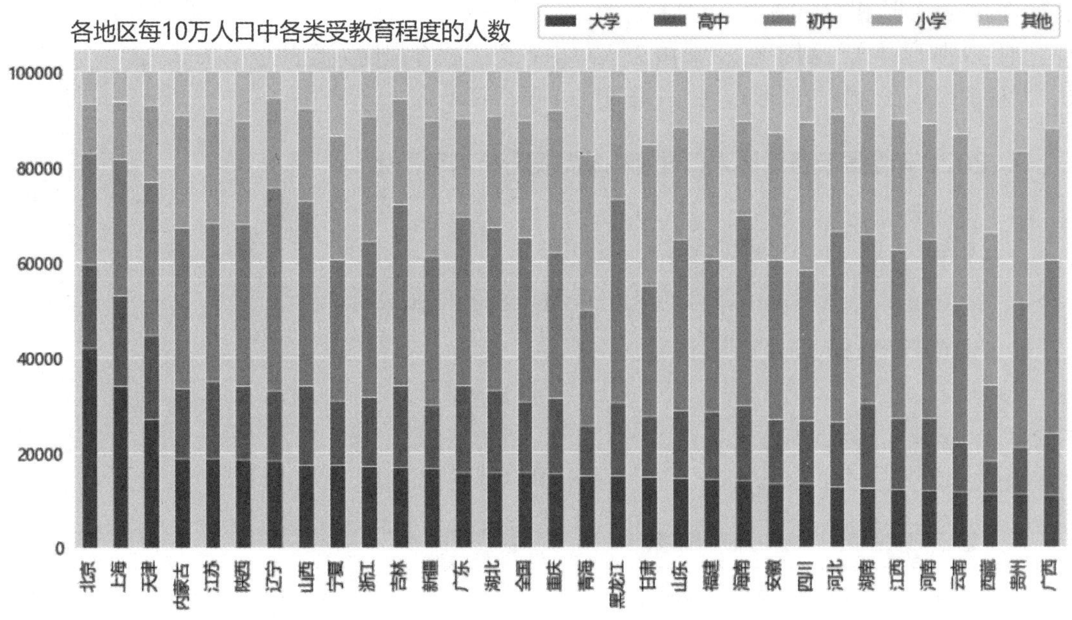

图 1–1　各地区每 10 万人口中各类受教育程度的人数堆叠柱形图

（10）重置索引

代码如下：

```
df_edu.set_index("地区", inplace=True)
```

（11）获取列名称和全国各类受教育程度人数

代码如下：

```
edu1=df_edu.iloc[0,:].index.tolist()
cedu1=df_edu.iloc[0,:].values.tolist()
```

（12）绘制全国每 10 万人口中拥有的各类受教育程度人数分布玫瑰图

在线浏览

电子活页 1–1

扫描二维码在线浏览电子活页 1-1“绘制全国每 10 万人口中拥有的各类受教育程度人数分布玫瑰图”中的代码及绘制的图形。

（13）删除“地区”列“全国”对应的行后查看行索引

代码如下：

```
df_edu=df_edu.drop(index="全国")
df_edu.index
```

输出结果：

```
Index(['北京', '天津', '河北', '山西', '内蒙古', '辽宁', '吉林', '黑龙江',
       '上海', '江苏', '浙江','安徽', '福建', '江西', '山东', '河南', '湖北',
       '湖南', '广东', '广西', '海南', '重庆', '四川','贵州', '云南', '西藏',
       '陕西', '甘肃', '青海', '宁夏', '新疆'],
    dtype='object', name='地区')
```

使用以下语句也可以删除“地区”列“全国”对应的行。

```
df_edu.drop(labels=[0], axis=0, inplace=True)
```

在线浏览

电子活页 1–2

（14）绘制各地区每 10 万人口中各类受教育程度人数的堆叠条形图

扫描二维码在线浏览电子活页 1-2“绘制各地区每 10 万人口中各类受教育程

度人数的堆叠条形图”中的代码及绘制的图形。

自定义条形样式绘制各地区每 10 万人口中各类受教育程度人数的堆叠条形图，对应的代码及绘制的图形详见本书配套的电子活页 1-1。

### 3. 2020 年全国及各地区人口性别构成数据分析与可视化

（1）读取数据

代码如下：

```
df_gender=pd.read_excel(r"data\2020 年各地区人口性别构成 .xlsx")
```

（2）查看部分数据

代码如下：

```
df_gender.head()
```

输出结果：

| | 地区 | 男性占比 | 女性占比 | 性别比 |
|---|---|---|---|---|
| 0 | 全国 | 51.24 | 48.76 | 105.07 |
| 1 | 北京 | 51.14 | 48.86 | 104.65 |
| 2 | 天津 | 51.53 | 48.47 | 106.31 |
| 3 | 河北 | 50.50 | 49.50 | 102.02 |
| 4 | 山西 | 50.99 | 49.01 | 104.06 |

从输出结果可以看出：全国人口中，男性人口占 51.24%，女性人口占 48.76%。总人口性别比（以女性为 100，男性对女性的比例）为 105.07，与 2010 年基本持平，略有降低。我国人口的性别结构持续改善。

（3）定义列名称

代码如下：

```
df_gender.columns=[" 地区 "," 男性占比 "," 女性占比 "," 性别比 "]
```

（4）查看是否存在缺失值

代码如下：

```
df_gender.isnull().sum()
```

输出结果：

```
地区        0
男性占比      0
女性占比      0
性别比      0
dtype: int64
```

（5）删除“地区”列中多余的空格

代码如下：

```
df_gender[' 地区 '] = df_gender[' 地区 '].str.replace(' ','')
```

（6）重置索引

代码如下：

```
df_gender.set_index("地区",drop=True,inplace=True)
```

（7）获取行索引和男女占比

代码如下：

```
regions2=df_gender.index.tolist()
man=df_gender["男性占比"].values.tolist()
woman=df_gender["女性占比"].values.tolist()
```

（8）绘制堆叠条形图

代码如下：

```
bar2=(
    Bar(init_opts=opts.InitOpts(width="900px",height="600px"))
    .add_xaxis(regions2)
    .add_yaxis("男性占比", man, stack="stack1")
    .add_yaxis("女性占比", woman, stack="stack1")
    .set_series_opts(label_opts=opts.LabelOpts(is_show=True,position='inside'))
    .set_global_opts(legend_opts=opts.LegendOpts(pos_left="right"),
                     title_opts=opts.TitleOpts(title="全国及各地区人口性别构成")
                 )
    .reversal_axis()
    )
bar2.render_notebook()
```

输出结果如图 1-2 所示。

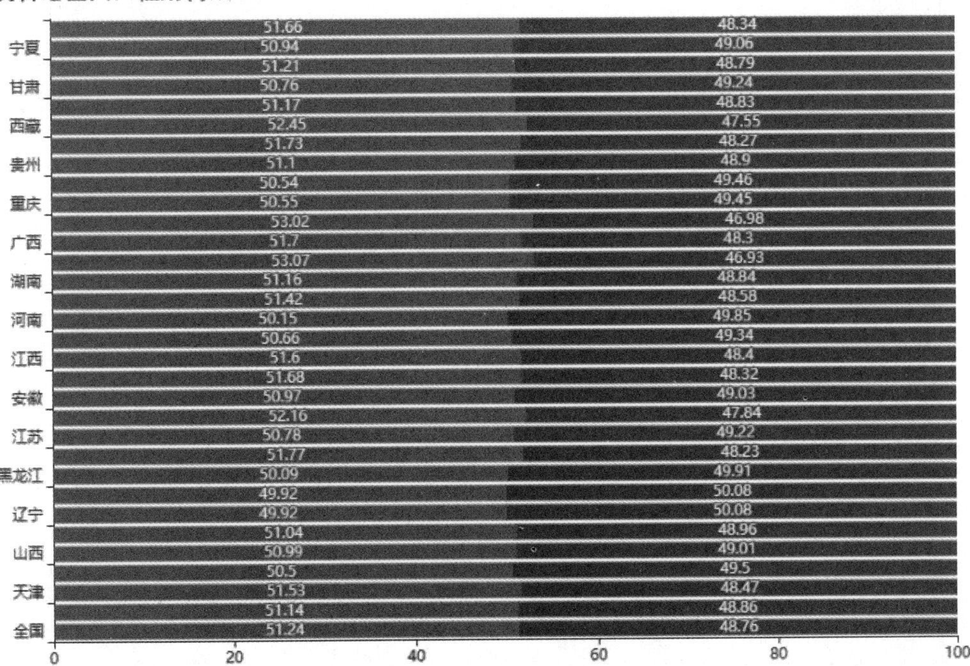


图 1-2　全国及各地区人口性别构成的堆叠条形图

（9）绘制 2020 年各地区性别构成的金字塔图

扫描二维码在线浏览电子活页 1-3“绘制 2020 年各地区性别构成的金字塔图”中的代码及绘制的图形。

在线浏览

电子活页 1-3

### 4. 2020 年各地区人口年龄构成数据分析与可视化

（1）读取数据

代码如下：

```
df_region_age=pd.read_excel(r"data\2020 年各地区人口年龄构成 .xlsx")
```

（2）查看部分数据

代码如下：

```
df_region_age.head()
```

输出结果：

| | 地区 | 0—14岁 | 15—59岁 | 60岁及以上 | 其中：65岁及以上 |
|---|---|---|---|---|---|
| 0 | 全国 | 17.95 | 63.35 | 18.70 | 13.50 |
| 1 | 北京 | 11.84 | 68.53 | 19.63 | 13.30 |
| 2 | 天津 | 13.47 | 64.87 | 21.66 | 14.75 |
| 3 | 河北 | 20.22 | 59.92 | 19.85 | 13.92 |
| 4 | 山西 | 16.35 | 64.72 | 18.92 | 12.90 |

（3）定义列名称

代码如下：

```
df_region_age.columns=[" 地区 ","0—14 岁 ","15—59 岁 ","60 岁及以上 ","65 岁及以上 "]
```

（4）查看是否存在缺失值

代码如下：

```
df_region_age.isnull().sum()
```

输出结果：

```
地区          0
0-14岁       0
15-59岁      0
60岁及以上    0
65岁及以上    0
dtype: int64
```

（5）删除“地区”列中多余的空格

代码如下：

```
df_region_age[' 地区 '] = df_region_age[' 地区 '].str.replace(' ','')
```

（6）重置索引

代码如下：

```
df_region_age.set_index(" 地区 ",inplace=True)
```

（7）删除“地区”列“全国”对应的行后查看行索引

代码如下：

```
df_region_age.drop(index=" 全国 ",inplace=True)
df_region_age.index
```

（8）获取行索引和各年龄段占比数据

代码如下：

```
regions3=df_region_age.index.tolist()
age14=df_region_age["0—14 岁 "].values.tolist()
age59=df_region_age["15—59 岁 "].values.tolist()
age60=df_region_age["60 岁及以上 "].values.tolist()
age65=df_region_age["65 岁及以上 "].values.tolist()
```

（9）绘制堆叠条形图

代码如下：

```
bar3=(
    Bar(init_opts=opts.InitOpts(width="900px",height="600px"))
    .add_xaxis(regions1)
    .add_yaxis("0—14 岁 ",age14,stack="stack1")
    .add_yaxis("15—59 岁 ",age59,stack="stack1")
    .add_yaxis("60 岁及以上 ",age60,stack="stack1")
    .add_yaxis("65 岁及以上 ",age65,stack="stack1")
    .set_series_opts(label_opts=opts.LabelOpts(is_show=True,position="inside"))
    .set_global_opts(title_opts=opts.TitleOpts(title=" 各地区人口年龄构成 "),
                     legend_opts=opts.LegendOpts(pos_left="right"))
    .reversal_axis()
)
bar3.render_notebook()
```

输出结果如图 1-3 所示。

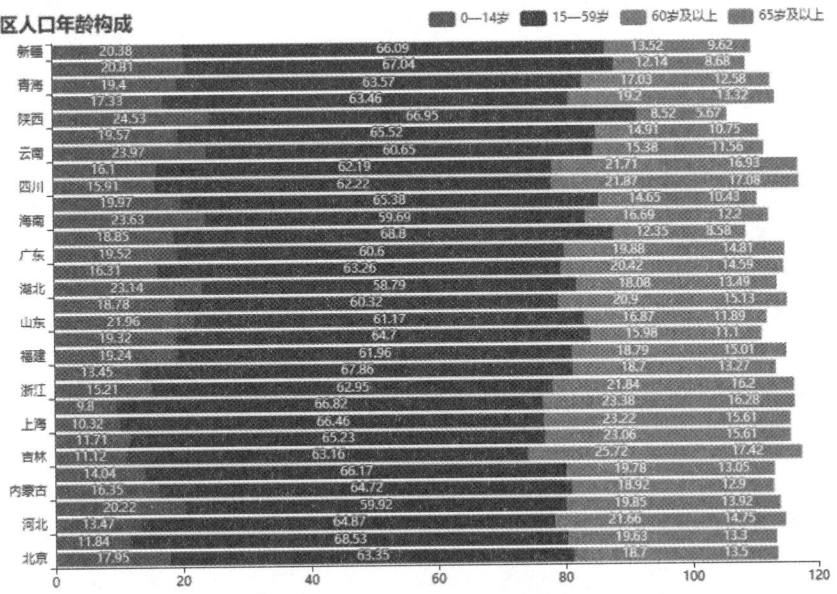


图 1-3　各地区人口年龄构成的堆叠条形图

### 5. 2020 年全国人口年龄构成数据分析与可视化

（1）读取数据

代码如下：

```
df_age=pd.read_excel(r"data\2020 年全国人口年龄构成 .xlsx")
```

（2）查看部分数据

代码如下：

```
df_age.head()
```

输出结果：

| | 全国人口年龄构成 | 人数 | 比例 |
|---|---|---|---|
| 0 | 总计 | 1411778724 | 100.00 |
| 1 | 0—14岁 | 253383938 | 17.95 |
| 2 | 15—59岁 | 894376020 | 63.35 |
| 3 | 60岁及以上 | 264018766 | 18.70 |
| 4 | 其中：65岁及以上 | 190635280 | 13.50 |

（3）定义列名称

代码如下：

```
df_age.columns=[" 年龄分段 "," 人数 "," 比例 "]
```

（4）重置索引

代码如下：

```
df_age.set_index(" 年龄分段 ", inplace=True)
```

（5）提取部分行数据

代码如下：

```
df_age=df_age.iloc[1:4,:]
```

（6）获取行索引和各年龄段人口数据

代码如下：

```
age=df_age.index.tolist()
cage=df_age[" 人数 "].values.tolist()
```

在线浏览

电子活页 1-4

（7）绘制全国各年龄段人口数据饼图

扫描二维码在线浏览电子活页 1-4“绘制全国各年龄段人口数据饼图”中的代码及绘制的图形。

（8）绘制全国各年龄段人口数据的圆环图

绘制全国各年龄段人口数据的圆环图，对应的代码及绘制的图形详见本书配套的电子活页 1-2。

（9）绘制全国各年龄段人口数据的漏斗图

代码如下：

```
from pyecharts.charts import Funnel
x_data = df_age.index.tolist()
```

```
y_data = df_age['人数'].values.tolist()
data = [[x_data[i], y_data[i]] for i in range(len(x_data))]
funnel1=(
    Funnel()
    .add(
        series_name="",
        data_pair=data,
        sort_="ascending",
        gap=2,
        label_opts=opts.LabelOpts(is_show=True, position="inside",
                                        formatter="{b} :{d}%"),
    )
    .set_global_opts(
        title_opts=opts.TitleOpts(
            title="全国人口年龄漏斗图",
            subtitle="全国人口年龄构成",
            pos_top="2%"
        ),
        legend_opts=opts.LegendOpts(
            pos_left="right",
            pos_top='2%',
            orient="horizontal"
        )
    )
 )
funnel1.render_notebook()
```

输出结果如图 1-4 所示。

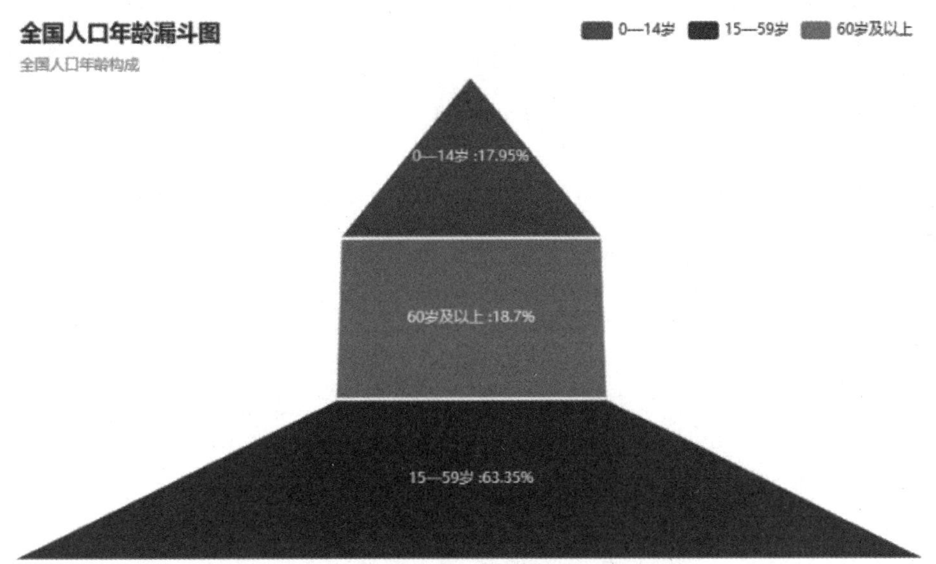


图 1-4　全国各年龄段人口数据的漏斗图

扫描二维码在线浏览电子活页 1-5“Funnel 的 add() 方法主要参数说明”中的内容。

在线浏览

电子活页 1-5

## 6. 2020 年全国及各地区人口数量分析与可视化

（1）读取数据

代码如下：

```
data_path  = r"data\2020 年各地区人口 .xlsx"
df_district = pd.read_excel(data_path, skiprows=0)
```

（2）查看部分数据

代码如下：

```
df_district.head()
```

输出结果：

| | 地区 | 人口数 | 2020年人口占比 | 2010年人口占比 |
|---|---|---|---|---|
| 0 | 全国 | 1411778724 | 100.00 | 100.00 |
| 1 | 广东省 | 126012510 | 8.93 | 7.79 |
| 2 | 山东省 | 101527453 | 7.19 | 7.15 |
| 3 | 河南省 | 99365519 | 7.04 | 7.02 |
| 4 | 江苏省 | 84748016 | 6.00 | 5.87 |

（3）定义删除“地区”列中多余文字的函数 parse_region()

代码如下：

```
import re
def parse_region(x):
    x1 = re.sub(r"[\W\d]","",x)
    if x1[:3] in [" 黑龙江 "," 内蒙古 "]:
        return x1[:3]
    else:
        return x1[:2]
```

正则表达式中字符“\W”表示匹配 1 个特殊字符，即非字母、非数字、非汉字，“\d”表示匹配 1 个 0 ~ 9 的任意数字。

（4）对“地区”列的值进行规范化处理

代码如下：

```
df_district[' 地区 '] = df_district[' 地区 '].str.replace(' ','')
df_district[" 地区 "] = df_district[" 地区 "].map(parse_region)
```

（5）定义列名称

代码如下：

```
df_district.columns=[" 地区 "," 人口数 ","2020 年人口占比 ","2010 年人口占比 "]
```

（6）查看是否存在缺失值

代码如下：

```
df_district.isnull().sum()
```

输出结果：

```
地区          0
人口数         0
2020 年占比     1
2010 年占比     1
dtype: int64
```

（7）复制数据集

代码如下：

```
population1=df_district.copy()
```

（8）提取数据集中部分列的部分行数据

代码如下：

```
df_district=df_district.iloc[1:32,:]
df_district=df_district.loc[1:,:]
```

（9）重置索引

代码如下：

```
df_district.set_index("地区", inplace=True)
```

（10）删除空值

代码如下：

```
df_district.dropna(how="any", inplace=True)
```

（11）转换与查看数据类型

代码如下：

```
df_district["人口数"]=df_district["人口数"].astype(int)
df_district.dtypes
```

输出结果：

```
人口数          int32
2020 年占比     float64
2010 年占比     float64
dtype: object
```

（12）绘制 2020 年与 2010 年各地区人口占比对比柱形图

扫描二维码在线浏览电子活页 1-6“绘制 2020 年与 2010 年各地区人口占比对比柱形图”中的代码。

在线浏览

电子活页 1-6

（13）绘制 2020 年各地区人口数量分布地图

绘制 2020 年各地区人口数量分布地图，对应的代码详见本书配套的电子活页 1-3。

电子活页 1-3

### 7. 2010—2020 年这 10 年间人口增长数据对比分析与可视化

（1）读取数据

代码如下：

```
p2010 =pd.read_excel(r'data\2010 年各地区分性别的人口数据 .xlsx',header = 0)
```

（2）查看部分数据

代码如下：

```
p2010.head()
```

输出结果：

| | 区域名称 | 合计 | 男 | 女 | 小计 |
|---|---|---|---|---|---|
| 0 | 全国 | 1332810869 | 682329104 | 650481765 | 13786434 |
| 1 | 北京 | 19612368 | 10126430 | 9485938 | 115882 |
| 2 | 天津 | 12938693 | 6907091 | 6031602 | 81871 |
| 3 | 河北 | 71854210 | 36430286 | 35423924 | 880194 |
| 4 | 山西 | 35712101 | 18338760 | 17373341 | 345782 |

（3）对2010年各地区人口性别的数据进行预处理

代码如下：

```
p2010 = p2010[['Unnamed: 0','合计']]
p2010.rename(columns = {'Unnamed: 0':'地区','合计':'2010年人口数'}, inplace =
True)
p2010['地区']=p2010['地区'].str.replace(' ','')
```





（4）对2020年各地区人口数据进行预处理

代码如下：

```
population1 =population1[population1['地区']!='现役军人']
population1.rename(columns = {'人口数':'2020年人口数'},inplace = True)
```

（5）合并p2010和population1两个数据集与提取所需的数据

代码如下：

```
population2=population1.merge(right = p2010,how = 'left',left_on = '地区',
right_on = '地区')
population = population2[population2['地区']!='全国']
```

（6）计算各地区10年的人口增长数据

代码如下：

```
population['10年增长人数'] = population['2020年人口数'] - population['2010
年人口数']
```

（7）按“10年增长人数”列对人口数据进行排序与查看部分数据

代码如下：

```
population.sort_values('10年增长人数',ascending = False,inplace = True)
population.head()
```

输出结果：

| | 地区 | 2020年人口数 | 2020年占比 | 2010年占比 | 2010年人口数 | 10年增长人数 |
|---|---|---|---|---|---|---|
| 19 | 广东 | 126012510 | 8.93 | 7.79 | 104320459 | 21692051 |
| 11 | 浙江 | 64567588 | 4.57 | 4.06 | 54426891 | 10140697 |
| 10 | 江苏 | 84748016 | 6.00 | 5.87 | 78660941 | 6087075 |
| 15 | 山东 | 101527453 | 7.19 | 7.15 | 95792719 | 5734734 |
| 16 | 河南 | 99365519 | 7.04 | 7.02 | 94029939 | 5335580 |

（8）查看 10 年人口数量的增减情况

代码如下：

```
population['group'] = population['10 年增长人数 ']>0
```

（9）绘制各地区 10 年增长人数的柱形图

代码如下：

```
population.plot.bar(x = ' 地区 ', y = '10 年增长人数 ', color =
                    population.group.map({True:'#61BDCD', False:'#E9967A'}))
plt.legend('')
plt.show()
```

输出结果如图 1-5 所示。

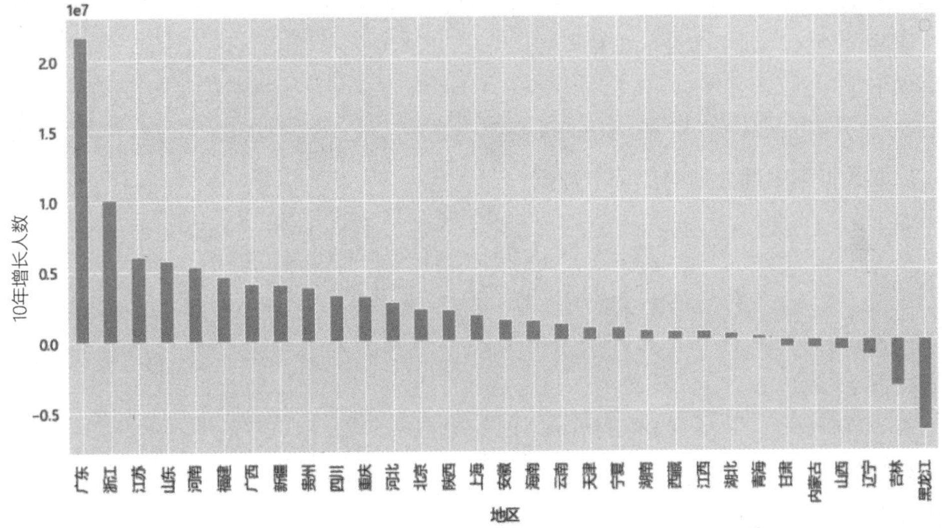


图 1-5　各地区 10 年增长人数的柱形图

## 8. 2020 年各地区 15 岁及以上人口平均受教育年限数据分析与可视化

（1）读取数据

代码如下：

```
df_edu_time=pd.read_excel(r"data\2020 年和 2010 年各地区 15 岁及以上人口平均受教育
年限 .xlsx")
```

（2）查看部分数据

代码如下：

```
df_edu_time.head()
```

输出结果：

| | 地区 | 2020年平均年限 | 2010年平均年限 |
|---|---|---|---|
| 0 | 全国 | 9.91 | 9.08 |
| 1 | 北京 | 12.64 | 11.71 |
| 2 | 天津 | 11.29 | 10.38 |
| 3 | 河北 | 9.84 | 9.12 |
| 4 | 山西 | 10.45 | 9.52 |

（3）定义列名称

代码如下：

```
df_edu_time.columns=["地区","2020年平均年限","2010年平均年限"]
```

（4）查看是否存在缺失值

代码如下：

```
df_edu_time.isnull().sum()
```

输出结果：

```
地区            0
2020年平均年限     0
2010年平均年限     0
dtype: int64
```

（5）删除“地区”列中多余的空格

代码如下：

```
df_edu_time['地区'] = df_edu_time['地区'].str.replace(' ','')
```

（6）提取数据集中部分列的部分行数据

代码如下：

```
df_edu_time=df_edu_time.iloc[1:,:]
df_edu_time=df_edu_time.loc[1:,:]
```

（7）重置索引

代码如下：

```
df_edu_time.set_index("地区",inplace=True)
```

（8）绘制2020年各地区15岁及以上人口平均受教育年限对比的柱形图

代码如下：

```
df_time_2020=df_edu_time["2020年平均年限"].values.tolist()
bar1=(
    Bar(init_opts=opts.InitOpts(width="1000px",height="600px"))
    .add_xaxis(district)
    .add_yaxis("2020年平均受教育年限",df_time_2020)
    .set_global_opts(title_opts=opts.TitleOpts(title=
                    "2020年各地区15岁及以上人口平均受教育年限对比"),
                    xaxis_opts=opts.AxisOpts(name="地区"),
                    yaxis_opts=opts.AxisOpts(name="平均受教育年限"),
                    tooltip_opts=opts.TooltipOpts(is_show=True,trigger="axis",
                                                  axis_pointer_type="cross")
                    )
   .set_series_opts(label_opts=opts.LabelOpts(is_show=True))
)
bar1.render_notebook()
```

输出结果如图1-6所示。

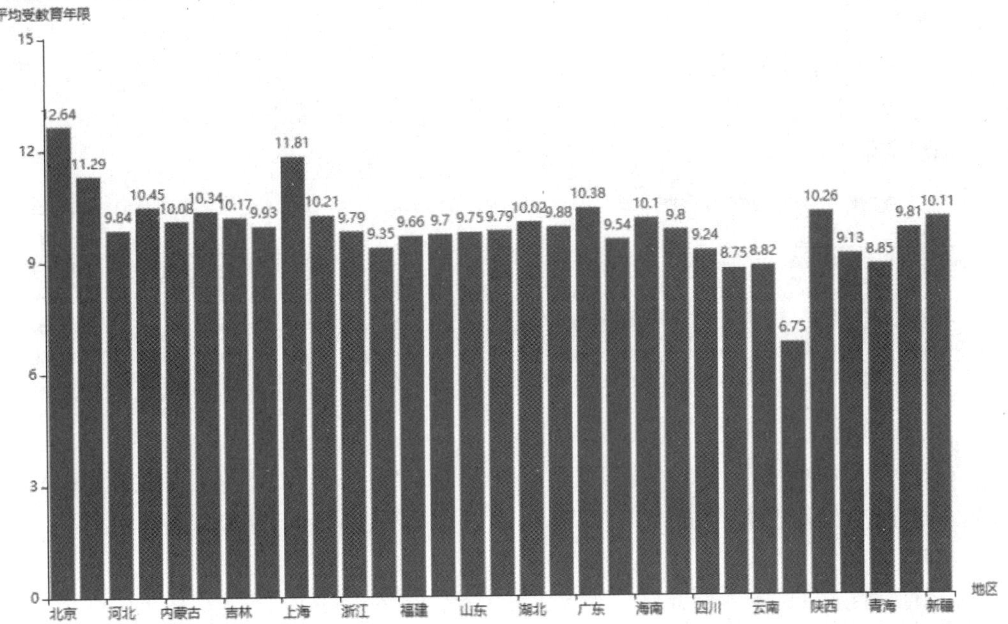


图 1-6　2020 年各地区 15 岁及以上人口平均受教育年限对比的柱形图

同理可以绘制 2010 年各地区 15 岁及以上人口平均受教育年限对比的柱形图。

### 9. 2020 年全国人口画像

2020 年全国人口画像对应的代码及绘制的图形详见本书配套的电子活页 1-4。

### 10. 绘制全国各地区人口分布地图

绘制全国各地区人口分布地图，对应的代码详见本书配套的电子活页 1-5。

### 11. 全国各地区流动人口数据分析与可视化

（1）读取全国各地区流动人口字符串数据

扫描二维码在线浏览电子活页 1-7“读取全国各地区流动人口字符串数据”中的代码及输出的结果。

在线浏览

电子活页 1-7

（2）对数据集列名称进行重命名

代码如下：

```
floating_pop_df = floating_pop_df.rename(
    {
        " 省内 ":" 省内人户分离人口数 ",
        " 省外 ":" 省外流动人口数 "
    },
    axis=1
)[[" 省内人户分离人口数 "," 省外流动人口数 "," 地区 "]].set_index(" 地区 ")
```

（3）合并多个数据集

代码如下：

```
df = pd.concat([
```

```
    df_region_age,
    df_district,
    df_edu,
    floating_pop_df],axis=1)
df.head()
```

输出结果：

| 地区 | 0—14岁 | 15—59岁 | 60岁及以上 | 65岁及以上 | 人口数 | 2020年占比 | 2010年占比 | 大学 | 高中 | 初中 | 小学 | 其他 | 省内人户分离人口数 | 省外流动人口数 |
|---|---|---|---|---|---|---|---|---|---|---|---|---|---|---|
| 北京 | 11.84 | 68.53 | 19.63 | 13.30 | 21893095 | 1.55 | 1.46 | 41.98 | 17.59 | 23.29 | 10.50 | 6.64 | 4991158 | 8418418 |
| 天津 | 13.47 | 64.87 | 21.66 | 14.75 | 13866009 | 0.98 | 0.97 | 26.94 | 17.72 | 32.29 | 16.12 | 6.92 | 2944879 | 3534816 |
| 河北 | 20.22 | 59.92 | 19.85 | 13.92 | 74610235 | 5.28 | 5.36 | 12.42 | 13.86 | 39.95 | 24.66 | 9.11 | 16620369 | 3155272 |
| 山西 | 16.35 | 64.72 | 18.92 | 12.90 | 34915616 | 2.47 | 2.67 | 17.36 | 16.48 | 38.95 | 19.51 | 7.70 | 11270656 | 1620518 |
| 内蒙古 | 14.04 | 66.17 | 19.78 | 13.05 | 24049155 | 1.70 | 1.84 | 18.69 | 14.81 | 33.86 | 23.63 | 9.01 | 9776541 | 1686420 |

（4）计算省内与省外人户分离人口比例

在处理数据的时候，有时需要根据某个列计算得到一个新列，以便后续使用。pandas 库中的函数 assign() 就能实现这一功能。

代码如下：

```
df = df.assign(
    inside_rate = df["省内人户分离人口数"]/df["人口数"],
    outside_rate = df["省外流动人口数"]/df["人口数"],
    floating_rate = (df["省内人户分离人口数"] + df["省外流动人口数"])/df["人口数"]
)
df.index.name = "地区"
df.head()
```

输出结果：

| 地区 | 0—14岁 | 15—59岁 | 60岁及以上 | 65岁及以上 | 人口数 | 2020年占比 | 2010年占比 | 大学 | 高中 | 初中 | 小学 | 其他 | 省内人户分离人口数 | 省外流动人口数 | inside_rate | outside_rate | floating_rate |
|---|---|---|---|---|---|---|---|---|---|---|---|---|---|---|---|---|---|
| 北京 | 11.84 | 68.53 | 19.63 | 13.30 | 21893095 | 1.55 | 1.46 | 41.98 | 17.59 | 23.29 | 10.50 | 6.64 | 4991158 | 8418418 | 0.23 | 0.38 | 0.61 |
| 天津 | 13.47 | 64.87 | 21.66 | 14.75 | 13866009 | 0.98 | 0.97 | 26.94 | 17.72 | 32.29 | 16.12 | 6.92 | 2944879 | 3534816 | 0.21 | 0.25 | 0.47 |
| 河北 | 20.22 | 59.92 | 19.85 | 13.92 | 74610235 | 5.28 | 5.36 | 12.42 | 13.86 | 39.95 | 24.66 | 9.11 | 16620369 | 3155272 | 0.22 | 0.04 | 0.27 |
| 山西 | 16.35 | 64.72 | 18.92 | 12.90 | 34915616 | 2.47 | 2.67 | 17.36 | 16.48 | 38.95 | 19.51 | 7.70 | 11270656 | 1620518 | 0.32 | 0.05 | 0.37 |
| 内蒙古 | 14.04 | 66.17 | 19.78 | 13.05 | 24049155 | 1.70 | 1.84 | 18.69 | 14.81 | 33.86 | 23.63 | 9.01 | 9776541 | 1686420 | 0.41 | 0.07 | 0.48 |

（5）绘制各地区之间的年龄结构层次聚类图

扫描二维码在线浏览电子活页 1-8“绘制各地区之间的年龄结构层次聚类图”中的代码及绘制的图形。

在线浏览

电子活页 1-8

（6）基于层次聚类图的第三层将各地区分为 3 组

代码如下：

```
from scipy.cluster import hierarchy
gdf = df.assign(
    group = hierarchy.cut_tree(model,3)+1
).sort_values("group")
```

（7）绘制全国各地区人口年龄结构分组地图

绘制全国各地区人口年龄结构分组地图，对应的代码详见本书配套的电子活页 1-6。

（8）绘制不同组平均人口年龄结构柱形图

扫描二维码在线浏览电子活页 1-9“绘制不同组平均人口年龄结构柱形图”中的代码及绘制的图形。

（9）对数据集 gdf 中各年龄段列名称进行重命名

代码如下：

```
column_name_map = {
    "0—14 岁 ":"a14-",
    "15—59 岁 ":"a15_59",
    "60 岁及以上 ":"a60+"
}
gdf = gdf.rename(column_name_map,axis=1)
gdf[["a14-","a15_59","a60+"]]= gdf[["a14-","a15_59","a60+"]]/100
```

（10）分析省外流动人口对人口年龄结构的影响

代码如下：

```
alt.Chart(gdf.reset_index()).mark_point().encode(
    alt.Y("a15_59", scale=alt.Scale(domain=[0.5,0.7])),
    x=" 省外流动人口数 ",
    color="group:N",
    tooltip=[" 地区 :O"," 省外流动人口数 :Q","a15_59:Q"]
).properties(
    title=" 省外流动人口数与 15 岁到 59 岁之间人口年龄结构比例的关系 "
)
```

输出结果如图 1-7 所示。

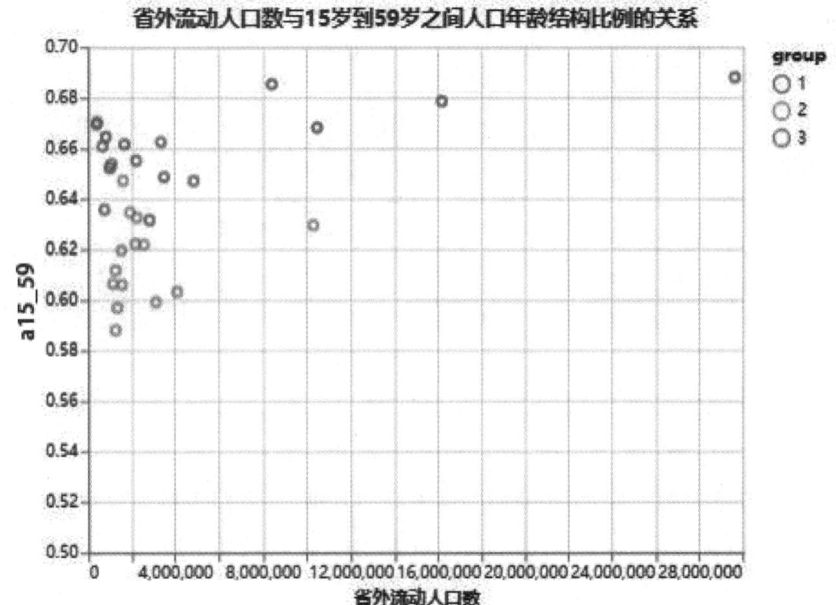


图 1-7　省外流动人口数与 15 岁到 59 岁之间人口年龄结构比例的关系图

图 1-7 中的横坐标为省外流动人口数，纵坐标为 15 岁到 59 岁的人口年龄结构比例。

因为第 2 组和第 3 组的区别主要在于 15 岁到 59 岁的人口年龄结构比例，所以我们重点看这两组的区别。可以发现：15 岁到 59 岁的人口年龄结构比例更高的第 3 组，其省外流动人口数也普遍更高。

（11）获取全国各地区的 2021 年人均 GDP 数据

代码如下：

```
gdp_data_path = r"data\2020-2021 年人均 GDP.xlsx"
gdp_raw_df = pd.read_excel(gdp_data_path)
gdp_df = gdp_raw_df.loc[:,[" 地区 ","2021 年人均 GDP"]]
# GDP 的单位：亿元
gdp_df[" 地区 "] = gdp_df[" 地区 "].map(parse_region)
```

（12）合并两个数据集

代码如下：

```
df1 = pd.concat([
      df,
      gdp_df.set_index(" 地区 ")],axis=1)
```

（13）绘制热力图，通过相关系数来分析人口年龄结构的影响因素

代码如下：

```
corr = df1.drop([" 省内人户分离人口数 ", " 省外流动人口数 ", "2020 年占比 ",
                 "2010 年占比 "], axis=1).corr().round(2)
corr.style.background_gradient(cmap='YlOrRd')
```

输出结果如图 1-8 所示。

| | 0—14岁 | 15—59岁 | 60岁及以上 | 65岁及以上 | 人口数 | 大学 | 高中 | 初中 | 小学 | 其他 | inside_rate | outside_rate | floating_rate | 2021年人均GDP |
|---|---|---|---|---|---|---|---|---|---|---|---|---|---|---|
| 0—14岁 | 1.00 | -0.40 | -0.77 | -0.67 | 0.10 | -0.65 | -0.62 | -0.24 | 0.65 | 0.67 | -0.29 | -0.46 | -0.67 | -0.53 |
| 15—59岁 | -0.40 | 1.00 | -0.27 | -0.39 | -0.41 | 0.49 | 0.08 | -0.38 | -0.26 | 0.04 | 0.01 | 0.63 | 0.70 | 0.38 |
| 60岁及以上 | -0.77 | -0.27 | 1.00 | 0.97 | 0.18 | 0.34 | 0.60 | 0.52 | -0.50 | -0.73 | 0.30 | 0.04 | 0.22 | 0.30 |
| 65岁及以上 | -0.67 | -0.39 | 0.97 | 1.00 | 0.27 | 0.24 | 0.54 | 0.47 | -0.37 | -0.67 | 0.27 | -0.04 | 0.12 | 0.26 |
| 人口数 | 0.10 | -0.41 | 0.18 | 0.27 | 1.00 | -0.27 | 0.24 | 0.37 | 0.03 | -0.21 | -0.19 | -0.14 | -0.27 | 0.06 |
| 大学 | -0.65 | 0.49 | 0.34 | 0.24 | -0.27 | 1.00 | 0.53 | -0.25 | -0.78 | -0.40 | -0.12 | 0.84 | 0.84 | 0.82 |
| 高中 | -0.62 | 0.08 | 0.60 | 0.54 | 0.24 | 0.53 | 1.00 | 0.47 | -0.79 | -0.81 | 0.14 | 0.41 | 0.53 | 0.55 |
| 初中 | -0.24 | -0.38 | 0.52 | 0.47 | 0.37 | -0.25 | 0.47 | 1.00 | -0.29 | -0.69 | 0.33 | -0.35 | -0.19 | -0.25 |
| 小学 | 0.65 | -0.26 | -0.50 | -0.37 | 0.03 | -0.78 | -0.79 | -0.29 | 1.00 | 0.60 | 0.04 | -0.63 | -0.66 | -0.64 |
| 其他 | 0.67 | 0.04 | -0.73 | -0.67 | -0.21 | -0.40 | -0.81 | -0.69 | 0.60 | 1.00 | -0.32 | -0.19 | -0.40 | -0.34 |
| inside_rate | -0.29 | 0.01 | 0.30 | 0.27 | -0.19 | -0.12 | 0.14 | 0.33 | 0.04 | -0.32 | 1.00 | -0.42 | 0.15 | -0.31 |
| outside_rate | -0.46 | 0.63 | 0.04 | -0.04 | -0.14 | 0.84 | 0.41 | -0.35 | -0.63 | -0.19 | -0.42 | 1.00 | 0.84 | 0.85 |
| floating_rate | -0.67 | 0.70 | 0.22 | 0.12 | -0.27 | 0.84 | 0.53 | -0.19 | -0.66 | -0.40 | 0.15 | 0.84 | 1.00 | 0.74 |
| 2021年人均GDP | -0.53 | 0.38 | 0.30 | 0.26 | 0.06 | 0.82 | 0.55 | -0.25 | -0.64 | -0.34 | -0.31 | 0.85 | 0.74 | 1.00 |

图 1-8　人口年龄结构影响因素的热力图

通过分析不同人口结构和受教育程度、人均 GDP、流动人口比例等数据的相关系数，可以发现：15 岁到 59 岁人口比例和流动人口比例有着较高的相关系数，其中人户分离比例的相关系数达到 0.70；人口年龄结构和人均 GDP 的相关性不高；其中 14 岁以下的人口比例和人均 GDP 相关系数只有 -0.53，60 岁以上的人口比例和人均 GDP 相关系数只有 0.30。

结合人口结构变化的逻辑，我们对人口年龄结构的差异给出分析结果：15—59 岁的人口比例差异主要受到流动人口的影响。流动人口比例越大，则这部分人口比例会越高。流动人口体现

了该地区对其他地区人口的吸引力，特别是在目前以经济因素为主导的人口流动下，经济发达的地区会吸引更多的劳动力。

扫描二维码在线浏览电子活页 1-10“第七次全国人口普查数据分析结论”中的内容。

在线浏览

电子活页 1-10





# 【任务 1-2】2011—2021 年全国各大区的生产总值数据分析与可视化

## 【任务描述】

根据地理位置通常将 31 个省、自治区、直辖市划分为以下 7 个大区：华东（包括山东、江苏、安徽、浙江、福建、上海）、华南（包括广东、广西、海南）、华中（包括湖北、湖南、河南、江西）、华北（包括北京、天津、河北、山西、内蒙古）、西北（包括宁夏、新疆、青海、陕西、甘肃）、西南（包括四川、云南、贵州、西藏、重庆）、东北（包括辽宁、吉林、黑龙江）。

Excel 文件“2011—2021 各地区生产总值 .xlsx”提供了全国 31 个省、自治区、直辖市 2011—2021 年的生产总值数据。针对这些生产总值数据进行以下分析与可视化操作。

（1）查看历年生产总值最低和最高的地区。

（2）查看近 5 年生产总值增速最快和最慢的地区。

（3）查看广东省和湖北省近 5 年的生产总值增速

（4）绘制条形图对比 2020 年各地区生产总值增速。

（5）对比分析 2020 年和 2021 年全国各地区的生产总值。

（6）分析 2020 年、2021 年各大区的生产总值。

（7）分析 2020 年、2021 年全国各地区的生产总值和人均生产总值。

（8）绘制柱形图、条形图、地图对 2021 年全国各地区的生产总值数据进行可视化分析。

（9）绘制轮播地图对 2011—2021 年全国各地区的生产总值数据进行可视化分析。

## 【任务实现】

在 Jupyter Notebook 开发环境中创建 tc01-02.ipynb，然后在单元格中编写代码并输出对应的结果。

### 1. 导入模块与读取数据

（1）导入模块

导入通用模块的代码详见“本书导学”。导入其他模块的代码如下：

```
from pyecharts.globals import ChartType
```

（2）读取数据

代码如下：

```
df =pd.read_excel(r'data\2011-2021 各地区生产总值 .xlsx')
```

（3）查看数据集中的部分数据

代码如下：

```
df.head()
```

输出结果：

| | 地区 | 2021年 | 2020年 | 2019年 | 2018年 | 2017年 | 2016年 | 2015年 | 2014年 | 2013年 | 2012年 | 2011年 |
|---|---|---|---|---|---|---|---|---|---|---|---|---|
| 0 | 北京市 | 40269.20 | 36102.6 | 35445.1 | 33106.0 | 29883.0 | 27041.2 | 24779.1 | 22926.0 | 21134.6 | 19024.7 | 17188.8 |
| 1 | 天津市 | 15695.05 | 14083.7 | 14055.5 | 13362.9 | 12450.6 | 11477.2 | 10879.5 | 10640.6 | 9945.4 | 9043.0 | 8112.5 |
| 2 | 河北省 | 40391.30 | 36206.9 | 34978.6 | 32494.6 | 30640.8 | 28474.1 | 26398.4 | 25208.9 | 24259.6 | 23077.5 | 21384.7 |
| 3 | 山西省 | 22590.16 | 17651.9 | 16961.6 | 15958.1 | 14484.3 | 11946.4 | 11836.4 | 12094.7 | 11987.2 | 11683.1 | 10894.4 |
| 4 | 内蒙古自治区 | 20514.20 | 17359.8 | 17212.5 | 16140.8 | 14898.1 | 13789.3 | 12949.0 | 12158.2 | 11392.4 | 10470.1 | 9458.1 |

**说明**

输出结果中生产总值的单位为亿元。

### 2. 查看历年生产总值最低和最高的地区

代码如下：

```
la =[]
lb =[]
for i in range(1,df.shape[1]):
    x1 = df[df.iloc[:,i]==df.iloc[:,i].min()]['地区'].values
    y1 = df[df.iloc[:,i]==df.iloc[:,i].max()]['地区'].values
    la.extend(x1)
    lb.extend(y1)
print(la,sep='\r')
print(lb,sep='\r')
```

输出结果：

```
['西藏自治区', '西藏自治区', '西藏自治区', '西藏自治区', '西藏自治区', '西藏自治区', '西藏自治区', '西藏自治区', '西藏自治区', '西藏自治区', '西藏自治区']
['广东省', '广东省', '广东省', '广东省', '广东省', '广东省', '广东省', '广东省', '广东省', '广东省', '广东省']
```

### 3. 查看近 5 年生产总值增速最快和最慢的地区

（1）获取近 6 年各地区的生产总值数据并进行转置

代码如下：

```
df2 = df.iloc[:,:7].set_index('地区').T
```

（2）计算近 5 年各地区生产总值的增速

代码如下：

```
df3 = (df2/df2.shift(-1)-1)*100
```

（3）查看 2021 年生产总值增速最快的地区

代码如下：

```
df3.iloc[0][df3.iloc[0]==df3.iloc[0].max()]
```

输出结果：

```
地区
山西省     27.975799
Name: 2021年, dtype: float64
```

（4）查看近 5 年生产总值增速最快和最慢的地区

代码如下：

```
lc =[]
ld =[]
for i in range(0,df3.shape[0]-1):
    x2 = df3.iloc[i][df3.iloc[i]==df3.iloc[i].max()].index[0]
    y2 = df3.iloc[i][df3.iloc[i]==df3.iloc[i].min()].index[0]
    lc.append(x2)
    ld.append(y2)
print(lc,sep='\r')
print(ld,sep='\r')
```

输出结果：

```
['山西省', '西藏自治区', '云南省', '西藏自治区', '山西省']
['西藏自治区', '湖北省', '吉林省', '吉林省', '黑龙江省']
```

（5）输出近5年生产总值增速最快和最慢的地区

代码如下：

```
yr = range(2021,2016,-1)
for i in range(5):
    print(yr[i],'生产总值增速最快：',lc[i])
print('*'*28)
for i in range(5):
    print(yr[i],'生产总值增速最慢：',ld[i])
```

输出结果：

```
2021 GDP 增速最快： 山西省
2020 GDP 增速最快： 西藏自治区
2019 GDP 增速最快： 云南省
2018 GDP 增速最快： 西藏自治区
2017 GDP 增速最快： 山西省
****************************
2021 GDP 增速最慢： 西藏自治区
2020 GDP 增速最慢： 湖北省
2019 GDP 增速最慢： 吉林省
2018 GDP 增速最慢： 吉林省
2017 GDP 增速最慢： 黑龙江省
```

### 4. 查看广东省和湖北省近5年的生产总值增速

（1）查看广东省近5年的生产总值增速

代码如下：

```
num=df3.columns.tolist().index('广东省')
df3.iloc[:,num]
```

输出结果：

```
2021年    12.286619
2020年     2.568830
2019年     8.046109
2018年     9.052502
2017年    11.544706
2016年          NaN
Name: 广东省, dtype: float64
```

（2）查看湖北省近5年的生产总值增速

代码如下：

```
num=df3.columns.tolist().index('湖北省')
df3.iloc[:,num]
```

输出结果：

```
2021年    15.121802
2020年    -4.370556
2019年     8.107658
2018年    12.856184
2017年    11.639133
2016年          NaN
Name: 湖北省, dtype: float64
```

### 5. 绘制条形图对比 2020 年各地区生产总值增速

（1）获取 2020 年各地区生产总值增速数据

代码如下：

```
df_a =df3.head(2)
df_2020 =df_a.tail(-1)
df_b = pd.DataFrame(df_2020.iloc[0].sort_values())
df_b
```

（2）绘制 2020 年各地区生产总值增速条形图

代码如下：

```
plt.figure(dpi=100)
df_b.plot.barh(figsize=(20, 15),color='r',alpha=0.5)
```

输出结果如图 1-9 所示。

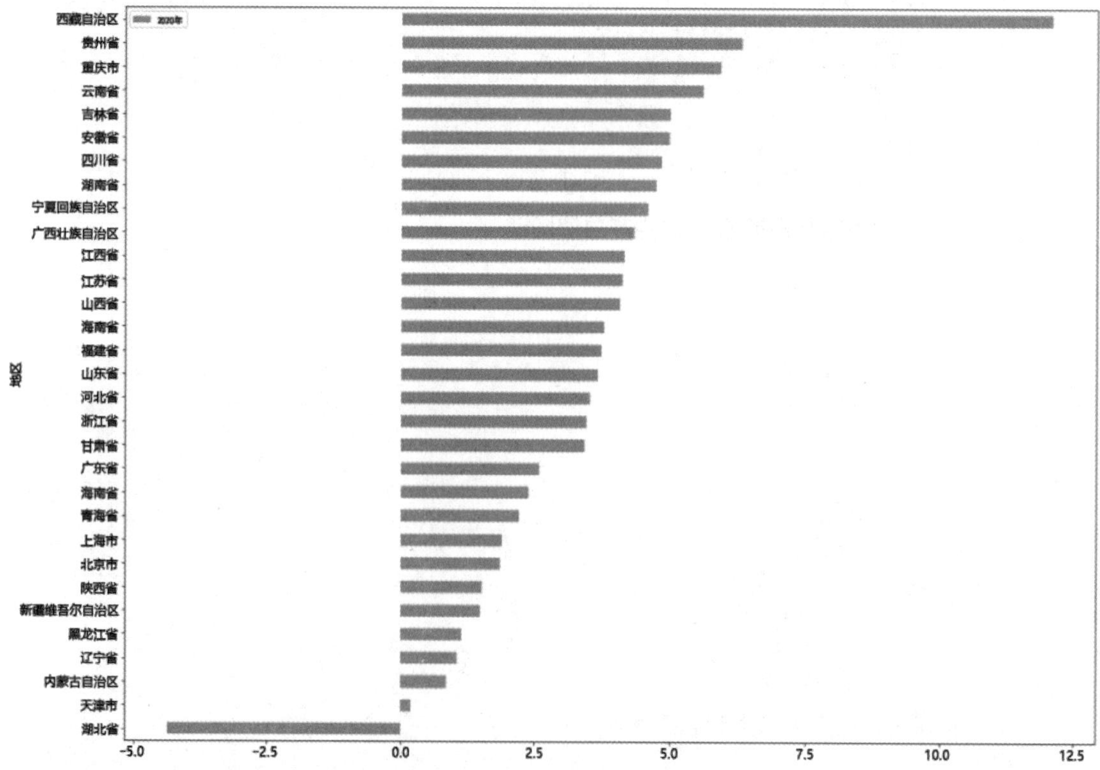


图 1-9　2020 年各地区生产总值增速条形图

从图 1-9 可以看出：西藏自治区、云南省等地区尽管生产总值处于全国的落后水平，但是生产总值增速处于全国前列。

### 6. 对比分析 2020 年和 2021 年全国各地区的生产总值

（1）获取 2020 年和 2021 年全国各地区的生产总值

代码如下：

```
df4 = pd.read_excel(r'data\2020-2021 年全国各地区生产总值 .xlsx',
                        usecols=['地区','2020 年生产总值','2021 年生产总值'])
```

（2）设置数据集的索引列并对数据集进行排序

代码如下：

```
df4 =df4.set_index('地区')
df4 =df4.sort_values(by='2021 年生产总值',ascending=False)
```

（3）查看 2021 年生产总值排名前 5 位的地区

代码如下：

```
df4.head()
```

输出结果：

| 地区 | 2020年生产总值 | 2021年生产总值 |
|---|---|---|
| 广东 | 110760.9 | 124369.67 |
| 江苏 | 102719.0 | 116364.20 |
| 山东 | 73129.0 | 83095.90 |
| 浙江 | 64613.3 | 73516.00 |
| 河南 | 54997.1 | 58887.41 |

（4）绘制 2020 年和 2021 年全国各地区生产总值柱形图

代码如下：

```
df4.plot.bar(figsize=(16,8))
```

输出结果如图 1-10 所示。

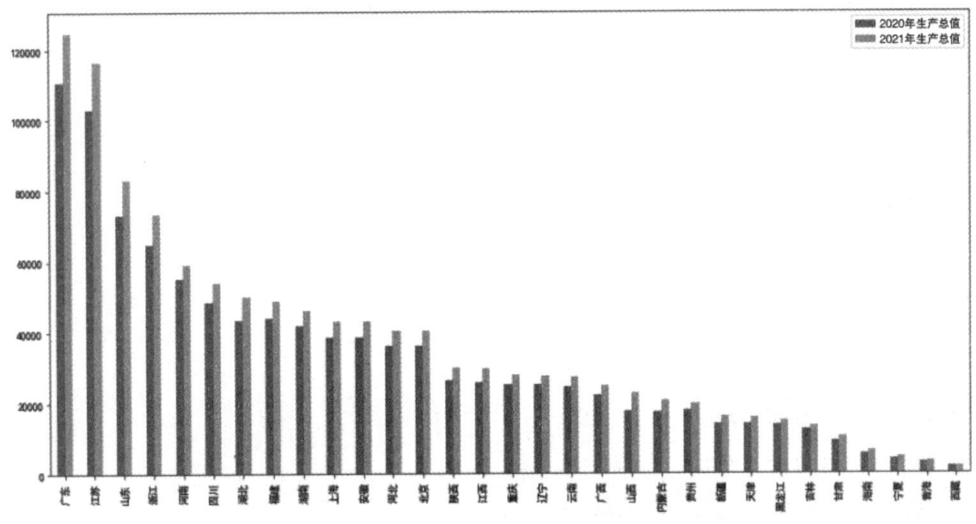


图 1-10　2020 年和 2021 年全国各地区生产总值柱形图

从图 1-10 可以看出：广东、江苏、山东、浙江、河南 5 省位居全国生产总值排名的前 5 位。

### 7. 分析 2020 年各大区的生产总值

（1）获取 2020 年各地区生产总值数据并进行转置

代码如下：

```
data2 = pd.DataFrame(dict(zip(df['地区'].values,df.loc[:,'2020年'].values)),
                               index=range(1)).T.reset_index()
```

（2）对数据集的列进行重命名

代码如下：

```
data2.columns = ['地区','2020年生产总值']
```

（3）对数据集“地区”列数据进行规范化处理

正则表达式中字符“\W\d”表示匹配以 1 个特殊字符开头，后接 1 个 0 ～ 9 的任意数字的字符串。



代码如下：

```
import re
def parse_region(x):
    x1 = re.sub(r"[\W\d]","",x)
    if x1[:3] in ["黑龙江","内蒙古"]:
        return x1[:3]
    else:
        return x1[:2]
data2['地区'] = data2['地区'].str.replace(' ','')
data2["地区"] = data2["地区"].map(parse_region)
```

根据指定的要求从数据集“地区”列中截取数据也可以使用以下代码实现。

```
for i in range(len(data2)):
    if data2['地区'][i] =='内蒙古自治区' or data2['地区'][i] =='黑龙江省':
        data2['地区'][i] = data2['地区'][i][:3]
    else:
        data2['地区'][i] = data2['地区'][i][:2]
```

（4）合并两个数据集

代码如下：

```
data_2=data.merge(right = data2,how = 'left',left_on = '地区',right_on = '地区')
data_2.head()
```

输出结果：

| | 地区 | 2021年生产总值 | 大区 | 2020年生产总值 |
|---|---|---|---|---|
| 0 | 广东 | 124369.67 | 华南 | 110760.9 |
| 1 | 江苏 | 116364.20 | 华东 | 102719.0 |
| 2 | 山东 | 83095.90 | 华东 | 73129.0 |
| 3 | 浙江 | 73516.00 | 华东 | 64613.3 |
| 4 | 河南 | 58887.41 | 华中 | 54997.1 |

（5）计算 2020 年各大区生产总值

代码如下：

```
data2_gdp = data_2.groupby(by=' 大区 ').agg({' 地区 ':'count','2020 年生产总值 ': 'sum'})
data2_gdp.columns = [' 省市区数量 ','2020 年各大区生产总值 ']
data2_gdp = data2_gdp.sort_values(by='2020 年各大区生产总值 ',ascending=False)
data2_gdp = data2_gdp.reset_index()
data2_gdp
```

输出结果：

| | 大区 | 省市区数量 | 2020年各大区生产总值 |
|---|---|---|---|
| 0 | 华东 | 6 | 361746.4 |
| 1 | 华中 | 4 | 165913.6 |
| 2 | 华南 | 3 | 138450.0 |
| 3 | 华北 | 5 | 121404.9 |
| 4 | 西南 | 5 | 117852.8 |
| 5 | 西北 | 5 | 55922.7 |
| 6 | 东北 | 3 | 51124.8 |

（6）绘制 2020 年和 2021 年各大区生产总值柱形图

代码如下：

```
fig = plt.figure(figsize=(10,5),dpi=100)
axes1 = fig.add_subplot(1,2,1)
axes2 = fig.add_subplot(1,2,2)
axes1.set_ylim([0,350000])
axes1.bar(data2_gdp[' 大区 '],data2_gdp['2020 年各大区生产总值 '])
axes2.bar(data_gdp[' 大区 '],data_gdp[' 各大区生产总值 '])
```

输出结果如图 1-11 所示。

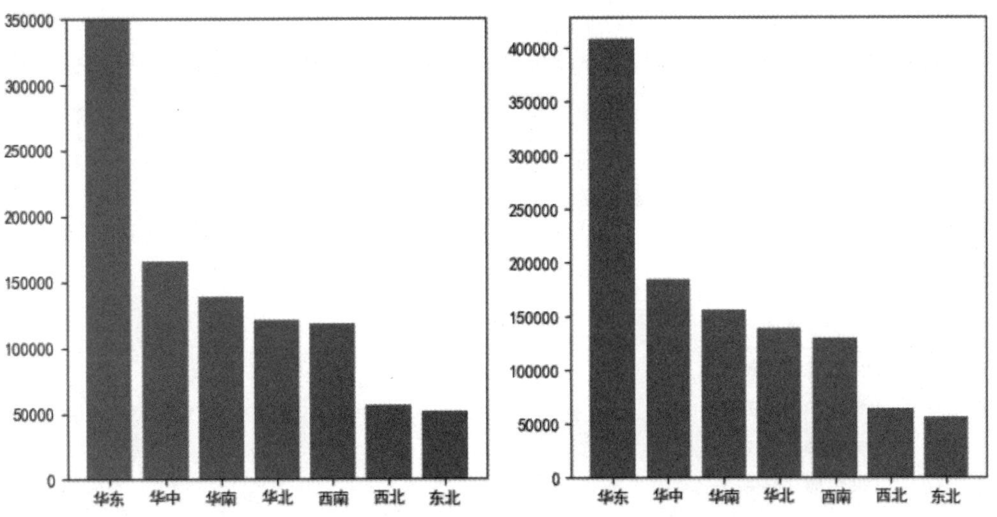


图 1-11　2020 年和 2021 年各大区生产总值柱形图

## 8. 分析 2021 年各大区的生产总值

（1）从数据集中获取 2021 年各地区生产总值数据

代码如下：

```
data = pd.DataFrame(df4['2021 年生产总值 '])
```

（2）重置数据集的索引

代码如下：

```
data =data.reset_index()
```

（3）在数据集中增加“大区”列，并设置初始值为 0

代码如下：

```
data[' 大区 ']=[0]*len(data)
```

（4）删除数据集中“地区”列数据中的空格

代码如下：

```
data[' 地区 '] = data[' 地区 '].replace(' ','')
```





（5）根据各省市区隶属的大区设置数据集中“大区”列的值

代码如下：

```
    dq1=data[data[' 地区 '].isin([' 山东 ',' 江苏 ',' 安徽 ',' 浙江 ',' 福建 ',' 上海 '])]
[' 大区 '].index.tolist()
    data.iloc[dq1,2] =' 华东 '
    dq2=data[data[' 地区 '].isin([' 广东 ', ' 广西 ', ' 海南 '])][' 大区 '].index.tolist()
    data.iloc[dq2,2] =' 华南 '
    dq3=data[data[' 地区 '].isin([' 湖北 ', ' 湖南 ', ' 河南 ', ' 江西 '])][' 大区 ']
.index.tolist()
    data.iloc[dq3,2] =' 华中 '
    dq4=data[data[' 地区 '].isin([' 北京 ', ' 天津 ', ' 河北 ', ' 山西 ', ' 内蒙古 '])]
[' 大区 '].index.tolist()
    data.iloc[dq4,2] =' 华北 '
    dq5=data[data[' 地区 '].isin([' 宁夏 ', ' 新疆 ', ' 青海 ', ' 陕西 ', ' 甘肃 '])][' 大
区 '].index.tolist()
    data.iloc[dq5,2] =' 西北 '
    dq6=data[data[' 地区 '].isin([' 四川 ', ' 云南 ', ' 贵州 ', ' 西藏 ', ' 重庆 '])][' 大
区 '].index.tolist()
    data.iloc[dq6,2] =' 西南 '
    dq7=data[data[' 地区 '].isin([' 黑龙江 ',' 吉林 ',' 辽宁 '])][' 大区 '].index.tolist()
    data.iloc[dq7,2] =' 东北 '
    data.head()
```

输出结果：

| | 地区 | 2021年生产总值 | 大区 |
|---|---|---|---|
| 0 | 广东 | 124369.67 | 华南 |
| 1 | 江苏 | 116364.20 | 华东 |
| 2 | 山东 | 83095.90 | 华东 |
| 3 | 浙江 | 73516.00 | 华东 |
| 4 | 河南 | 58887.41 | 华中 |

（6）分大区统计各省市区 2021 年生产总值数据

代码如下：

```
data_gdp = data.groupby(by='大区').agg({'地区':'count','2021年生产总值':'sum'})
data_gdp = data_gdp.sort_values(by='2021年GDP',ascending=False)
data_gdp.columns = ['省市区数量','各大区生产总值']
data_gdp = data_gdp.reset_index()
data_gdp
```

输出结果：

| | 大区 | 省市区数量 | 各大区生产总值 |
|---|---|---|---|
| 0 | 华东 | 6 | 407960.51 |
| 1 | 华中 | 4 | 184583.14 |
| 2 | 华南 | 3 | 155585.73 |
| 3 | 华北 | 5 | 139459.91 |
| 4 | 西南 | 5 | 130431.23 |
| 5 | 西北 | 5 | 63913.21 |
| 6 | 东北 | 3 | 55698.82 |

（7）绘制 2021 年各大区生产总值柱形图

代码如下：

```
plt.figure(figsize=(10,5),dpi=100)
plt.bar(data_gdp['大区'],data_gdp['各大区生产总值'])
```

输出结果如图 1-12 所示。

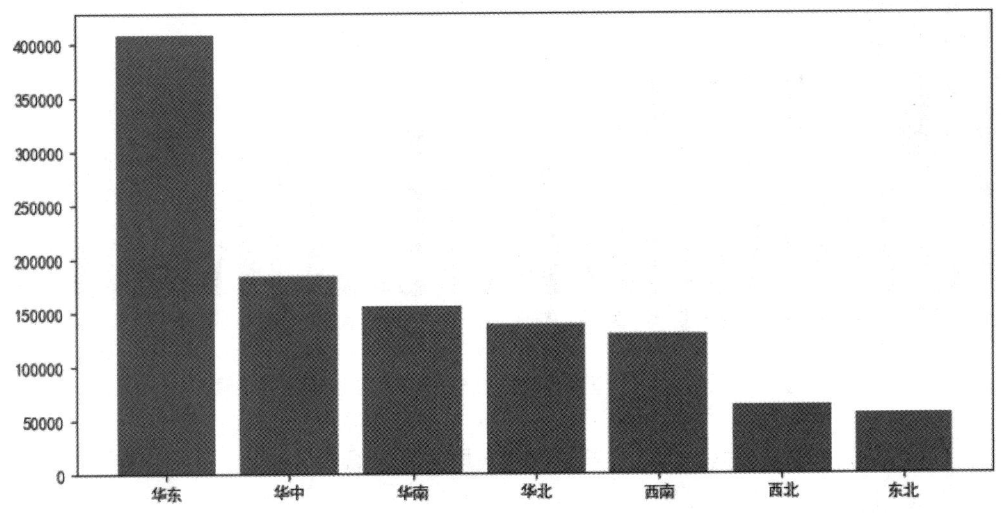


图 1-12　2021 年各大区生产总值柱形图

## 9. 分析 2020 年全国各地区的生产总值和人均生产总值

（1）获取 2020 年全国各地区的生产总值和人均生产总值数据

代码如下：

```
#gdp2020=gdp[['地区','2020年生产总值','2020年人均生产总值']]
gdp2020=gdp[gdp.columns[0:3]].copy()
```

```
#dp2020['2020 年人均生产总值 ']=gdp2020['2020 年人均生产总值 '].astype('float')
gdp2020 =gdp2020.set_index(' 地区 ')
gdp2020.head()
```

输出结果：

| 地区 | 2020年生产总值 | 2020年人均生产总值 |
|---|---|---|
| 安徽 | 38680.6 | 63382.6 |
| 北京 | 36102.6 | 164904.0 |
| 福建 | 43903.9 | 105690.4 |
| 甘肃 | 9016.7 | 36038.2 |
| 广东 | 110760.9 | 87896.8 |

（2）绘制 2020 年全国各地区的生产总值和人均生产总值柱形图

代码如下：



```
gdp2020.sort_values(by='2020 年人均生产总值 ',ascending=False).plot.bar(figsize=(16,8))
```

输出结果如图 1-13 所示。



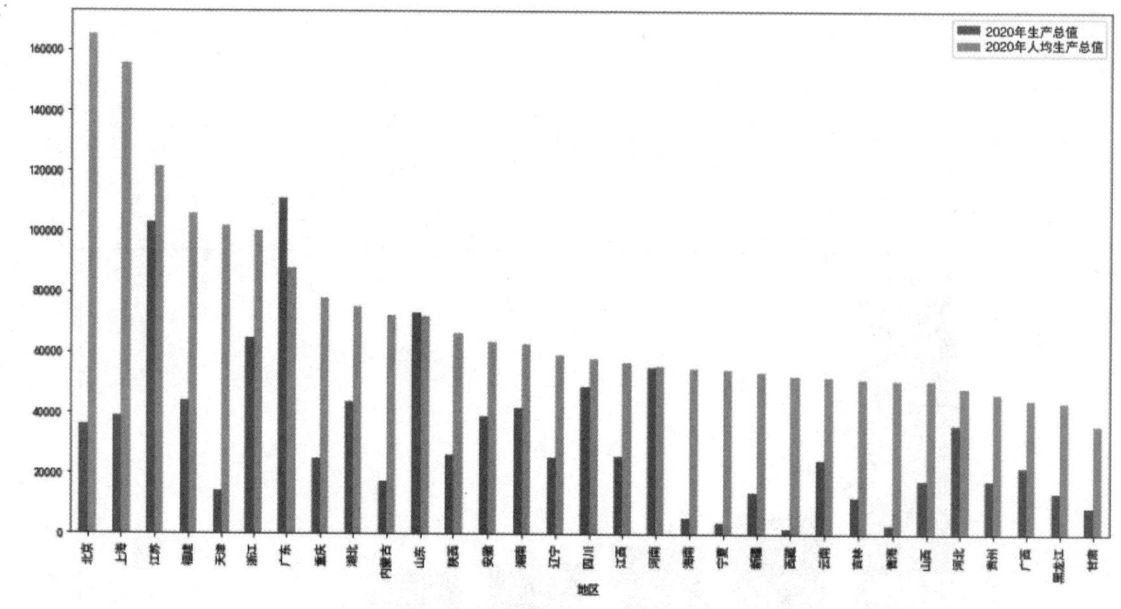


图 1-13　2020 年全国各地区的生产总值和人均生产总值柱形图

## 10. 分析 2021 年全国各地区的生产总值和人均生产总值

（1）读取数据

代码如下：

```
gdp = pd.read_excel(r'data\2020-2021 年全国各地区生产总值 .xlsx')
```

（2）绘制 2021 年全国各地区生产总值和人均生产总值的堆叠柱形图

扫描二维码在线浏览电子活页 1-11“绘制 2021 年全国各地区生产总值和人均生产总值的堆叠柱形图”中的代码及绘制的图形。

在线浏览

电子活页 1-11

（3）绘制 2021 年全国各地区生产总值分布地图

绘制 2021 年全国各地区生产总值分布地图，对应的代码详见本书配套的电子活页 1-7。

## 11. 对 2021 年全国各地区的生产总值数据进行可视化分析

在 Jupyter Notebook 开发环境中创建 tc01-04.ipynb，然后在单元格中编写代码并输出对应的结果。

（1）读取数据

代码如下：

```
datas = pd.read_excel(r'data\2011-2021 各地区生产总值 .xlsx')
```

（2）绘制 2021 年全国各地区生产总值柱形图

代码如下：

```
b1 = (
        Bar()
        .add_xaxis(datas[' 地区 '].values.tolist())
        .add_yaxis('2021 年全国各地区生产总值（亿元）', datas['2021 年 '].values.tolist())
        .set_global_opts(
           title_opts=opts.TitleOpts(title='2021 年全国各地区生产总值（亿元）'),
           datazoom_opts=[opts.DataZoomOpts(), opts.DataZoomOpts(type_='inside')],
           )
        )
b1.render_notebook()
```

输出结果如图 1-14 所示。

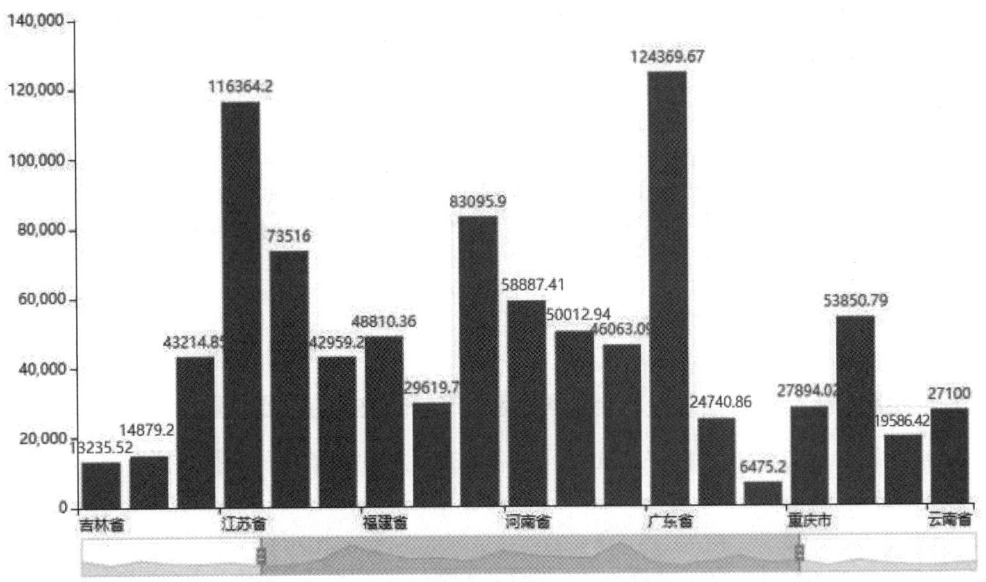


图 1-14　2021 年全国各地区生产总值柱形图

（3）绘制 2021 年全国各地区生产总值条形图

扫描二维码在线浏览电子活页 1-12“绘制 2021 年全国各地区生产总值条形图”中的代码及绘制的图形。

在线浏览

电子活页 1-12

（4）绘制 2021 年全国各地区生产总值地图

在 pyecharts 中可使用 Map 类绘制地图，并且通过不同颜色展现不同的数据。代码如下：

```
    datas['地区'].replace(regex=True, inplace=True,
        to_replace=['省', '市', '维吾尔自治区', '回族自治区', '壮族自治区', '自治区'],
value=r'')
    map = (
            Map()
            .add('2021年全国各地区生产总值（亿元）', datas[['地区', '2021年']].values.tolist(),
                'china')
            .set_global_opts(
                title_opts=opts.TitleOpts(title='2021年全国各地区生产总值（亿元）'),
                visualmap_opts=opts.VisualMapOpts(max_=110000),
            )
        )
    map.render_notebook()
```

代码解读如下。

上述代码中的方法 add() 用来实现数据的加载，其 3 个参数中：第 1 个参数表示图的标题，第 2 个参数表示通过 .values.tolist() 加载要显示的数据，第 3 个参数“china”确保显示的地图类型是中国地图。有个细节需要注意，Map 使用各省、自治区、直辖市名称时，需要将数据集中“地区”列数据的结尾消除，即将省、自治区、直辖市等去掉，否则名称将无法完全显示。

set_global_opts() 用于实现使用颜色标记数据的数值大小，参数 min_ 和 max_ 分别代表最小值和最大值。render() 用于生成并保存图像。

由于各地区生产总值数据分布并不平均，可以通过 is_piecewise 属性分段自定义不同的颜色区间，代码如下：

```
    visualmap_opts=opts.VisualMapOpts(max_=110000,
                    is_piecewise=True,
                    pieces=[
                    {"min":0,"max":10000,"label":"1~10000","color":"cyan"},
                    {"min":10001,"max":20000,"label":"10001~20000","color":"yellow"},
                    {"min":20001,"max":50000,"label":"20001~50000","color":"orange"},
                    {"min":50001,"max":80000,"label":"50001~80000","color":"coral"},
                    {"min":80001,"max":120000,"label":"80001~120000","color":"red"},
                    ]  )
```

### 12. 绘制分析 2011—2021 年全国各地区生产总值数据的轮播地图

（1）使用 Map 类绘制 2011—2021 年全国各地区生产总值数据的轮播地图

代码如下：

```
    datas['地区'].replace(regex=True, inplace=True,
        to_replace=['省', '市', '维吾尔自治区', '回族自治区', '壮族自治区', '自治
区'], value=r'')
    tl = Timeline()
    # 轮播的速度，单位为毫秒（ms）
```

```
tl.add_schema(play_interval=1500, symbol='emptydiamond')
for i in range(2011, 2022):
    map0 = (
            Map()
            .add('{} 年全国各地区生产总值(亿元)'.format(i), datas[['地区', str(i) +
                                                '年']].values.tolist(), 'china')
            .set_global_opts(
              title_opts=opts.TitleOpts(title='{} 年全国各地区生产总值(亿元)'.format(i)),
              visualmap_opts=opts.VisualMapOpts(max_=110000, is_piecewise=True),
            )
        )
    tl.add(map0, '{} 年'.format(i))
tl.render_notebook()
```

要获取 2011—2021 年全国各地区的生产总值数据，可以使用 for 循环实现，通过 str(i)+'年' 的形式访问数据集中处于不同列的各年生产总值数据。轮播地图效果通过调用 Timeline 实现。symbol 参数用于标记图形，其值可以根据需要从 circle、rect、roundRect、triangle、diamond、pin、arrow 等中选择。

（2）使用 Geo 类绘制 2011—2021 年全国各地区生产总值轮播地图

使用 Geo 类绘制 2011—2021 年全国各地区生产总值轮播地图对应的代码详见本书配套的电子活页 1-8。

# 【任务 1-3】综合分析我国各地区的面积、人口与生产总值数据

**【任务描述】**

Excel 文件“各地区面积 _ 人口 _ 生产总值 .xlsx”共有 31 行、5 列数据，列名分别为：行政区、面积（万平方公里）、2021 年生产总值（亿元）、人口数、所属区域。

读取数据并创建数据集，然后针对该数据集完成以下数据分析与可视化操作。

（1）绘制各行政区“人口数”柱形图。

（2）绘制全国“人口数”箱形图。

（3）绘制全国各地区的面积 - 人口数散点图。

（4）计算全国各地区人均生产总值（万元）和人口密度。

（5）根据“人口密度”划分“人口密度等级”。

（6）按“人口密度等级”统计省区数量、计算均值。

（7）绘制各“所属区域”生产总值柱形图。

**【任务实现】**

在 Jupyter Notebook 开发环境中创建 tc01-03.ipynb，然后在单元格中编写代码并输出对应的结果。

扫描二维码在线浏览电子活页 1-13“【任务 1-3】综合分析我国各地区的面积、人口与生产总值数据”的实现过程。

在线浏览

电子活页 1-13

# 模块2 天气与空气质量数据分析

02

本模块主要对天气与空气质量数据进行分析与可视化，包括2021年长沙市天气数据分析，2011—2022年北京市天气数据可视化初探，2011—2022年北京、上海、广州、深圳天气数据可视化分析，探析2021年8月全国主要城市的空气质量状况，分析2020年和2021年北京、上海、广州、深圳的天气差异。

## 方法要点

☑ 使用 read_excel() 函数读取 Excel 文件中的数据并完成读取数据时的参数设置。
☑ 查看数据集中前 5 行数据和后 5 行数据。
☑ 随机浏览数据集中的 5 行数据。
☑ 查看数据集中各列数据的类型、数据集的基本信息。
☑ 替换数据集列数据中的指定字符。
☑ 提取数据集中所有数字列统计结果。
☑ 获取数据集中指定列的最大值、最小值和平均值。
☑ 获取指定列的非重复数据。
☑ 对数据集指定列按值计数。
☑ 根据分隔符将数据集中指定列数据进行分离操作。
☑ 将用汉字表示的“空气质量等级”用数字表示。
☑ 分离“日期”列数据并将其转换为日期格式。
☑ 使用 query() 方法查询符合指定条件的行数据。
☑ 计算协方差和相关系数。
☑ 使用 concat() 合并多个数据集。
☑ 调整数据集的列排列顺序。
☑ 拆分日期与星期数据。
☑ 拆分日期数据为年、月、日。
☑ 设置“日期”列的格式。
☑ 删除指定列的多余字符和多余空格。
☑ 填充数据集中的空值。

☑ 转换指定列的数据的数据类型。

☑ 构建透视表。

☑ 利用正则表达式从数据集指定列中取出符合规定规则的数据。

☑ 使用 CategoricalDtype() 方法按自定义排序规则对数据集中指定列进行排序。

☑ 数据相关性分析时使用 background_gradient() 方法设置渐变的条件格式。

☑ 将数据集“最低温”列中的空值用最近 30 天（前后各 15 天）的平均气温代替。

☑ 使用正则表达式从“日期”列数据中移除空值和星期。

☑ 将“空气质量”列数据中的空值替换为文字“无观测数据”。

☑ 使用正则表达式从“空气质量”列数据中移除空格和数字。

☑ 移除“空气质量等级”列数据中的重复数据。

☑ 应用以下方法或函数：first()、map()、unstack()、to_dict()、tolist()、list()、append()、reshape()、reset_index()、set_index() 等方法以及 lambda 函数。

## 绘图清单

☑ 使用 matplotlib.pyplot 的 plot() 函数绘制折线图。

☑ 使用 matplotlib.pyplot 的 boxplot() 函数绘制箱形图。

☑ 使用 matplotlib.pyplot 的 bar() 函数绘制数据集多列数据的柱形图。

☑ 使用 matplotlib.pyplot 的 pie() 函数绘制饼图。

☑ 使用 matplotlib.pyplot 的 violinplot() 函数绘制小提琴图。

☑ 使用 matplotlib.pyplot 的 subplots() 函数绘制堆叠条形图。

☑ 使用 seaborn 库的 heatmap() 方法绘制热力图。

☑ 使用 pyecharts.charts 的 Line 类绘制折线图。

☑ 使用 pyecharts.charts 的 Geo 类绘制地图。

☑ 使用 pyecharts.charts 的 Geo 类、Timeline 类绘制每日轮播地图、每日轮播条形图。

☑ 在同一界面中同时展示轮播地图和轮播条形图。

## 任务实战

# 【任务 2-1】2021 年长沙市天气数据分析

### 【任务描述】

Excel 文件“长沙市天气数据 .xlsx”共有 365 行、7 列数据，列名分别为：日期、最高气温、最低气温、天气、风向、风力、空气质量指数。针对该数据集完成以下数据分析与可视化操作。

（1）绘制 2021 年长沙市 AQI（Air Quality Index，空气质量指数）全年走势图。

（2）绘制 2021 年长沙市空气质量指数季度箱形图。

（3）绘制 2021 年 1 月长沙市空气质量饼图。

（4）设置复杂条件查询所需的数据。

（5）计算协方差和相关系数。

【任务实现】

在 Jupyter Notebook 开发环境中创建 tc02-01.ipynb，然后在单元格中编写代码并输出对应的结果。

### 1. 导入模块

导入通用模块的代码详见“本书导学”。导入其他模块的代码如下：

```
from collections import Counter
```

### 2. 读取数据

代码如下：

```
path='.\data\ 长沙市天气数据 .xlsx'
weatherDf = pd.read_excel(path,converters={' 日期 ':str})
```

### 3. 查看部分数据与数据集基本信息

（1）查看前 5 行数据

代码如下：

```
#head() 从 0 开始计数
weatherDf.head()
```

输出结果：

| | 日期 | 最高气温 | 最低气温 | 天气 | 风向 | 风力 | 空气质量指数 |
|---|---|---|---|---|---|---|---|
| 0 | 2021-01-01 周五 | 10℃ | -2℃ | 晴 | 东南风 | 1级 | 70 良 |
| 1 | 2021-01-02 周六 | 13℃ | 3℃ | 晴~多云 | 东风 | 1级 | 85 良 |
| 2 | 2021-01-03 周日 | 9℃ | 2℃ | 多云 | 西北风 | 2级 | 97 良 |
| 3 | 2021-01-04 周一 | 11℃ | 4℃ | 晴~多云 | 西北风 | 2级 | 130 轻度 |
| 4 | 2021-01-05 周二 | 6℃ | 3℃ | 阴 | 西北风 | 3级 | 236 重度 |

（2）查看后 5 行数据

代码如下：

```
weatherDf.tail()
```

输出结果：

| | 日期 | 最高气温 | 最低气温 | 天气 | 风向 | 风力 | 空气质量指数 |
|---|---|---|---|---|---|---|---|
| 360 | 2021-12-27 周一 | 1℃ | 0℃ | 多云~阴 | 西北风 | 2级 | 57 良 |
| 361 | 2021-12-28 周二 | 4℃ | 3℃ | 多云~阴 | 西南风 | 1级 | 115 轻度 |
| 362 | 2021-12-29 周三 | 8℃ | 3℃ | 多云~晴 | 西北风 | 1级 | 86 良 |
| 363 | 2021-12-30 周四 | 12℃ | 0℃ | 晴~多云 | 西北风 | 1级 | 95 良 |
| 364 | 2021-12-31 周五 | 10℃ | 4℃ | 多云~阴 | 西北风 | 1级 | 117 轻度 |

(3) 查看各列的数据类型

代码如下：

```
weatherDf.dtypes
```

输出结果：

```
日期              object
最高气温            object
最低气温            object
天气              object
风向              object
风力              object
空气质量指数          object
dtype: object
```

(4) 查看数据集的基本信息

代码如下：

```
weatherDf.info()
```

输出结果：

```
<class 'pandas.core.frame.DataFrame'>
RangeIndex: 365 entries, 0 to 364
Data columns (total 7 columns):
 #   Column         Non-Null Count        Dtype
---  -------------  ------------------    --------
 0   日期            365 non-null          object
 1   最高气温          365 non-null          object
 2   最低气温          365 non-null          object
 3   天气            365 non-null          object
 4   风向            365 non-null          object
 5   风力            365 non-null          object
 6   空气质量指数        365 non-null          object
dtypes: object(7)
memory usage: 20.1+ KB
```

### 4. 数据预处理

(1) 移除掉气温的单位“℃”

代码如下：

```
    weatherDf.loc[:, "最高气温"] =weatherDf["最高气温"].str.replace("℃", "").
astype('int32')
    weatherDf.loc[:, "最低气温"] = weatherDf["最低气温"].str.replace("℃", "").
astype('int32')
```

(2) 获取最低气温低于0℃的数据

代码如下：

```
weatherDf[weatherDf["最低气温"] < 0].head()
```

(3) 提取所有数字列统计结果

代码如下：

```
# 输出前三行
print('-' * 25, '输出前三行的数据', '-' * 25)
```

```
print(weatherDf.head(3))
# 提取所有数字列统计结果
print('-' * 25, '提取所有数字列统计结果', '-' * 25)
print(weatherDf.describe())
# 查看单个序列的数据
print('-' * 25, '查看单个 Series 的数据', '-' * 25)
print(weatherDf['最高气温'].mean())
# 最高气温
print(weatherDf['最高气温'].max())
# 最低气温
print(weatherDf['最低气温'].min())
```

（4）获取指定列的非重复数据

唯一性去重一般不用于数字列，而用于枚举、分类列。

代码如下：

```
print('-' * 25, '唯一去重性', '-' * 25)
print(weatherDf['天气'].unique())
print(weatherDf['风向'].unique())
print(weatherDf['风力'].unique())
```

（5）对“天气”“风向”“风力”列按值计数

代码如下：

```
print('-' * 25, '按值计数', '-' * 25)
print(weatherDf['天气'].value_counts())
print(weatherDf['风向'].value_counts())
print(weatherDf['风力'].value_counts())
```

（6）分离“空气质量指数”列数据

代码如下：

```
# 字符串用 split() 拆分后会得到列表
aqiDf =weatherDf['空气质量指数'].astype(str).str.split(" ",1, expand=True)
# 修改 "空气质量指数 " 这一列的值
weatherDf.loc[:,'空气质量指数']=aqiDf[0]
weatherDf['空气质量等级'] =aqiDf[1]
```

（7）将用汉字表示的“空气质量等级”用数字表示，并存入对应“aqiLevel”列

代码如下：

```
def spaqi(aqi):
    aqilist=[]
    for str in aqi:
        if str=='优':
            aqiLevel=1
        elif str=='良':
            aqiLevel = 2
        elif str=='轻度':
            aqiLevel = 3
        elif str=='中度':
            aqiLevel = 4
        elif str=='重度':
            aqiLevel = 5
        aqilist.append(aqiLevel)
```

```
    aqiser=pd.Series(aqilist)
    return aqiser
weatherDf['aqiLevel']=spaqi(weatherDf['空气质量等级'])
weatherDf['空气质量指数']=weatherDf['空气质量指数'].astype('int32')
```

（8）分离“日期”列数据并将其转换为日期格式

代码如下：

```
df2 = weatherDf.copy()
df2[['日期', '星期']] = df2['日期'].str.split(' ', 2, expand = True)
df2.loc[:,'日期']=pd.to_datetime(df2.loc[:,'日期'],
                                   format='%Y-%m-%d',errors='coerce')
df2.sort_values('日期', inplace=True)
df2
```

输出结果：

| | 日期 | 最高气温 | 最低气温 | 天气 | 风向 | 风力 | 空气质量指数 | 空气质量等级 | aqiLevel | 星期 |
|---|---|---|---|---|---|---|---|---|---|---|
| 0 | 2021-01-01 | 10 | -2 | 晴 | 东南风 | 1级 | 70 | 良 | 2 | 周五 |
| 1 | 2021-01-02 | 13 | 3 | 晴~多云 | 东风 | 1级 | 85 | 良 | 2 | 周六 |
| 2 | 2021-01-03 | 9 | 2 | 多云 | 西北风 | 2级 | 97 | 良 | 2 | 周日 |
| 3 | 2021-01-04 | 11 | 4 | 晴~多云 | 西北风 | 2级 | 130 | 轻度 | 3 | 周一 |
| 4 | 2021-01-05 | 6 | 3 | 阴 | 西北风 | 3级 | 236 | 重度 | 5 | 周二 |
| ... | ... | ... | ... | ... | ... | ... | ... | ... | ... | ... |
| 360 | 2021-12-27 | 1 | 0 | 多云~阴 | 西北风 | 2级 | 57 | 良 | 2 | 周一 |
| 361 | 2021-12-28 | 4 | 3 | 多云~阴 | 西南风 | 1级 | 115 | 轻度 | 3 | 周二 |
| 362 | 2021-12-29 | 8 | 3 | 多云~晴 | 西北风 | 1级 | 86 | 良 | 2 | 周三 |
| 363 | 2021-12-30 | 12 | 0 | 晴~多云 | 西北风 | 1级 | 95 | 良 | 2 | 周四 |
| 364 | 2021-12-31 | 10 | 4 | 多云~阴 | 西北风 | 1级 | 117 | 轻度 | 3 | 周五 |

365 rows × 10 columns

### 5. 可视化数据分析

（1）绘制 2021 年长沙市 AQI（空气质量指数）全年走势图

扫描二维码在线浏览电子活页 2-1“绘制 2021 年长沙市 AQI（空气质量指数）全年走势图”中的代码及绘制的图形。

在线浏览

电子活页 2-1

（2）绘制 2021 年长沙市空气质量指数季度箱形图

代码如下：

```
# 拆分季度
df2['quarters'] = df2['日期'].dt.quarter
q1 = df2[df2.quarters == 1]
q2 = df2[df2.quarters == 2]
q3 = df2[df2.quarters == 3]
q4 = df2[df2.quarters == 4]
all_data = [  np.array(q1['空气质量指数']),
              np.array(q2['空气质量指数']),
```

```
                  np.array(q3['空气质量指数']),
                  np.array(q4['空气质量指数']),
             ]
labels = ['第一季度',
          '第二季度',
          '第三季度',
          '第四季度']
fig, ax1 = plt.subplots(figsize=(6,5))
bplot1 = ax1.boxplot(all_data,
                     vert=True,
                     patch_artist=True,
                     labels=labels)
ax1.set_title('2021 年长沙市空气质量指数季度箱形图')
colors = ['pink', 'lightblue', 'lightgreen','grey']
for patch, color in zip(bplot1['boxes'], colors):
    patch.set_facecolor(color)
ax1.yaxis.grid(True)
ax1.set_ylabel('空气质量指数')
fig.savefig("2021 年长沙市空气质量指数季度箱形图.png")
plt.show()
```





输出结果如图 2-1 所示。

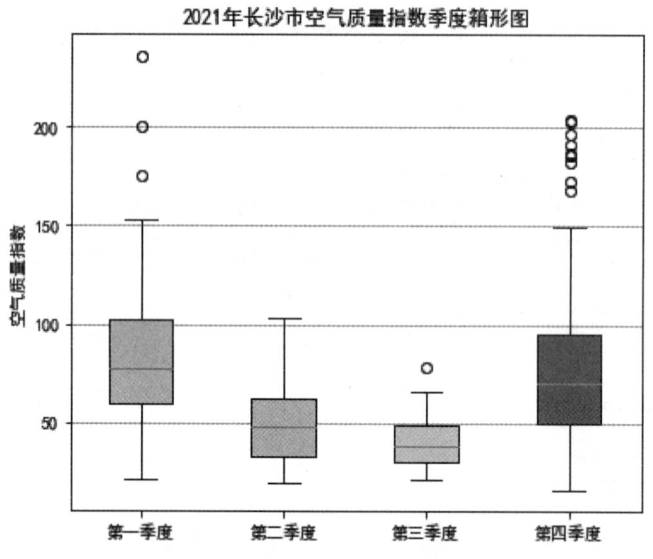


图 2-1　2021 年长沙市空气质量指数季度箱形图

（3）绘制 2021 年 1 月长沙市空气质量饼图

扫描二维码在线浏览电子活页 2-2“绘制 2021 年 1 月长沙市空气质量饼图”中的代码及绘制的图形。

在线浏览

电子活页 2-2

### 6. 复杂条件查询

组合条件可以使用“&”或“|”符号进行连接，每个条件都必须用括号标注。

（1）查询最高气温小于等于 40℃、最低气温大于等于 15℃，晴天，空气质量等级为优的数据代码如下：

```
weatherDf[(weatherDf["最高气温"]<=40) & (weatherDf["最低气温"]>=15)
```

```
        & (weatherDf[" 天气 "]==' 晴 ')    & (weatherDf["aqiLevel"]==1)]
```

使用 weatherDf.query() 方法可以简化查询。

使用 weatherDf.query() 方法实现类似功能的代码如下：

```
weatherDf.query(" 最高气温 <=40 & 最低气温 >=15 & 天气 ==' 晴 ' & aqiLevel==1")
```

输出结果：

| | 日期 | 最高气温 | 最低气温 | 天气 | 风向 | 风力 | 空气质量指数 | 空气质量等级 | aqiLevel |
|---|---|---|---|---|---|---|---|---|---|
| 188 | 2021-07-08 周四 | 35 | 28 | 晴 | 西南风 | 3级 | 23 | 优 | 1 |
| 192 | 2021-07-12 周一 | 36 | 28 | 晴 | 南风 | 3级 | 32 | 优 | 1 |
| 194 | 2021-07-14 周三 | 37 | 28 | 晴 | 西南风 | 3级 | 35 | 优 | 1 |
| 206 | 2021-07-26 周一 | 35 | 26 | 晴 | 西北风 | 3级 | 31 | 优 | 1 |
| 241 | 2021-08-30 周一 | 36 | 26 | 晴 | 东南风 | 2级 | 47 | 优 | 1 |
| 263 | 2021-09-21 周二 | 35 | 20 | 晴 | 东南风 | 1级 | 35 | 优 | 1 |
| 264 | 2021-09-22 周三 | 36 | 23 | 晴 | 东南风 | 2级 | 41 | 优 | 1 |
| 266 | 2021-09-24 周五 | 37 | 27 | 晴 | 东南风 | 2级 | 41 | 优 | 1 |
| 267 | 2021-09-25 周六 | 37 | 26 | 晴 | 南风 | 2级 | 46 | 优 | 1 |
| 276 | 2021-10-04 周一 | 36 | 26 | 晴 | 东南风 | 2级 | 49 | 优 | 1 |

（2）查询最高气温高于 35℃的数据

代码如下：

```
weatherDf.query(" 最高气温 > 35").head()
```

输出结果：

| | 日期 | 最高气温 | 最低气温 | 天气 | 风向 | 风力 | 空气质量指数 | 空气质量等级 | aqiLevel |
|---|---|---|---|---|---|---|---|---|---|
| 158 | 2021-06-08 周二 | 37 | 23 | 多云 | 东南风 | 2级 | 62 | 良 | 2 |
| 159 | 2021-06-09 周三 | 37 | 25 | 阴~小雨 | 东南风 | 2级 | 64 | 良 | 2 |
| 166 | 2021-06-16 周三 | 36 | 27 | 阴~晴 | 南风 | 3级 | 30 | 优 | 1 |
| 174 | 2021-06-24 周四 | 36 | 25 | 多云 | 东风 | 2级 | 46 | 优 | 1 |
| 175 | 2021-06-25 周五 | 36 | 27 | 阴~多云 | 东南风 | 2级 | 44 | 优 | 1 |

（3）查询温差大于等于 15℃的数据

代码如下：

```
weatherDf.query(" 最高气温 - 最低气温 >= 15").head()
```

输出结果：

| | 日期 | 最高气温 | 最低气温 | 天气 | 风向 | 风力 | 空气质量指数 | 空气质量等级 | aqiLevel |
|---|---|---|---|---|---|---|---|---|---|
| 13 | 2021-01-14 周四 | 20 | 4 | 多云~晴 | 东南风 | 2级 | 101 | 轻度 | 3 |
| 14 | 2021-01-15 周五 | 20 | 5 | 晴~多云 | 西北风 | 2级 | 153 | 中度 | 4 |
| 17 | 2021-01-18 周一 | 15 | 0 | 晴 | 东南风 | 2级 | 92 | 良 | 2 |
| 48 | 2021-02-18 周四 | 20 | 5 | 晴 | 东风 | 1级 | 58 | 良 | 2 |
| 49 | 2021-02-19 周五 | 22 | 7 | 晴 | 南风 | 2级 | 57 | 良 | 2 |

（4）使用外部变量查询两个指定气温之间的数据

代码如下：

```
high_temperature = 20
low_temperature = 10
weatherDf.query(" 最高气温 <=@high_temperature & 最低气温 >=
                                        @low_temperature").head()
```

输出结果：

| | 日期 | 最高气温 | 最低气温 | 天气 | 风向 | 风力 | 空气质量指数 | 空气质量等级 | aqiLevel |
|---|---|---|---|---|---|---|---|---|---|
| 70 | 2021-03-12 周五 | 19 | 10 | 多云~小雨 | 东北风 | 1级 | 55 | 良 | 2 |
| 71 | 2021-03-13 周六 | 19 | 13 | 阴~多云 | 东北风 | 1级 | 72 | 良 | 2 |
| 74 | 2021-03-16 周二 | 19 | 15 | 小雨~中雨 | 西北风 | 2级 | 69 | 良 | 2 |
| 75 | 2021-03-17 周三 | 15 | 13 | 小雨 | 西北风 | 3级 | 59 | 良 | 2 |
| 76 | 2021-03-18 周四 | 14 | 11 | 小雨 | 西北风 | 2级 | 29 | 优 | 1 |





## 7. 计算协方差

代码如下：

```
print(weatherDf[' 最高气温 '].cov(weatherDf[' 最低气温 ']))
print(weatherDf[' 最高气温 '].cov(weatherDf[' 空气质量指数 ']))
print(weatherDf[' 最低气温 '].cov(weatherDf[' 空气质量指数 ']))
```

输出结果：

```
74.24263886798134
-152.876253198856
-163.91504591299108
```

## 8. 计算相关系数

（1）查看相关系数矩阵

代码如下：

```
weatherDf.corr()
```

输出结果

| | 最高气温 | 最低气温 | 空气质量指数 | aqiLevel |
|---|---|---|---|---|
| 最高气温 | 1.000000 | 0.909652 | -0.431682 | -0.422504 |
| 最低气温 | 0.909652 | 1.000000 | -0.516451 | -0.505916 |
| 空气质量指数 | -0.431682 | -0.516451 | 1.000000 | 0.931619 |
| aqiLevel | -0.422504 | -0.505916 | 0.931619 | 1.000000 |

（2）查看空气质量指数和最高气温的相关系数

代码如下：

```
weatherDf[' 空气质量指数 '].corr(weatherDf[' 最高气温 '])
```

输出结果：

```
-0.4316817605342009
```

（3）查看空气质量指数和最低气温的相关系数

代码如下：

```
weatherDf['空气质量指数'].corr(weatherDf['最低气温'])
```

输出结果：

```
-0.5164511143419311
```

（4）查看空气质量指数和温差的相关系数

代码如下：

```
weatherDf['空气质量指数'].corr(weatherDf['最高气温'] - weatherDf['最低气温'])
```

输出结果：

```
0.07500360963052113
```





# 【任务 2-2】2011—2022 年北京市天气数据可视化初探

### 【任务描述】

Excel 文件“2011—2022 北京天气数据 .xlsx”包含 2011-01-01 至 2022-05-12 共 4138 行、6 列数据，列名分别为：日期、最高温、最低温、天气、风向风力、空气质量。针对该数据集完成以下数据分析与可视化操作。

（1）绘制展示 2011—2022 年北京市的气温变化情况的折线图。

（2）分析 2011—2022 年北京市的空气质量状况。

（3）探析 2011—2021 年北京市扬沙、浮尘、雾霾天气状况。

（4）探析北京市 2016 年和 2017 年有霾天数季度分布。

### 【任务实现】

在 Jupyter Notebook 开发环境中创建 tc02-02.ipynb，然后在单元格中编写代码并输出对应的结果。

### 1. 导入模块

导入通用模块的代码详见“本书导学”。导入其他模块的代码如下：

```
# 导入 MultipleLocator 类用于设置刻度间隔
from matplotlib.pyplot import MultipleLocator
```

### 2. 读取数据并浏览部分数据

代码如下：

```
path =r'data\2011-2022 北京天气数据 .xlsx'
df = pd.read_excel(path)
df
```

输出结果：

| | 日期 | 最高温 | 最低温 | 天气 | 风向风力 | 空气质量 |
|---|---|---|---|---|---|---|
| 0 | 2011-01-01 周六 | -2℃ | -7℃ | 多云~阴 | 无持续风向 微风 | |
| 1 | 2011-01-02 周日 | -2℃ | -7℃ | 多云 | 无持续风向 微风 | |
| 2 | 2011-01-03 周一 | -2℃ | -6℃ | 多云~阴 | 西北风~北风 3-4级~4-5级 | |
| 3 | 2011-01-04 周二 | -2℃ | -9℃ | 晴 | 北风 5-6级 | |
| 4 | 2011-01-05 周三 | -2℃ | -10℃ | 晴 | 北风~无持续风向 3-4级~微风 | |
| ... | ... | ... | ... | ... | ... | ... |
| 4133 | 2022-05-08 周日 | 13℃ | 8℃ | 小雨~多云 | 南风2级 | 29 优 |
| 4134 | 2022-05-09 周一 | 19℃ | 8℃ | 阴~多云 | 东南风2级 | 35 优 |
| 4135 | 2022-05-10 周二 | 14℃ | 10℃ | 多云 | 南风2级 | 70 良 |
| 4136 | 2022-05-11 周三 | 20℃ | 12℃ | 多云~小雨 | 西北风2级 | 52 良 |
| 4137 | 2022-05-12 周四 | 18℃ | 10℃ | 多云 | 西南风2级 | 32 优 |

4138 rows × 6 columns

### 3. 数据预处理

（1）复制数据集并显示其基本信息

代码如下：

```
data=df.copy()
data.info()          # 显示数据样本的信息
```

输出结果：

```
<class 'pandas.core.frame.DataFrame'>
RangeIndex: 4138 entries, 0 to 4137
Data columns (total 6 columns):
 #    Column  Non-Null Count  Dtype
---   ------  --------------  -----
 0    日期       4138 non-null   object
 1    最高温      4138 non-null   object
 2    最低温      4138 non-null   object
 3    天气       4138 non-null   object
 4    风向风力     4138 non-null   object
 5    空气质量     4138 non-null   object
dtypes: object(6)
memory usage: 194.1+ KB
```

（2）从“最高温”列数据中移除字符“℃”，并将数据类型从 object 转换为 int

代码如下：

```
def convert_temperature_high(val):
    new_val = val.replace('℃','')
    return int(new_val)
data['最高温'] = data['最高温'].apply(convert_temperature_high)
```

（3）从“最低温”列数据中移除字符“℃”

代码如下：

```
def convert_temperature_low(val):
    new_val = val.replace('℃','')
    return new_val
data['最低温'] = data['最低温'].apply(convert_temperature_low)
```

（4）将移除字符“℃”后的“最低温”列数据中的空字符串，即空值，用最近 30 天（前后各 15 天）的平均气温代替

由于“最低温”列数据移除字符“℃”后可能会出现空值，例如 2012-04-11（周三，index 为 455）对应的最低温移除字符“℃”后变为空值，因此会出现无法直接转换为 int 的情况，需要对空值进行替代处理。

自定义函数 func_for() 的功能为：遍历“最低温”列数据，将移除字符“℃”后的“最低温”列数据中的空值用最近 30 天（前后各 15 天）的平均气温代替，若这 30 天内某天的数据为空值就忽略该天（该天气温视为 0℃）。

扫描二维码在线浏览电子活页 2-3“自定义函数 func_for()”中的代码。

（5）将得到的不含空值的“最低温”列数据的数据类型从 object 转换为 int

代码如下：

```
def convert_int(val):
    return int(val)
data = func_for(data)
data['最低温'] = data['最低温'].apply(convert_int)
data.info()
```

输出结果：

```
<class 'pandas.core.frame.DataFrame'>
RangeIndex: 4138 entries, 0 to 4137
Data columns (total 6 columns):
 #   Column  Non-Null Count  Dtype
---  ------  --------------  -----
 0   日期      4138 non-null   object
 1   最高温     4138 non-null   int64
 2   最低温     4138 non-null   int64
 3   天气      4138 non-null   object
 4   风向风力    4138 non-null   object
 5   空气质量    4138 non-null   object
dtypes: int64(2), object(4)
memory usage: 194.1+ KB
```

（6）使用正则表达式从“日期”列数据中移除空值和星期

正则表达式中的字符串“\s(\w{2})”表示匹配以 1 个空格字符开头，后接 2 个非特殊字符的字符串，例如“ 周一”。

代码如下：

```
import re
def convert_date(val):
# 从日期中移除空值和星期
    new_val=re.sub(r'\s(\w{1,2})', "",val)
```

```
    new_val = new_val.replace(' ','')
    return new_val
data['日期'] = data['日期'].apply(convert_date)
print(data['日期'])
```

输出结果：

```
0        2011-01-01
1        2011-01-02
2        2011-01-03
3        2011-01-04
4        2011-01-05
            ...
4133     2022-05-08
4134     2022-05-09
4135     2022-05-10
4136     2022-05-11
4137     2022-05-12
Name: 日期, Length: 4138, dtype: object
```





（7）将“空气质量”列数据中的空值替换为文字“无观测数据”

由于“空气质量”列数据中存在大量空值，需要将这些空值替换为文字“无观测数据”。代码如下：

```
data_copy1 = data.copy()
data_copy1['空气质量'] = data_copy1['空气质量'].replace(' ',np.nan)
data_copy1['空气质量'] = data_copy1['空气质量'].fillna('无观测数据')
data_copy1.sample(5)
```

输出结果：

| | 日期 | 最高温 | 最低温 | 天气 | 风向风力 | 空气质量 |
|---|---|---|---|---|---|---|
| 132 | 2011-05-24 | 28 | 17 | 晴~多云 | 无持续风向 微风 | 无观测数据 |
| 782 | 2013-03-04 | 15 | 2 | 晴~晴间多云 | 无持续风向 微风 | 无观测数据 |
| 1829 | 2016-01-16 | -1 | -6 | 阴~小雪 | 无持续风向 微风 | 189 中度 |
| 1835 | 2016-01-22 | -6 | -16 | 多云~晴 | 北风 4-5级 | 24 优 |
| 2948 | 2019-02-08 | -1 | -7 | 多云 | 西南风 2级 | 42 优 |

（8）从“空气质量”列数据中移除空格和数字，复制“空气质量等级”的文字内容

代码如下：

```
def convert_airquality(val):
    new_val=re.sub(r'(\d*)\s', "",val)
    new_val = new_val.replace(' ','')
    return new_val
data_copy1['空气质量等级'] = data_copy1['空气质量'].apply(convert_airquality)
data_copy1.sample(5)
```

输出结果：

| | 日期 | 最高温 | 最低温 | 天气 | 风向风力 | 空气质量 | 空气质量等级 |
|---|---|---|---|---|---|---|---|
| 3480 | 2020-07-24 | 37 | 24 | 晴 | 西南风 2级 | 良 | 良 |
| 735 | 2013-01-16 | 0 | -9 | 晴间多云~晴 | 无持续风向 微风 | 无观测数据 | 无观测数据 |
| 91 | 2011-04-13 | 25 | 12 | 多云 | 无持续风向 微风 | 无观测数据 | 无观测数据 |
| 386 | 2012-02-02 | -1 | -12 | 晴 | 无持续风向 微风 | 无观测数据 | 无观测数据 |
| 2501 | 2017-11-18 | 5 | -6 | 晴 | 西南风 3-4级 | 优 | 优 |

（9）移除“空气质量等级”列数据中的重复数据并将非重复数据遍历出来

代码如下：

```
for i in data_copy1['空气质量等级'].drop_duplicates():
    print(i)
```

输出结果：

```
无观测数据
严重
重度
优
轻度
中度
良
```

### 4. 绘制展示 2011—2022 年北京市的气温变化情况的折线图

扫描二维码在线浏览电子活页 2-4“绘制展示 2011—2022 年北京市的气温变化情况的折线图”中的代码及绘制的图形。

在线浏览

电子活页 2-4

### 5. 分析 2011—2022 年北京市的空气质量状况

iloc 为整数索引，先统计每年空气质量等级为“无观测数据”“严重”“重度”“中度”“轻度”“良”“优”等的天数，然后创建空字典 results，并将天数添加到字典中。

代码如下：

```
category_names = ['无观测数据', '严重', '重度', '中度', '轻度', '良', '优']
results = { '2015': [], '2016': [],'2017': [], '2018': [], '2019': [], '2020':
[],'2021': []}
for h in [ '2015', '2016', '2017', '2018', '2019', '2020', '2021']:
    for i in category_names:
        i =len(data_copy1.iloc[
            data_copy1[data_copy1['日期'] == h+'-01-01'].index.tolist()[0]:
            data_copy1[data_copy1['日期'] == str(int(h)+1)+'-01-01'].index.tolist()[0], 5]
            [data_copy1['空气质量等级'] == i])
           # 索引必须从该年的 01-01 到第二年的 01-01（而不是该年的 12-31）
        results[h].append(i)
def survey(results, category_names):
    labels = list(results.keys())
    data = np.array(list(results.values()))
    data_cum = data.cumsum(axis=1)
```

```
    category_colors = plt.get_cmap('RdYlGn')(np.linspace(0.15, 0.85, data.shape[1]))
    fig, ax = plt.subplots(figsize=(12, 6.5))
    ax.invert_yaxis()
    ax.xaxis.set_visible(False)
    ax.set_xlim(0, np.sum(data, axis=1).max())
    for i, (colname, color) in enumerate(zip(category_names, category_colors)):
        widths = data[:, i]
        starts = data_cum[:, i] - widths
        rects = ax.barh(labels, widths, left=starts, height=0.5,
                        label=colname, color=color)
        r, g, b, _ = color
        text_color = 'black' if r * g * b < 0.5 else 'darkgrey'
        ax.bar_label(rects, label_type='center', color=text_color)
    ax.legend(ncol=len(category_names), bbox_to_anchor=(0, 1),
              loc='lower left', fontsize='large')
    # pad 用于设置标题和图形的间距
    plt.title('2011—2022 年北京市的空气质量状况 ', fontsize = 24, pad=40)
    return fig, ax
survey(results, category_names)
plt.show()
```





输出结果如图 2-2 所示。

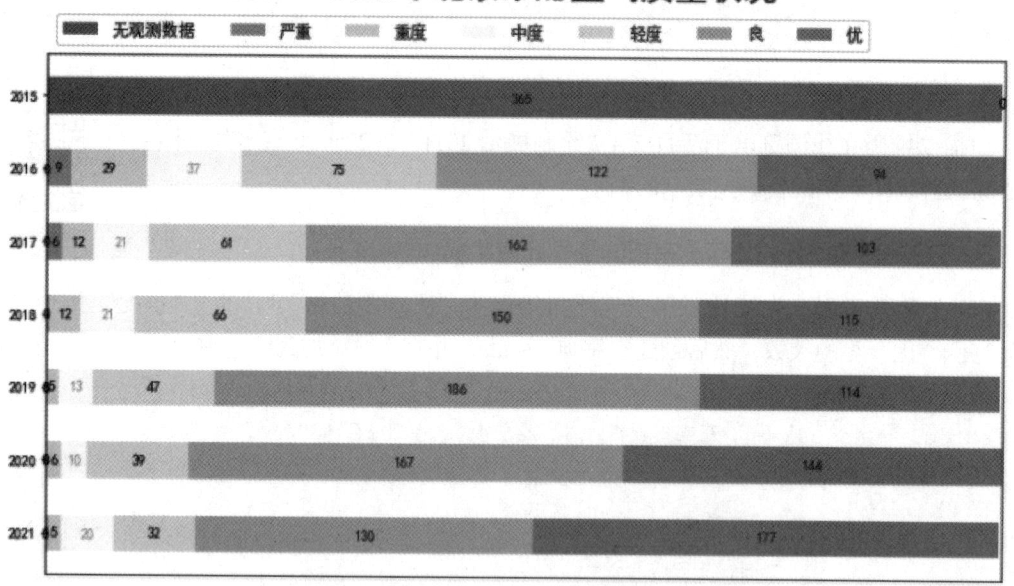


图 2-2　2011—2022 年北京市的空气质量状况的堆叠条形图

从图 2-2 可以看出：2015 年以前的空气质量等级数据缺失，2016—2022 年空气质量等级为严重、重度、中度、轻度污染天数逐渐减少，优、良天数逐渐增加，空气质量整体趋向好转。

### 6. 探析 2011—2021 年北京市扬沙、浮尘、雾霾天气状况

探析 2011—2021 年北京市扬沙、浮尘、雾霾天气状况，对应的代码及绘制的图形详见本书配套的电子活页 2-1。

### 7. 探析北京市 2016 年和 2017 年有霾天数季度分布

探析北京市 2016 年和 2017 年有霾天数季度分布，对应的代码及绘制的图形详见本书配套的电子活页 2-2。

## 【任务 2-3】2011—2022 年北京、上海、广州、深圳天气数据可视化分析

### 【任务描述】

Excel 文件“2011—2022 年北京天气数据 .xlsx”“2011—2022 年上海天气数据 .xlsx”“2011—2022 年广州天气数据 .xlsx”“2011—2022 年深圳天气数据 .xlsx”分别存放了北京、上海、广州、深圳 2011—2022 年天气数据，每个文件中都包括以下列：城市、天气、日期、最低气温、最高气温、空气质量指数、风向风力。针对数据集完成以下数据分析与可视化操作。

微课视频

任务 2-3

（1）获取各城市 2011—2021 年下雪天数分布。

（2）构建 2022 年北京市 1—4 月的“月份”与“天气”的透视表。

（3）绘制北京市 2022 年 1—4 月天气分布的热力图。

（4）绘制折线图探析北京 2021 年每日最高气温、最低气温的变化。

（5）绘制折线图探析北京、上海、广州、深圳 2022 年 1 月最高气温变化趋势。

### 【任务实现】

在 Jupyter Notebook 开发环境中创建 tc02-03.ipynb，然后在单元格中编写代码并输出对应的结果。

### 1. 导入模块

导入通用模块的代码详见“本书导学”。导入其他模块的代码如下：

```
import time
import jieba
import datetime
from pyecharts.commons.utils import JsCode
import matplotlib.colors as mcolors
```

### 2. 读取与浏览数据

（1）读取数据

代码如下：

```
df_bj = pd.read_excel(r'data\2011-2022 年北京天气数据 .xlsx')
df_shh = pd.read_excel(r'data\2011-2022 年上海天气数据 .xlsx')
d_gzh = pd.read_excel(r'data\2011-2022 年广州天气数据 .xlsx')
df_shzh = pd.read_excel(r'data\2011-2022 年深圳天气数据 .xlsx')
data = pd.concat([df_bj,d_gzh,df_shh,df_shzh],sort=True)
```

（2）随机浏览数据

代码如下：

```
data.sample(5)
```

输出结果：

| | 城市 | 天气 | 日期 | 最低气温 | 最高气温 | 空气质量指数 | 风向风力 |
|---|---|---|---|---|---|---|---|
| 3949 | 广州 | 多云 | 2021-11-06 周六 | 20℃ | 31℃ | 51 良 | 东南风 2级 |
| 1139 | 广州 | 多云~小雨 | 2014-02-25 周二 | 16℃ | 24℃ | | 无持续风向 微风 |
| 1916 | 北京 | 多云~晴 | 2016-04-12 星期二 | 8℃ | 20℃ | 104 轻度污染 | 无持续风向 微风 |
| 894 | 深圳 | 中雨~小雨 | 2013-06-25 周二 | 27℃ | 30℃ | | 无持续风向 微风 |
| 2751 | 上海 | 雷阵雨~多云 | 2018-07-27 周五 | 27℃ | 36℃ | 80 良 | 东南风 1-2级 |





### 3. 数据预处理

（1）调整数据集的列排列顺序

代码如下：

```
data=data[["城市","日期","最高气温","最低气温","天气","风向风力","空气质量指数"]]
```

（2）浏览数据集的基本信息

代码如下：

```
data.info()
```

输出结果：

```
<class 'pandas.core.frame.DataFrame'>
Int64Index: 16501 entries, 0 to 4124
Data columns (total 7 columns):
 #   Column  Non-Null Count  Dtype
---  ------  --------------  -----
 0   城市      16501 non-null  object
 1   日期      16501 non-null  object
 2   最高气温    16501 non-null  object
 3   最低气温    16501 non-null  object
 4   天气      16501 non-null  object
 5   风向风力    16501 non-null  object
 6   空气质量指数  16501 non-null  object
dtypes: object(7)
memory usage: 1.0+ MB
```

（3）拆分日期与星期数据

代码如下：

```
df1 = data['日期'].str.split(' ',expand=True,n=1)
data[['日期','星期']]=df1
data.sample(5)
```

输出结果：

| | 城市 | 日期 | 最高气温 | 最低气温 | 天气 | 风向风力 | 空气质量指数 | 星期 |
|---|---|---|---|---|---|---|---|---|
| 2276 | 广州 | 2017-04-08 | 29℃ | 23℃ | 小雨 | 无持续风向 微风 | 52 良 | 周六 |
| 569 | 深圳 | 2012-08-04 | 32℃ | 27℃ | 多云~阵雨 | 无持续风向 微风 | | 周六 |
| 1243 | 北京 | 2014-06-09 | 31℃ | 17℃ | 晴转阴有雷阵雨~多云间晴 | 无持续风向 微风 | | 星期一 |
| 2310 | 上海 | 2017-05-12 | 21℃ | 18℃ | 中雨~多云 | 东北风 3-4级 | 53 良 | 周五 |
| 229 | 北京 | 2011-08-29 | 30℃ | 21℃ | 多云~晴 | 无持续风向 微风 | | 星期一 |

（4）删除多余字符和多余空格

代码如下：

```
data[['最高气温','最低气温']] = data[['最高气温','最低气温']].apply(lambda x:
                                    x.str.replace('° ',''))
data['最高气温'] = data['最高气温'].str.replace(' ','')
data['最低气温'] = data['最低气温'].str.replace(' ','')
```

（5）添加列“下雪吗”并生成对应的值

代码如下：

```
data.loc[data['天气'].str.contains('雪'),'下雪吗']='是'
data.fillna('否',inplace=True)
data.sample(5)
```

输出结果：

| | 城市 | 日期 | 最高气温 | 最低气温 | 天气 | 风向风力 | 空气质量指数 | 星期 | 下雪吗 |
|---|---|---|---|---|---|---|---|---|---|
| 3868 | 深圳 | 2021-08-17 | 32 | 27 | 晴~多云 | 西南风 2级 | 27 优 | 周二 | 否 |
| 2423 | 上海 | 2017-09-02 | 29 | 25 | 阴~多云 | 东风 1-2级 | 46 优 | 周六 | 否 |
| 3678 | 深圳 | 2021-02-08 | 25 | 15 | 晴~多云 | 东风 2级 | 52 良 | 周一 | 否 |
| 1156 | 北京 | 2014-03-14 | 16 | 2 | 晴 | 无持续风向 微风 | | 周五 | 否 |
| 2469 | 北京 | 2017-10-17 | 16 | 11 | 阴~小雨 | 南风 1-2级 | 93 良 | 周二 | 否 |

（6）转换“日期”“最高气温”“最低气温”列数据的数据类型

代码如下：

```
data['日期'] = pd.to_datetime(data['日期'], format='%Y-%m-%d', errors='coerce')
data[['最高气温','最低气温']] = data[['最高气温','最低气温']].astype('int')
data.info()
```

输出结果：

```
<class 'pandas.core.frame.DataFrame'>
Int64Index: 16501 entries, 0 to 4124
Data columns (total 9 columns):
 #   Column  Non-Null Count  Dtype
---  ------  --------------  -----
 0   城市      16501 non-null  object
 1   日期      16501 non-null  datetime64[ns]
 2   最高气温    16501 non-null  int32
 3   最低气温    16501 non-null  int32
 4   天气      16501 non-null  object
 5   风向风力    16501 non-null  object
 6   空气质量指数  16501 non-null  object
 7   星期      16501 non-null  object
 8   下雪吗     16501 non-null  object
dtypes: datetime64[ns](1), int32(2), object(6)
memory usage: 1.1+ MB
```

(7) 拆分日期数据为年、月、日

代码如下：

```
data['年'] = data['日期'].dt.year
data['月'] = data['日期'].dt.month
data['日'] = data['日期'].dt.day
```

(8) 将数据集中的“风向风力”拆分为“风向”和“风力”两列

代码如下：

```
df2=data['风向风力'].str.split(' ',expand=True)
data[['风向','风力']]=df2
data.sample(5)
```

输出结果：

| | 城市 | 日期 | 最高气温 | 最低气温 | 天气 | 风向风力 | 空气质量指数 | 星期 | 下雪吗 | 年 | 月 | 日 | 风向 | 风力 |
|---|---|---|---|---|---|---|---|---|---|---|---|---|---|---|
| 3627 | 北京 | 2020-12-18 | 0 | -9 | 晴 | 北风 3级 | 31 优 | 周五 | 否 | 2020 | 12 | 18 | 北风 | 3级 |
| 3903 | 北京 | 2021-09-20 | 21 | 15 | 中雨~多云 | 西北风 3级 | 21 优 | 周一 | 否 | 2021 | 9 | 20 | 西北风 | 3级 |
| 2388 | 上海 | 2017-07-29 | 36 | 29 | 阵雨~多云 | 东南风 1-2级 | 31 优 | 周六 | 否 | 2017 | 7 | 29 | 东南风 | 1-2级 |
| 1185 | 深圳 | 2014-04-13 | 30 | 22 | 多云 | 无持续风向 微风 | | 周日 | 否 | 2014 | 4 | 13 | 无持续风向 | 微风 |
| 1911 | 北京 | 2016-04-07 | 24 | 8 | 晴 | 北风 3-4级 | 140 轻度污染 | 周四 | 否 | 2016 | 4 | 7 | 北风 | 3-4级 |

## 4. 数据分析

(1) 获取 2011—2021 年初雪的时间

代码如下：

```
s_data = data[data['下雪吗']=='是']
s_data[(s_data['月']>=9)].groupby('年').first().reset_index()
```

(2) 获取各城市 2011—2021 年下雪天数分布

代码如下：

```
s_data.groupby(['城市','年'])['日期'].count().to_frame('下雪天数').reset_index()
```

(3) 获取 2011—2021 年深圳下雪的日期

代码如下：

```
s_data[s_data['城市'] == '深圳']
```

输出结果：

| | 城市 | 日期 | 最高气温 | 最低气温 | 天气 | 风向风力 | 空气质量指数 | 星期 | 下雪吗 | 年 | 月 | 日 |
|---|---|---|---|---|---|---|---|---|---|---|---|---|
| 33 | 深圳 | 2011-02-14 | 13 | 7 | 小雪~小雨 | 无持续风向 微风 | | 周一 | 是 | 2011 | 2 | 14 |

(4) 构建 2022 年北京市 1—4 月的“月份”与“天气”的透视表

代码如下：

```
data_bj = data[(data['年'] == 2022) & (data['城市'] == '北京')]
data_bj = data_bj.groupby(['月','天气'], as_index=False)['日期'].count()
data_pivot_bj = pd.pivot(data_bj,values='日期',index='月',columns='天气')
data_pivot_bj = data_pivot_bj.astype('float')
# 按照索引年月降序排序
data_pivot_bj.sort_index(ascending=False,inplace=True)
```

## 5. 数据可视化

（1）自定义绘制热力图的主要参数

代码如下：

```
# 设置全局默认字体为 " 微软雅黑 "
plt.rcParams['font.family'] = ['Microsoft YaHei']
# 设置全局轴标签字体的大小
plt.rcParams["axes.labelsize"] = 14
# 设置背景
sns.set_style("darkgrid",{"font.family":['Microsoft YaHei', 'SimHei']})
# 自定义色卡
cmap = mcolors.LinearSegmentedColormap.from_list("n",['#95B359','#D3CF63',
                            '#E0991D','#D96161','#A257D0','#7B1216'])
```

（2）绘制北京市 2022 年 1—4 月天气分布的热力图

代码如下：

```
# 设置画布长宽和 dpi
plt.figure(figsize=(16,4),dpi=100)
# 绘制热力图
ax = sns.heatmap(data_pivot_bj, cmap=cmap, vmax=30,
                 annot=True,        # 在热力图上显示数值
                 linewidths=0.5,
                )
# 将 x 轴刻度放在最上面
ax.xaxis.set_ticks_position('top')
plt.title(' 北京市 2022 年 1—4 月天气分布 ',fontsize=16)   # 图形标题文本和字体大小
plt.show()
```

输出结果如图 2-3 所示。

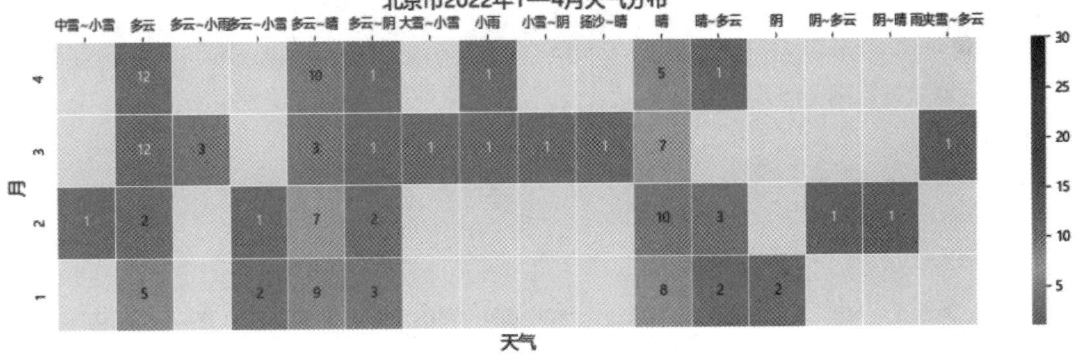


图 2-3　北京市 2022 年 1—4 月天气分布的热力图

（3）绘制探析北京 2021 年每日最高气温、最低气温变化的折线图

绘制探析北京 2021 年每日最高气温、最低气温变化折线图，对应的代码及绘制的图形详见本书配套的电子活页 2-3。

电子活页 2-3

（4）绘制探析北京、上海、广州、深圳 2022 年 1 月最高气温变化趋势的折线图

绘制探析北京、上海、广州、深圳 2022 年 1 月最高气温变化趋势折线图，对应的代码及绘制的图形详见本书配套的电子活页 2-4。

电子活页 2-4

# 【任务 2-4】探析 2021 年 8 月全国主要城市的空气质量状况

**【任务描述】**

Excel 文件“2021 年 8 月全国主要城市空气质量 .xlsx”共有 8432 行、12 列数据，列名分别为：地区、城市、日期、质量等级、AQI、当天 AQI 排名、PM2.5、PM10、$SO_2$、$NO_2$、CO、$O_3$。针对该数据集完成以下数据可视化分析操作。

（1）使用 Geo 类绘制 2021 年 8 月 1 日全国主要城市空气质量指数地图。

（2）使用 Geo 类和 Timeline 类绘制 2021 年 8 月全国主要城市空气质量指数每日轮播地图。

（3）使用 Bar 类和 Timeline 类绘制 2021 年 8 月全国主要城市 PM2.5、PM10、$SO_2$、$NO_2$ 这 4 项指标每日轮播条形图。



（4）在同一界面中同时展示轮播地图和轮播条形图。



**【任务实现】**

在 Jupyter Notebook 开发环境中创建 tc02-04.ipynb，然后在单元格中编写代码并输出对应的结果。

（1）导入模块

导入通用模块的代码详见“本书导学”，导入其他模块的代码如下：

```
import json
import requests
import chardet
import jieba
from pyecharts.globals import ThemeType    # 设定主题
from pyecharts.commons.utils import JsCode
from pyecharts.globals import ChartType
```

（2）读取数据与浏览部分数据

代码如下：

```
df1 = pd.read_excel(r'data/2021年8月全国主要城市空气质量.xlsx')
df1.sample(5)
```

输出结果：

| | 地区 | 城市 | 日期 | 质量等级 | AQI | 当天AQI排名 | PM2.5 | PM10 | $SO_2$ | $NO_2$ | CO | $O_3$ |
|---|---|---|---|---|---|---|---|---|---|---|---|---|
| 2660 | 安徽 | 蚌埠 | 2021-08-26 | 优 | 38 | 224 | 15 | 37 | 10 | 11 | 0.47 | 71 |
| 3234 | 江西 | 南昌 | 2021-08-11 | 优 | 27 | 146 | 12 | 27 | 4 | 17 | 0.64 | 30 |
| 7040 | 西藏 | 阿里 | 2021-08-04 | 优 | 25 | 90 | 2 | 5 | 7 | 3 | 0.25 | 79 |
| 685 | 内蒙古 | 呼和浩特 | 2021-08-04 | 优 | 43 | 244 | 23 | 45 | 7 | 16 | 0.66 | 86 |
| 2668 | 安徽 | 淮南 | 2021-08-03 | 优 | 39 | 188 | 17 | 35 | 8 | 10 | 0.50 | 81 |

（3）使用 Geo 类绘制 2021 年 8 月 1 日全国主要城市空气质量指数地图

使用 Geo 类绘制 2021 年 8 月 1 日全国主要城市空气质量指数地图，对应的代码详见本书配套的电子活页 2-5。

（4）使用 Geo 类和 Timeline 类绘制 2021 年 8 月全国主要城市空气质量指数每日轮播地图

使用 Geo 类和 Timeline 类绘制 2021 年 8 月全国主要城市空气质量指数每日轮播地图，对应的代码详见本书配套的电子活页 2-6。

电子活页 2-6

（5）使用 Bar 类和 Timeline 类绘制 2021 年 8 月全国主要城市 PM2.5、PM10、$SO_2$、$NO_2$ 这 4 项指标每日轮播条形图

使用 Bar 类和 Timeline 类绘制 2021 年 8 月全国主要城市 PM2.5、PM10、$SO_2$、$NO_2$ 这 4 项指标每日轮播条形图，对应的代码及绘制的图形详见本书配套的电子活页 2-7。

（6）在同一界面中同时展示轮播地图和轮播条形图

代码如下：

```
page = Page(layout=Page.SimplePageLayout)
page.add(
    timeline_map(),
    timeline_bar(),
    )
page.render_notebook()
```

# 【任务 2-5】分析 2020—2021 年北京、上海、广州、深圳的天气差异

**【任务描述】**

Excel 文件“北京天气数据 5.xlsx”“上海天气数据 5.xlsx”“广州天气数据 5.xlsx”“深圳天气数据 5.xlsx”分别存放了北京、上海、广州、深圳 2017—2022 年 4 月的天气数据，每个文件中都包括以下列：日期、最高气温、最低气温、天气、风向风力、空气质量指数。针对该数据集完成以下数据分析与可视化操作。

（1）分析北京、上海、广州、深圳这 4 座城市的月平均气温的变化。

（2）探析北京、上海、广州、深圳这 4 座城市 2020—2021 年每天的气温分布情况。

（3）探析北京、上海、广州、深圳这 4 座城市 2020—2021 年空气质量分布情况。

（4）探析北京、上海、广州、深圳这 4 座城市 2020—2021 年污染天气在季节上的分布规律。

（5）探寻空气质量的影响因素。

（6）探析造成 2020—2021 年北京市天气情况较差的原因。

**【任务实现】**

在 Jupyter Notebook 开发环境中创建 tc02-05.ipynb，然后在单元格中编写代码并输出对应的结果。

扫描二维码在线浏览电子活页 2-5“【任务 2-5】分析 2020—2021 年北京、上海、广州、深圳的天气差异”的实现过程。

在线浏览

电子活页 2-5

# 模块3 房源数据分析

03

本模块主要针对杭州市在售房源数据、广州市已成交房源数据进行可视化分析。

## 方法要点

☑ 使用 read_excel() 函数读取 Excel 文件中的数据并完成读取数据时的参数设置。
☑ 使用 to_excel() 函数将处理好的数据存入文件。
☑ 复制数据集。
☑ 获取缺失值总数量、数据集的大小、数据集中各列缺失值的数量等。
☑ 去除数据集中的重复数据。
☑ 删除数据集中的缺失值、数据集指定列中多余的数据。
☑ 过滤异常数据，填充数据集中的缺失数据。
☑ 查看数据集中指定列的数据。
☑ 使用正则表达式获取“单价”列的价格数字、“起建时间”列的年份数字。
☑ 将“年限”列数据拆分为“起建时间”和“建筑类型”两列数据。
☑ 去掉起建时间为“未知年建”和“建筑类型”为“暂无数据”的房源。
☑ 计算“楼龄”并在数据集中增加“楼龄”列。
☑ 从“户型”列数据提取“室数”和“厅数”。
☑ 转换“挂牌时间”列数据的数据类型。
☑ 去除“朝向”列首、末端空格。
☑ 将多种朝向简化为单一朝向，将“朝向”列重命名为“窗户朝向”。
☑ 获取“楼层”列中包含字符“/”的数据的行数。
☑ 查看数据集中第 1 行、“楼层”列数据的数据类型是否为“str”类型。
☑ 根据“楼层”列数据中“/”字符的位置分别提取“楼层位置”和“层数”数据。
☑ 获取“层数”列的非空值数据，从“层数”列数据中取出层数数字。
☑ 删除“楼层”列数据、“装修情况”列数据中的多余空格。
☑ 使用 lambda 函数结合正则表达式提取“面积”数据中的数字和小数点。
☑ 使用正则表达式直接提取“面积”数据中的数字和小数点。
☑ 根据数字位置提取“面积”数据中的数字和小数点。
☑ 获取房子总价大于 50 万元和小于 3000 万元的数据。

☑ 删除“户型”列包含“0 室 0 厅”的行数据。

☑ 计算相关系数与探索各变量之间的相关性。

☑ 应用以下方法或函数：apply()、value_counts()、contains()、reset_index()、count()、sort_values()、groupby()、mean() 等。

## 绘图清单

☑ 使用 matplotlib.pyplot 的 bar() 函数绘制柱形图。

☑ 使用 matplotlib.pyplot 的 pie() 函数绘制饼图。

☑ 使用 matplotlib.pyplot 的 plot() 函数绘制折线图。

☑ 使用 matplotlib.pyplot 的 scatter() 函数绘制散点图。

☑ 使用 matplotlib.pyplot 的 hist() 函数绘制直方图。

☑ 使用 seaborn 库的 heatmap() 方法绘制热力图。

☑ 使用 seaborn 库的 boxplot() 方法绘制柱形图、箱形图。

☑ 使用 seaborn 库的 distplot() 方法绘制分布图。

☑ 使用 seaborn 库的 regplot() 方法绘制散点图。

☑ 使用 pyecharts.charts 的 Map 类绘制地图。

☑ 使用 pyecharts.charts 的 Bar 类绘制柱形图、条形图。

☑ 使用 pyecharts.charts 的 Pie 类绘制圆环图、饼图。

☑ 使用 pyecharts.charts 的 WordCloud 类绘制词云图。

☑ 使用 pyecharts.charts 的 TreeMap 类绘制矩形树图。

☑ 使用 pyecharts.charts 的 Calendar 类绘制日历图。

☑ 使用 pyecharts.charts 的 Sunburst 类绘制旭日图。

☑ 使用 pyecharts.charts 的 Page 类顺序组合多个图形。

☑ 使用 plotly.graph_objs 的 Scatter 类绘制散点图。

☑ 使用 stylecloud.gen_stylecloud() 方法绘制词云图。

## 任务实战

# 【任务 3-1】杭州市在售房源数据分析与可视化

### 【任务描述】

Excel 文件“house.xlsx”共有 3 万多行、14 列数据，列名分别为：产权、关注、区域、单价、小区、年限、总价 / 万元、户型、房屋编码、挂牌时间、朝向、楼层、装修情况、面积。（其中，关注为关注数量的简称。）其中“朝向”列数据有 67 种，“户型”列数据有 42 种，“区域”列数据有 14 种，“装修情况”列数据有 4 种，这些数据后期需要进行清洗、整理和提取数值特征。

微课视频

任务 3-1-1

数据清洗建议如下。

（1）删除产权未知的行。

（2）“区域”列数据改成“××区”的形式。

（3）“年限”列数据改成整型，添加“楼龄”列。

（4）“户型”列拆分成“室数”“厅数”两列

（5）删掉“年限”“区域”“房屋编码”列。

（6）将67种朝向精简为6种。

（7）将“装修情况”简化为“精装”“简装”“毛坯”和“其他”4种。

针对该数据集主要完成以下数据分析与可视化操作。

（1）计算相关系数与探索各数据之间的相关性。

（2）对比分析杭州市各区房源数量。

（3）对比分析杭州市各区房源平均总价和平均单价。

（4）对比分析杭州市各区房源关注数量和杭州市在售房源户型的关注度。

（5）对比分析杭州市在售房源不同窗户朝向关注度和不同产权的关注度。

（6）对比分析杭州市在售房源楼层位置对关注度的影响。

（7）对比分析杭州市在售房源装修情况对关注度的影响。

（8）对比分析杭州市各区房源平均面积。

（9）对比分析杭州市各区房源面积分布和房屋总价-面积关系。

（10）对比分析杭州市各区在售房源面积-单价关系。

（11）对比分析杭州市在售房源挂牌时间和建造时间分布情况。

（12）杭州市在售房源板块名称词云分析。

**【任务实现】**

在Jupyter Notebook开发环境中创建tc03-01.ipynb，然后在单元格中编写代码并输出对应的结果。

### 1. 导入模块与读取数据

（1）导入模块

导入通用模块的代码详见“本书导学”，导入其他模块的代码如下：

```
import datetime
import calendar
import brewer2mpl
import collections
from jieba import posseg as psg
import warnings
warnings.filterwarnings('ignore')
```

（2）读取数据并进行浏览

代码如下：

```
house_df=pd.read_excel(r"data\house.xlsx")
data=house_df.copy()
# 浏览数据
data.head()
```

输出结果：

| | 产权 | 关注 | 区域 | 单价 | 小区 | 年限 | 总价/万元 | 户型 | 房屋编码 | 挂牌时间 | 朝向 | 楼层 | 装修情况 | 面积 |
|---|---|---|---|---|---|---|---|---|---|---|---|---|---|---|
| 0 | 70年 | 0 | 余杭临平 | 21015元/平方米 | 众安理想湾 | 2015年建/板楼 | 210 | 3室2厅 | 10001 | 2022-06-12 | 南 北 | 低楼层/共33层 | 平层/精装 | 99.93平方米 |
| 1 | 70年 | 4 | 余杭临平 | 28416元/平方米 | 众安理想湾 | 2016年建/板塔结合 | 780 | 6室2厅 | 10002 | 2022-04-04 | 南 | 联排/共3层 | 毛坯 | 274.5平方米 |
| 2 | 70年 | 2 | 余杭临平 | 17323元/平方米 | 众安理想湾 | 2015年建/板楼 | 220 | 3室2厅 | 10003 | 2021-09-07 | 南 | 高楼层/共33层 | 精装 | 127平方米 |
| 3 | 70年 | 4 | 余杭临平 | 18249元/平方米 | 众安理想湾 | 2015年建/塔楼 | 250 | 3室2厅 | 10004 | 2021-08-15 | 南 | 中楼层/共33层 | 简装 | 137平方米 |
| 4 | 70年 | 1 | 余杭临平 | 24112元/平方米 | 众安理想湾 | 2015年建/板楼 | 215 | 3室2厅 | 10005 | 2022-04-21 | 南 | 高楼层/共34层 | 精装 | 89.17平方米 |

## 2. 数据预处理

（1）检查缺失值总数量

代码如下：

```
data.isnull().values.sum()
```

输出结果：

```
10
```

（2）检查各列缺失值情况

代码如下：

```
data.isnull().sum()
```

（3）删除缺失值

代码如下：

```
data.dropna(how="any",inplace=True)
```

（4）处理“产权”列数据

删除“产权”列中值为“未知”的数据，对应的代码如下：

```
data=data.loc[data["产权"] != "未知"]
```

（5）处理“区域”列数据

选取有代表性的区域进行地区汇总，定义一个函数识别当前区域属于哪个区，并将该函数应用于该列。对应的代码如下：

```
def location(x):
    if "临安" in x: return "临安市"
    elif "上城" in x: return "上城区"
    elif "下城" in x: return "下城区"
    elif "江干" in x: return "江干区"
    elif "拱墅" in x: return "拱墅区"
    elif "西湖" in x: return "西湖区"
    elif "滨江" in x: return "滨江区"
    elif "萧山" in x: return "萧山区"
    elif "余杭" in x: return "余杭区"
    elif "富阳" in x: return "富阳区"
    elif "钱塘" in x: return "钱塘新区"
    else: return "其他"
data["地理位置"]=data["区域"].apply(location)
```

查看各区在售房源总数量的代码如下：

```
data['地理位置'].value_counts()
```

输出结果：

```
余杭区       8142
西湖区       4104
江干区       3576
拱墅区       2563
萧山区       2558
下城区       2388
钱塘新区     2237
滨江区       2005
临安市       1719
上城区       1399
富阳区         72
Name: 地理位置, dtype: int64
```

（6）处理“单价”列数据

查看“单价”列数据的代码如下：

```
data['单价'].head()
```



输出结果：

```
0     21015元/平方米
1     28416元/平方米
2     17323元/平方米
3     18249元/平方米
4     24112元/平方米
Name: 单价, dtype: object
```

从输出结果可以看出：所有“单价”数据都包含单位“元/平方米”，数据分析与可视化时需要将单位去掉，即删除“元/平方米”。

以下3种方法都可以去掉单位“元/平方米”提取单价数字。

方法1：使用正则表达式取出其中的数字。

代码如下：

```
data["单价"]=data["单价"].apply(lambda x: str(x)).str.findall("(\d+)").str[0].astype("float")
```

方法2：使用“元”字进行字符串分隔。

代码如下：

```
data["单价"] = data["单价"].str.split("元").str[0]
data["单价"] = data["单价"].astype("int64")
```

方法3：使用“元”字在“单价”列中的位置获取单价数字。

代码如下：

```
data['单价']=data['单价'].str[:-5].astype('float32')
```

（7）处理“年限”列数据

将“年限”列数据拆分为“起建时间”和“建筑类型”两列，代码如下：

```
data["起建时间"]=data["年限"].str.split("/").str[0]
data["建筑类型"]=data["年限"].str.split("/").str[1]
```

浏览“建筑类型”列唯一值，代码如下：

```
data['建筑类型'].unique()
```

输出结果：

```
array(['板楼', '板塔结合', '塔楼', '暂无数据', '平房'], dtype=object)
```

去掉起建时间为“未知年建”和“建筑类型”为“暂无数据”的房源，代码如下：

```
data=data.loc[(data["起建时间"]!="未知年建") & (data["建筑类型"] != "暂无数据")]
```

获取“起建时间”年份数字的代码如下：

```
data["起建时间"]=data["起建时间"].str.extract("(\d+)").astype("int")
```

以下代码同样可以获取“起建时间”年份数字：

```
data["起建时间"]=data['起建时间'].str[:4].astype('int')
```

计算“楼龄”并增加“楼龄”列的代码如下：

```
data["楼龄"]=2022-data["起建时间"]
```

（8）删除数据集指定列中多余的数据

代码如下：

```
data.drop(["年限","区域","房屋编码"],axis=1,inplace=True)
data.head()
```

输出结果：

| | 产权 | 关注 | 单价 | 小区 | 总价/万元 | 户型 | 挂牌时间 | 朝向 | 楼层 | 装修情况 | 面积 | 地理位置 | 起建时间 | 建筑类型 | 楼龄 |
|---|---|---|---|---|---|---|---|---|---|---|---|---|---|---|---|
| 0 | 70年 | 0 | 21015.0 | 众安理想湾 | 210 | 3室2厅 | 2022-06-12 | 南 北 | 低楼层/共33层 | 平层/精装 | 99.93平方米 | 余杭区 | 2015 | 板楼 | 7 |
| 1 | 70年 | 4 | 28416.0 | 众安理想湾 | 780 | 6室2厅 | 2022-04-04 | 南 | 联排/共3层 | 毛坯 | 274.5平方米 | 余杭区 | 2016 | 板塔结合 | 6 |
| 2 | 70年 | 2 | 17323.0 | 众安理想湾 | 220 | 3室2厅 | 2021-09-07 | 南 | 高楼层/共33层 | 精装 | 127平方米 | 余杭区 | 2015 | 板楼 | 7 |
| 3 | 70年 | 4 | 18249.0 | 众安理想湾 | 250 | 3室2厅 | 2021-08-15 | 南 | 中楼层/共33层 | 简装 | 137平方米 | 余杭区 | 2015 | 塔楼 | 7 |
| 4 | 70年 | 1 | 24112.0 | 众安理想湾 | 215 | 3室2厅 | 2022-04-21 | 南 | 高楼层/共34层 | 精装 | 89.17平方米 | 余杭区 | 2015 | 板楼 | 7 |

（9）处理“户型”列数据

从“户型”列数据提取“室数”和“厅数”，并分开存储，代码如下：

```
data["室数"]=data["户型"].str.findall("(\d)室(\d)厅").str[0].str[0].astype("int")
data["厅数"]=data["户型"].str.findall("(\d)室(\d)厅").str[0].str[1].astype("int")
```

以下代码也能从“户型”列数据提取“室数”和“厅数”：

```
data['室数']=data['户型'].str[0].astype('int32')
data['厅数']=data['户型'].str[2].astype('int32')
```

（10）转换“挂牌时间”列数据的数据类型

代码如下：

```
data["挂牌时间"]=pd.to_datetime(data["挂牌时间"])
```

（11）处理“朝向”列数据

观察“朝向”列数据，可以发现“朝向”主要分为以下几种情况。

✶ 单一朝向：“东”“南”“西”“北”“西南”“西北”“东南”“东北”等。

✶ 两种朝向：“南 北”“南 西”“北 南”“东 南”“东 西”“西 北”等。

✶ 多种朝向：“东 南 北”“西 西南 南”“南 西 北”“南 西北 北”等。

针对单一朝向，直接去除数据中的空格。而对于两种或多种朝向，为了后续分析方便，则简化为单一朝向，并将最终值赋予“窗户朝向”列。

去除“朝向”列首、末端空格的代码如下：

```
data['朝向']=data['朝向'].str.strip()
```

查看“朝向”列字数的代码如下：

```
data['朝向'].str.len().value_counts()
```

输出结果：

```
1     19162
3      6441
2      1139
5       517
4       267
6        36
7        13
8         4
11        1
Name: 朝向, dtype: int64
```





扫描二维码在线浏览电子活页 3-1“定义将多种朝向简化为单一朝向的函数 orientation()”中的代码。

在线浏览

电子活页 3-1

将该函数应用于“朝向”列,并将“朝向”列重命名为“窗户朝向”,代码如下：

```
data["朝向"]=data["朝向"].apply(orientation)
data.rename(columns={"朝向":"窗户朝向"},inplace=True)
```

（12）处理“楼层”列数据

查看数据集行数的代码如下：

```
data.shape[0]
```

输出结果：

```
27580
```

重置行索引的代码如下：

```
data.reset_index()
```

获取“楼层”列中包含字符“/”的数据的行数，代码如下：

```
data["楼层"].str.contains("/").sum()
```

输出结果：

```
27565
```

获取“楼层”列中不包含字符“/”的数据的行数，代码如下：

```
data.shape[0]-data["楼层"].str.contains("/").sum()
```

输出结果：

```
15
```

查看数据集中第 1 行、“楼层”列数据的数据类型是否为“str”，代码如下：

```
isinstance(data.iloc[0,:]["楼层"],str)
```

输出结果：

```
True
```

根据“楼层”列数据中“/”字符的位置分别提取“楼层位置”和“层数”数据，代码如下：

```
data["楼层位置"]=data["楼层"].str.split("/").str[0]
data["层数"]=data["楼层"].str.split("/").str[1]
```

数据集中部分“楼层”列不包含字符“/”，即只包含层数信息，不包含楼层位置信息。针对不包含“/”字符的“楼层”列做进一步处理，代码如下：

```
for i in range(0,data.shape[0]):
    if ('/' not in data.iloc[i,:]["楼层"]):
        data.loc[i,"楼层位置"] ='其他'
        data.loc[i,"层数"] = data.iloc[i,:]["楼层"]
```

由于“层数”列数据中可能会出现空值，空值无法转换为 int 类型，需要删除“层数”为空的行，获取“层数”列中的非空值数据的代码如下：

```
data=data.loc[~(data["层数"].isnull())]
```

从“层数”列数据中取出层数数字并将其转换为“int32”数据类型，代码如下：

```
data["层数"] = data["层数"].str.extract(("(\d+)")).astype("int32")
```

分析“层数”列数据的特征可以发现：“层数”列数据第 1 个字为“共”，最后一个字为“层”，中间为 1 个或多个数字，使用以下代码也可以实现从“层数”列数据中取出层数数字并将其转换为“int32”数据类型。

```
df1['层数']=data['层数'].str[1:-1].astype('int32')
```

删除“楼层”列数据的代码如下：

```
data=data.drop(["楼层"],axis=1)
```

以下代码也可以删除“楼层”列数据：

```
del data["楼层"]
```

（13）处理“装修情况”列数据

定义处理“装修情况”列数据的函数 decoration()，该函数主要用于删除“装修情况”列数据中的多余空格，并将“装修情况”列数据简化为“精装”“简装”“毛坯”和“其他”4 种。然后对“装修情况”列数据应用该函数，代码如下：

```
def decoration(x):
    if "精装" in x: return "精装"
    elif "简装" in x: return "简装"
    elif "毛坯" in x: return "毛坯"
    else: return "其他"
data["装修情况"]=data["装修情况"].apply(decoration)
```

（14）处理“面积”列数据

处理“面积”列数据有以下多种方法。

方法 1：使用 lambda 函数结合正则表达式提取“面积”数据中的数字和小数点。代码如下：

```
data["面积"]=data["面积"].apply(lambda x: str(x)).str.extract("([\d,.]+)").
astype("float")
```

方法 2：使用正则表达式直接提取“面积”数据中的数字和小数点。代码如下：

```
data["面积"]=data["面积"].str.findall('[\d,.]+').str[0].astype('float')
```

方法 3：由于“面积”列数据都包含单位“平方米”，根据数字位置提取“面积”数据中的数字和小数点。代码如下：

```
data['面积'].str[:-2].astype('float')
```

（15）过滤异常数据

将"总价/万元"重命名为"总价"的代码如下：

```
data.rename(columns={"总价/万元":"总价"},inplace=True)
```

获取房子总价大于50万元和小于3000万元的数据的代码如下：

```
data_=data.loc[(data["总价"] > 50) & (data["总价"] < 3000)]
```

删除"户型"列包含"0室0厅"数据的行代码如下：

```
data=data.loc[data["户型"] != "0室0厅"]
```

重置索引的代码如下：

```
data.reset_index(drop=True,inplace=True)
```

（16）将处理好的数据存入文件"lianjia.xlsx"中

代码如下：

```
data.to_excel(r'data\lianjia.xlsx')
```





### 3. 数据分析与可视化

（1）计算相关系数与探索各数据之间的相关性

代码如下：

```
corr=data.corr()
corr
```

输出结果：

| | 关注 | 单价 | 总价 | 面积 | 起建时间 | 楼龄 | 室数 | 厅数 | 层数 |
|---|---|---|---|---|---|---|---|---|---|
| **关注** | 1.000000 | -0.009615 | -0.018230 | -0.027055 | -0.067201 | 0.067201 | -0.009033 | -0.016106 | -0.068565 |
| **单价** | -0.009615 | 1.000000 | 0.573449 | 0.019048 | -0.333060 | 0.333060 | 0.060751 | -0.027099 | -0.121507 |
| **总价** | -0.018230 | 0.573449 | 1.000000 | 0.754633 | 0.005020 | -0.005020 | 0.588745 | 0.383137 | 0.016816 |
| **面积** | -0.027055 | 0.019048 | 0.754633 | 1.000000 | 0.157992 | -0.157992 | 0.774720 | 0.549532 | 0.037878 |
| **起建时间** | -0.067201 | -0.333060 | 0.005020 | 0.157992 | 1.000000 | -1.000000 | 0.134328 | 0.224209 | 0.535943 |
| **楼龄** | 0.067201 | 0.333060 | -0.005020 | -0.157992 | -1.000000 | 1.000000 | -0.134328 | -0.224209 | -0.535943 |
| **室数** | -0.009033 | 0.060751 | 0.588745 | 0.774720 | 0.134328 | -0.134328 | 1.000000 | 0.578473 | -0.015518 |
| **厅数** | -0.016106 | -0.027099 | 0.383137 | 0.549532 | 0.224209 | -0.224209 | 0.578473 | 1.000000 | 0.038209 |
| **层数** | -0.068565 | -0.121507 | 0.016816 | 0.037878 | 0.535943 | -0.535943 | -0.015518 | 0.038209 | 1.000000 |

（2）绘制反映房源数据之间关系的热力图

代码如下：

```
plt.figure(figsize=(8, 6))
sns.heatmap(corr, cmap='GnBu')
plt.show()
```

输出结果如图3-1所示。

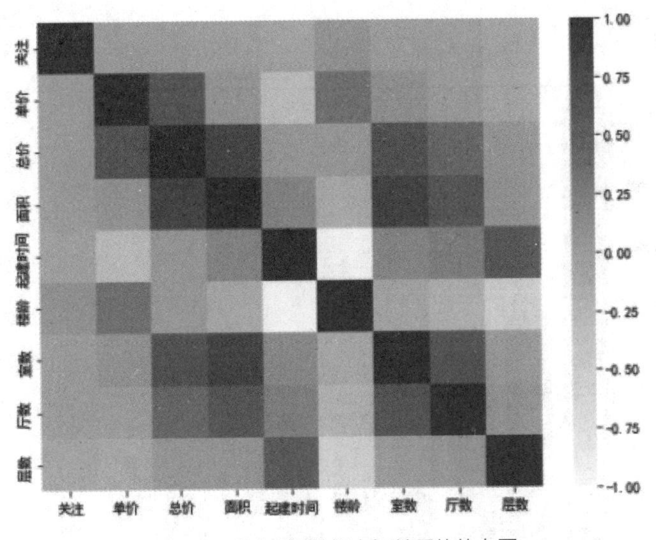

图 3-1　反映房源数据之间关系的热力图





（3）对比分析杭州市各区房源数量

统计数据集中各区房源数据的行数，代码如下：

```
count_area=data.groupby("地理位置")["关注"].count().sort_values(ascending=False)
count_area= count_area.reset_index()
count_area
```

输出结果：

| | 地理位置 | 关注 |
|---|---|---|
| 0 | 余杭区 | 7295 |
| 1 | 西湖区 | 3901 |
| 2 | 江干区 | 3460 |
| 3 | 拱墅区 | 2480 |
| 4 | 下城区 | 2347 |
| 5 | 萧山区 | 2223 |
| 6 | 钱塘新区 | 2169 |
| 7 | 滨江区 | 1981 |
| 8 | 上城区 | 1361 |
| 9 | 临安市 | 340 |
| 10 | 富阳区 | 21 |

绘制杭州市各区房源数量对比柱形图之一的代码如下所示。

```
plt.figure(figsize=(8, 6))
ax=sns.barplot(count_area["地理位置"], count_area["关注"],palette='Greens_r')
ax.set_title("杭州市各区房源数量对比")
ax.set_xlabel('区域')
ax.set_ylabel('房源数量')
for index, row in count_area.iterrows():
    ax.text(row.name,row['关注']+60, round(row['关注']), ha='center', fontsize=14)
```

输出结果如图 3-2 所示。

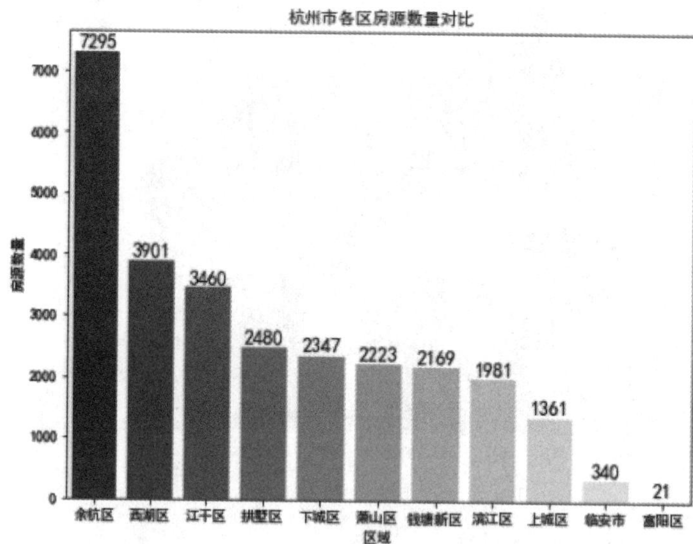


图 3-2　杭州市各区房源数量对比柱形图之一

绘制杭州市各区房源数量对比柱形图之二的代码如下。

```
    count_house = data.groupby("地理位置")["关注"].count().sort_values (ascending=
False)
    plt.figure(figsize=(10,5))
    sns.barplot(count_house.index, count_house)
    plt.title("杭州市各区房源数量对比",fontsize=14)
    plt.xlabel("区域",fontsize=12)
    plt.ylabel("房源数量",fontsize=12)
    plt.xticks(rotation=30,fontsize=12)
    for index, row in count_area.iterrows():
        plt.text(row.name,row['关注']+40, round(row['关注']), ha='center', fontsize=14)
    plt.show()
```

输出结果如图 3-3 所示。

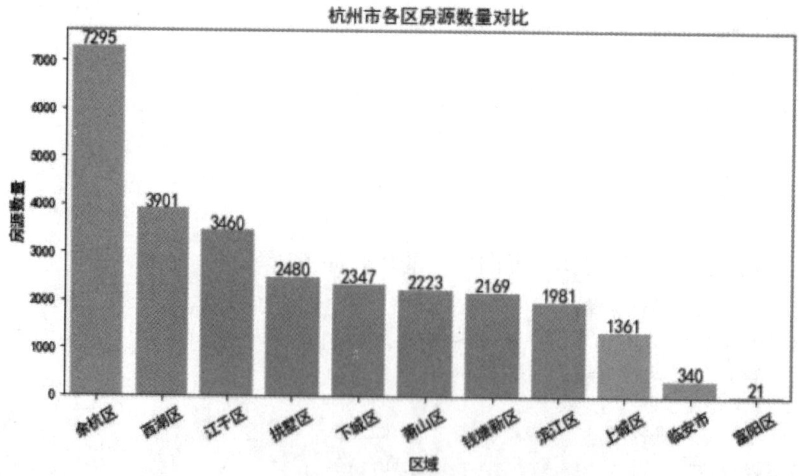


图 3-3　杭州市各区房源数量对比柱形图之二

绘制杭州市各区房源数量对比地图，对应的代码详见本书配套的电子活页3-1。

（4）对比分析杭州市各区房源平均总价

计算杭州市各区房源平均总价的代码如下：

```
total_price=data.groupby("地理位置")["总价"].mean().sort_values(ascending=False).
reset_index()
total_price
```

输出结果：

| | 地理位置 | 总价 |
|---|---|---|
| 0 | 西湖区 | 463.406819 |
| 1 | 上城区 | 452.722998 |
| 2 | 滨江区 | 452.216052 |
| 3 | 富阳区 | 391.714286 |
| 4 | 拱墅区 | 375.502823 |
| 5 | 江干区 | 366.648555 |
| 6 | 萧山区 | 333.238866 |
| 7 | 下城区 | 331.492118 |
| 8 | 余杭区 | 277.528718 |
| 9 | 钱塘新区 | 249.684647 |
| 10 | 临安市 | 226.267647 |

绘制杭州市各区房源平均总价对比柱形图的代码如下：

```
plt.figure(figsize=(10,5))
sns.barplot(total_price["地理位置"],y=total_price["总价"])
plt.title("杭州市各区房源平均总价对比",fontsize=14)
plt.ylabel("总价/万元",fontsize=12)
plt.xlabel("区域",fontsize=12)
plt.xticks(rotation=30,fontsize=12)
for index, row in total_price.iterrows():
    plt.text(row.name,row['总价']+3, round(row['总价']), ha='center', fontsize=14)
plt.show()
```

输出结果如图 3-4 所示。

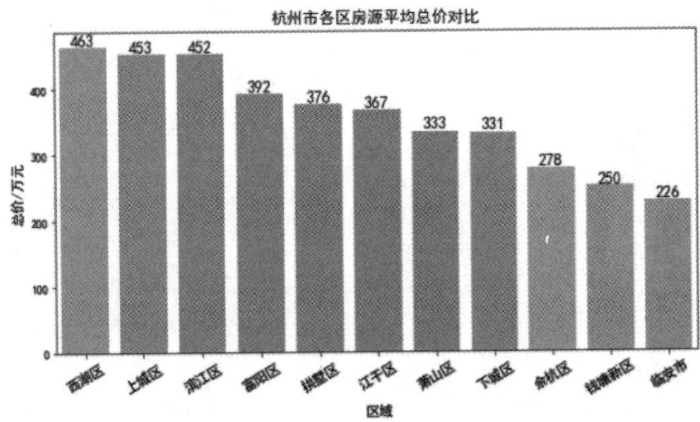


图 3-4 杭州市各区房源平均总价对比柱形图

（5）对比分析杭州市各区在售房源总价分布

绘制杭州市各区在售房源总价分布柱形图的代码如下：

```
data1 = data.groupby(" 地理位置 ").sum().sort_values(" 总价 ",ascending=False)
plt.figure(figsize=(12,5))
plt.bar(data1.index,data1[" 总价 "])
plt.title(" 杭州市各区在售房源总价分布情况 ")
for i,j in zip(data1.index,data1[" 总价 "]):
    plt.text(i, j+20000, j, size=12, ha='center')
```

输出结果如图 3-5 所示。

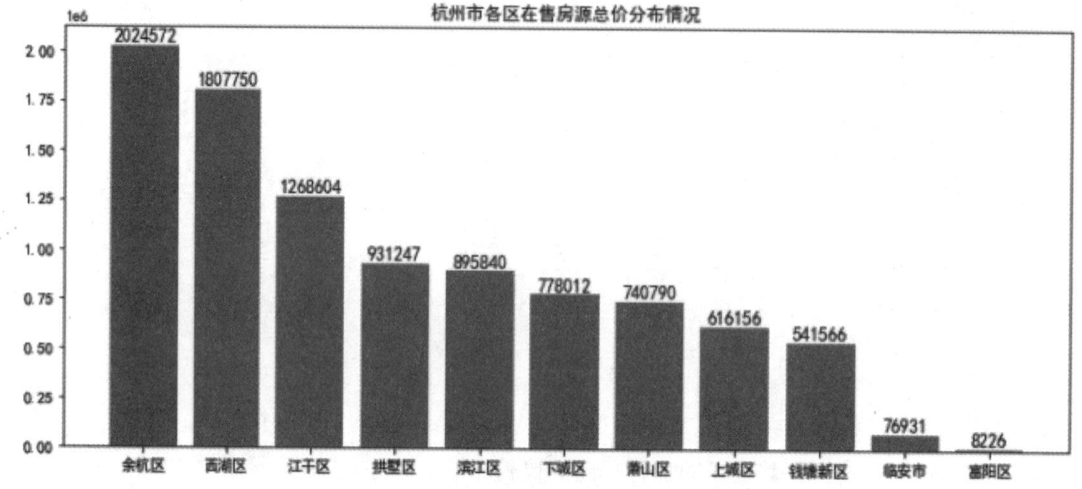


图 3-5　杭州市各区在售房源总价分布情况柱形图

从图 3-5 可以看出：余杭区位列杭州在售房源总价第一，富阳区的在售房源总价远低于其他各个区。

扫描二维码在线浏览电子活页 3-2“绘制杭州市各区房源总价分布箱形图”中的代码及绘制的图形。

在线浏览

电子活页 3-2

绘制杭州市在售房源经纬度分布散点图的代码如下：

```
data_1 = data[[' 地理位置 ',' 小区 ',' 单价 ',' 总价 ']]
data_2 = pd.read_csv(r"data/ 各小区经纬度详情 .csv")
data_2 = data_2[[' 小区 ', 'lnt', 'lat']]
# 合并数据
data_1_2 = pd.merge(data_1,data_2,on=" 小区 ")
plt.figure(figsize=(8,6))
x = data_1_2["lnt"]
y = data_1_2["lat"]
plt.scatter(x,y,marker='o',
            s = 10,          # s：散点的大小
            c =data_1_2[" 总价 "],
            alpha = 0.8,)
plt.grid()
```

输出结果如图 3-6 所示。

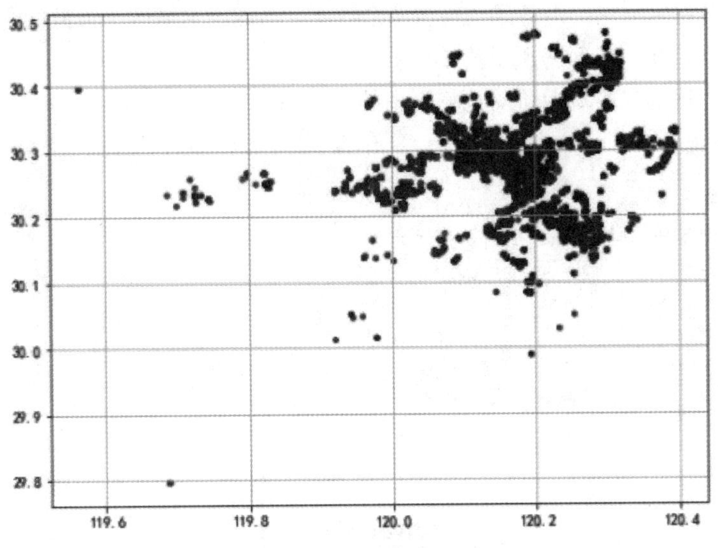


图 3-6　杭州市在售房源经纬度分布散点图

（6）对比分析杭州市各区“总价值 / 总在售面积”情况

富阳区在售房源数量只有 21 套，远远小于其他区的，而余杭区在售房源数量高达 7000 多套，需要使用其他指标才能客观描述各区在售房源平均单价分布情况。

下面使用系数“*d*”（总价值 / 总在售面积）进行描述。

绘制杭州市各区在售房源系数 *d* 分布柱形图的代码如下：

```
data2 = data.groupby("地理位置").sum()
data2["rate"] = (data2["总价"] / data2["面积"]).round(2)
data2=data2.sort_values(by="rate",ascending=False)
plt.figure(figsize=(12,5))
plt.bar(data2.index,data2["rate"].round(2))
plt.title("杭州市各区在售房源系数d分布情况")
for i,j in zip(data2.index,data2["rate"]):
    plt.text(i, j+0.05, j, size=12, ha='center')
```

输出结果如图 3-7 所示。

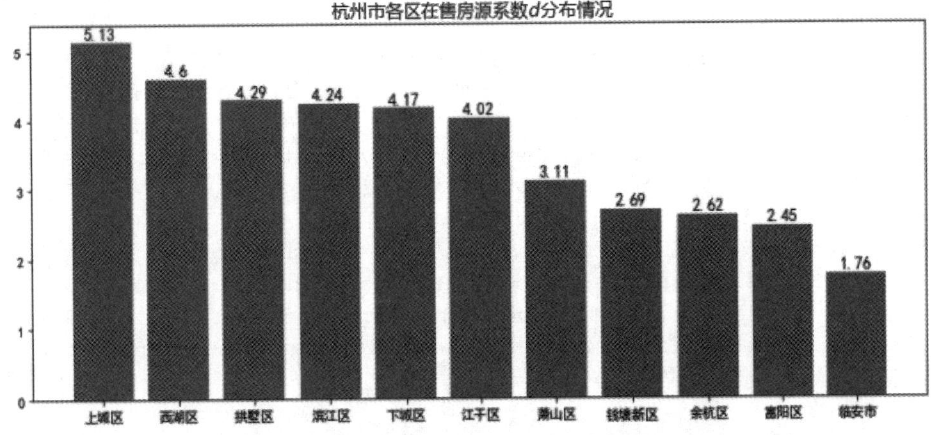


图 3-7　杭州市各区在售房源系数 *d* 分布情况柱形图

从图 3-7 可以看出：杭州市各区在售房源系数 $d$ 最高的为上城区，最低的为临安市。

（7）对比分析杭州市各区房源平均单价

绘制杭州市各区房源平均单价对比柱形图的代码如下：

```
price = data.groupby("地理位置")["单价"].mean().sort_values(ascending=False)
plt.figure(figsize=(10,5))
sns.barplot(price.index,price)
plt.title("杭州市各区房源平均单价对比",fontsize=14)
plt.ylabel("每平方米单价",fontsize=12)
plt.xlabel("区域",fontsize=12)
plt.xticks(rotation=30,fontsize=12)
for index, row in price.reset_index().iterrows():
    plt.text(row.name, row.单价+500, round(row.单价), ha='center')
plt.show()
```

输出结果如图 3-8 所示。





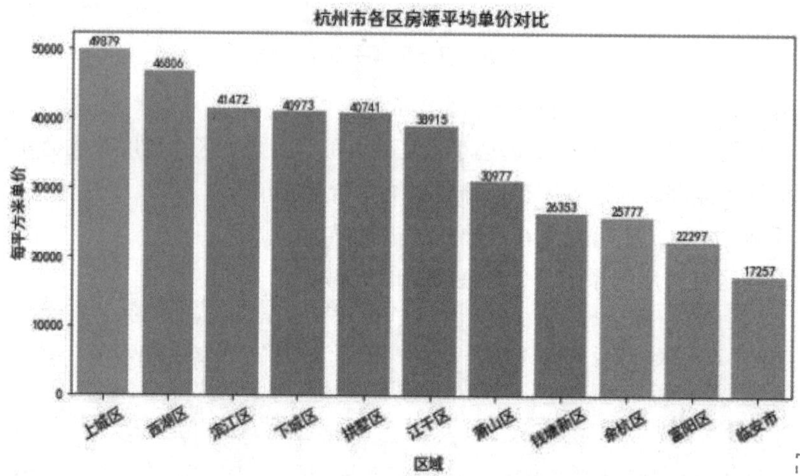


图 3-8 杭州市各区房源平均单价对比柱形图

在线浏览

电子活页 3-3

扫描二维码在线浏览电子活页 3-3“绘制杭州市各区房源平均单价对比柱形图方法 2”中的代码及绘制的图形。

绘制杭州市房源均价排前 10 位的区的柱形图，代码如下：

```
from pyecharts.commons.utils import JsCode
temp = data.groupby(['地理位置'])['单价'].mean().reset_index()
data_pair = sorted([(row['地理位置'], round(row['单价'], 1))
            for _, row in temp.iterrows()], key=lambda x: x[1], reverse=True)[:10]
bar = (Bar(init_opts=opts.InitOpts(theme='dark'))
       .add_xaxis([x[0] for x in data_pair])
       .add_yaxis('住房均价', [x[1] for x in data_pair])
       .set_series_opts(label_opts=opts.LabelOpts(is_show=True, font_style='italic'),
                   itemstyle_opts=opts.ItemStyleOpts(
                   color=JsCode("""new echarts.graphic.LinearGradient(0, 1, 0, 0,
                                            [{
                                                offset: 0,
                                                color: 'rgb(0,206,209)'
                                            }, {
```

```
                                                offset: 1,
                                                color: 'rgb(218,165,32)'
                                            }])""))
                             )
        .set_global_opts(
            title_opts=opts.TitleOpts(title="杭州市房源均价排前 10 位的区"),
            legend_opts=opts.LegendOpts(is_show=False),
            tooltip_opts=opts.TooltipOpts(formatter='{b}:{c} 万元'))
    )
bar.render_notebook()
```

输出结果如图 3-9 所示。

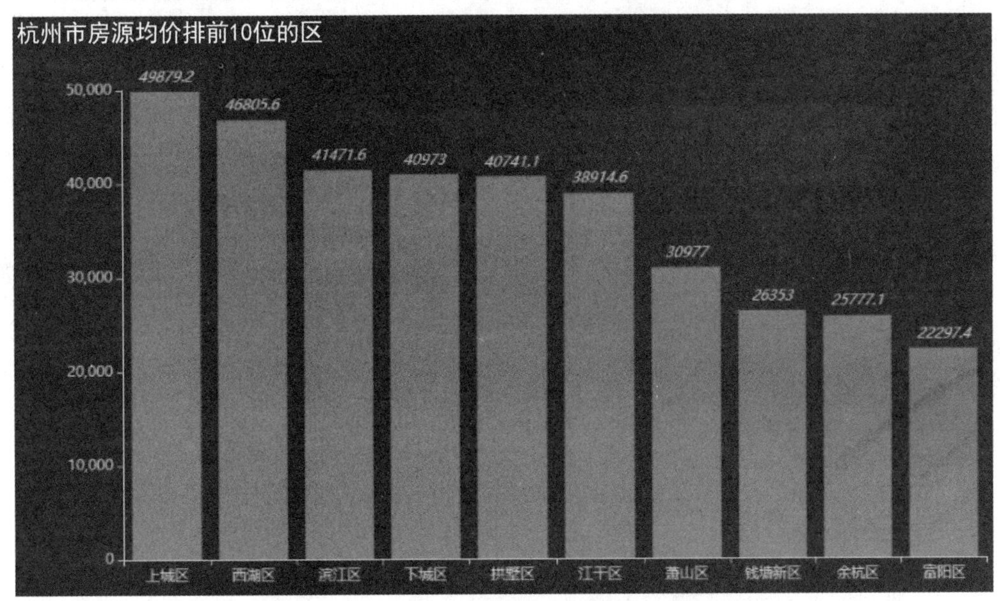


图 3-9　杭州市房源均价排前 10 位的区的柱形图

从图 3-9 可以看出：杭州市在售房源均价最高的是上城区，最低的是富阳区。

（8）对比分析杭州市各小区在售房源的均价和平均单价

扫描二维码在线浏览电子活页 3-4“绘制杭州市在售房源均价排前 10 位的小区的柱形图”中的代码及绘制的图形。

在线浏览

电子活页 3-4

绘制杭州市各小区在售房源平均单价直方图的代码如下：

```
df = data.groupby("小区").mean()
plt.figure(figsize=(12,5))
n, bins, patches = plt.hist(x=df["单价"], bins='auto',
                            alpha=0.7, rwidth=1)
plt.grid(axis='y', alpha=0.75)
plt.xlabel('平均单价')
plt.ylabel('数量')
plt.title('杭州市各小区在售房源平均单价直方图')
maxfreq = n.max()
# 设置 y 轴的上限
plt.ylim(ymax=np.ceil(maxfreq / 10) * 10 if maxfreq % 10 else maxfreq + 10)
```

输出结果如图 3-10 所示。

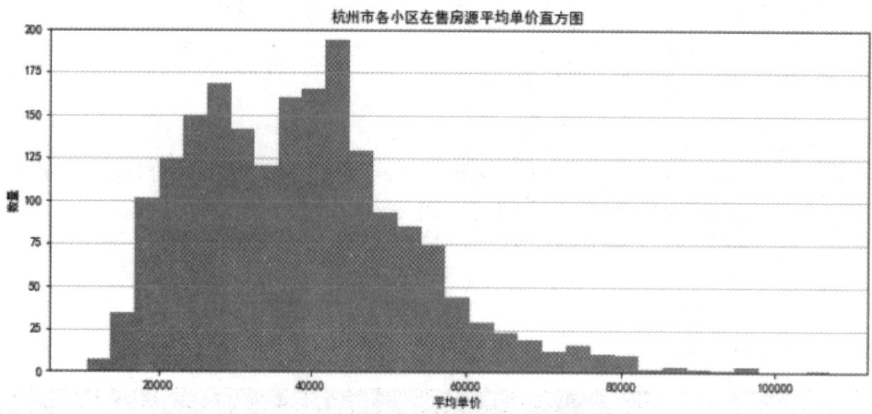


图 3-10　杭州市各小区在售房源平均单价直方图

从图 3-10 可以看出：杭州市各小区在售房源的平均单价主要分布于区间 20000 ～ 40000。

（9）对比分析杭州市各区房源关注数量

统计杭州市各区房源关注数量的代码如下：

```
attention_area=data.groupby("地理位置")["关注"].sum().sort_values
                                        (ascending=False).reset_index()
attention_area
```

输出结果：

| | 地理位置 | 关注 |
|---|---|---|
| 0 | 余杭区 | 120937 |
| 1 | 西湖区 | 83396 |
| 2 | 江干区 | 54582 |
| 3 | 下城区 | 44413 |
| 4 | 拱墅区 | 44303 |
| 5 | 萧山区 | 35340 |
| 6 | 滨江区 | 34057 |
| 7 | 钱塘新区 | 31263 |
| 8 | 上城区 | 28012 |
| 9 | 临安市 | 992 |
| 10 | 富阳区 | 357 |

绘制杭州市各区房源关注数量对比圆环图的代码如下：

```
pair1=[(row["地理位置"],row["关注"]) for i, row in attention_area.iterrows()]
pie1=Pie(init_opts=opts.InitOpts(theme='light',width = '800px',
height='400px'))
pie1.add("",pair1,radius=["35%", "75%"])
pie1.set_global_opts(title_opts=opts.TitleOpts(title="杭州市各区房源关注数量对比"),
                    legend_opts=opts.LegendOpts(is_show=False))
pie1.set_series_opts(label_opts=opts.LabelOpts(formatter="{b}: {d}%"))
pie1.render_notebook()
```

输出结果如图 3-11 所示。

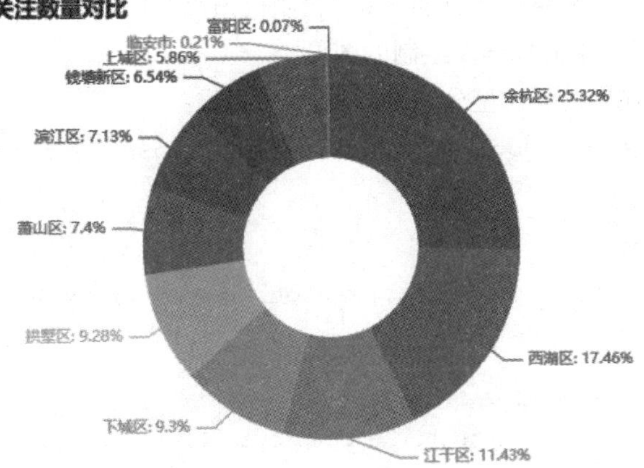


图 3-11　杭州市各区房源关注数量对比圆环图

扫描二维码在线浏览电子活页 3-5“绘制杭州市各区房源关注度对比柱形图”中的代码及绘制的图形。

在线浏览

电子活页 3-5

（10）对比分析杭州市在售房源户型的关注度

将“室数”与“厅数”合并为“$X$室 $Y$厅”的形式，代码如下：

```
data["户型"]=data["室数"].astype("str")+"室"+data["厅数"].astype("str")
+"厅"
```

绘制杭州市在售房源关注度排前 10 位的户型柱形图的代码如下：

```
house_type_attention=data.groupby("户型")["关注"].sum().sort_values(ascending=False)
                                                    .reset_index()
bar1=Bar(init_opts=opts.InitOpts(theme='wonderland',width = '600px',
                                 height='400px'))
bar1.add_xaxis(house_type_attention.head(10)["户型"].to_list())
bar1.add_yaxis("",house_type_attention.head(10)["关注"].to_list())
bar1.set_series_opts(label_opts=opts.LabelOpts(is_show=True))
bar1.set_global_opts(title_opts=opts.TitleOpts(title="杭州市在售房源关注度排前
   10 位的户型"),xaxis_opts=opts.AxisOpts(axislabel_opts={"interval":"0"}))
bar1.render_notebook()
```

输出结果如图 3-12 所示。

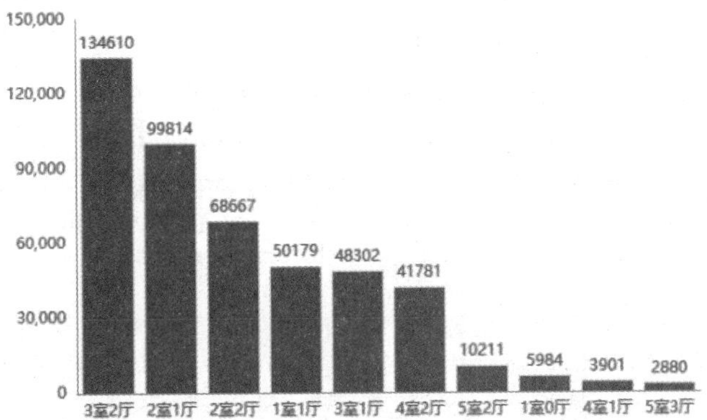


图 3-12　杭州市在售房源关注度排前 10 位的户型柱形图

扫描二维码在线浏览电子活页 3-6“绘制杭州市在售房源关注度排前 10 位的户型柱形图方法 2”中的代码及绘制的图形。

在线浏览

电子活页 3-6

绘制杭州市在售房源户型分布饼图的代码如下：

```
temp = data.groupby(['户型'])['面积'].count().reset_index()
data_pair = sorted([(row['户型'], row['面积'])
            for _, row in temp.iterrows()], key=lambda x: x[1],
                                              reverse=True)[:10]
pie = (Pie(init_opts=opts.InitOpts(theme='dark'))
      .add('', data_pair,
           radius=["30%", "75%"],
           rosetype="radius")
      .set_global_opts(title_opts=opts.TitleOpts(title="杭州市在售房源的户型分布"),
                  legend_opts=opts.LegendOpts(is_show=False),)
      .set_series_opts(label_opts=opts.LabelOpts(formatter="{b}: {d}%"))
     )
pie.render_notebook()
```



输出结果如图 3-13 所示。

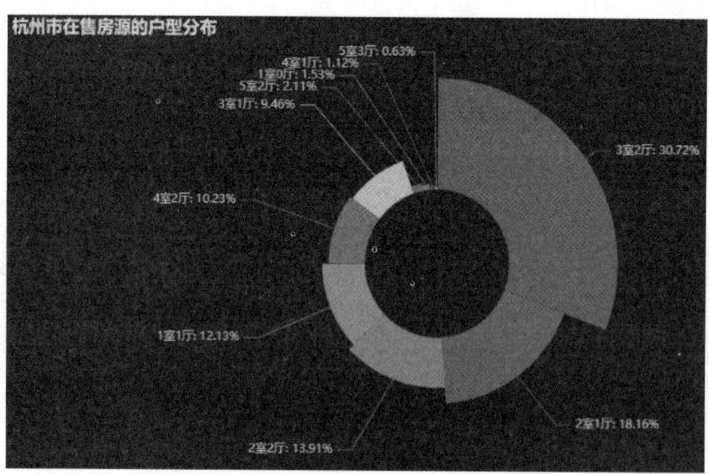


图 3-13　杭州市在售房源户型分布饼图

（11）对比分析杭州市在售房源不同窗户朝向关注度

扫描二维码在线浏览电子活页 3-7“绘制杭州市在售房源不同窗户朝向关注度圆环图”中的代码及绘制的图形。

微课视频

任务 3-1-3

在线浏览

电子活页 3-7

（12）对比分析杭州市在售房源不同产权的关注度

绘制杭州市在售房源不同产权的关注度对比圆环图的代码如下：

```
property_right_attention=data.groupby("产权")["关注"].sum()
                        .sort_values(ascending=False).reset_index()
pair6=[(row["产权"],row["关注"]) for i,row in property_right_attention.iterrows()]
pie2=Pie(init_opts=opts.InitOpts(theme='macarons',width = '800px',
height='400px'))
pie2.add('',pair6,radius=["35%", "75%"])
pie2.set_global_opts(title_opts=opts.TitleOpts(title="不同产权的关注度对比"),
                     legend_opts=opts.LegendOpts(is_show=True))
pie2.set_series_opts(label_opts=opts.LabelOpts(formatter="{b}: {d}%"))
pie2.render_notebook()
```

输出结果如图 3-14 所示。

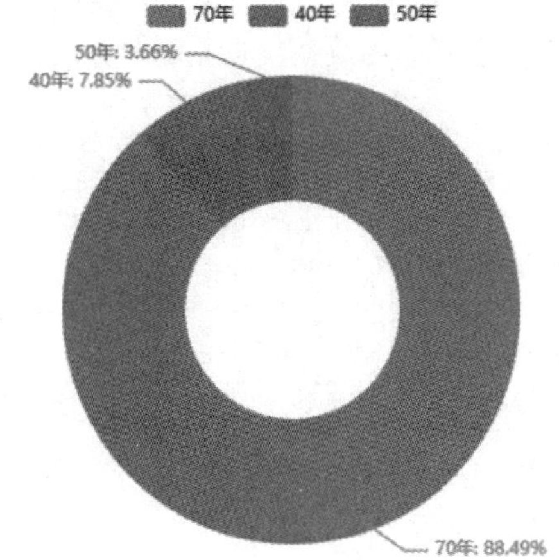


图 3-14　杭州市在售房源不同产权的关注度对比圆环图

（13）对比分析杭州市在售房源楼层位置对关注度的影响

将“楼层位置”根据设置的范围规则（每 5 层设置一个区间）划分层数范围，代码如下：

```
    cut_range=[x for x in range(5,61,5)]
    cut_name=[str(cut_range[i])+" ~ "+str(cut_range[i+1])+" 层 " for i in
range(11)]
    data[" 层数范围 "]=pd.cut(data[" 层数 "], cut_range, labels=cut_name)
```

绘制杭州市在售房源不同楼层的关注度对比柱形图的代码如下：

```
    floor_attention=data.groupby(" 层数范围 ")[" 关注 "].sum()
                        .sort_values(ascending=False).reset_index()
    bar2=Bar(init_opts=opts.InitOpts(theme='vintage',width = '600px',
height='400px'))
    bar2.add_xaxis(floor_attention[" 层数范围 "].to_list())
    bar2.add_yaxis(" 关注度 ",floor_attention[" 关注 "].to_list())
    bar2.set_series_opts(label_opts=opts.LabelOpts(is_show=True))
    bar2.set_global_opts(title_opts=opts.TitleOpts(title=" 不同楼层的关注度对比 "),
             xaxis_opts=opts.AxisOpts(axislabel_opts={"interval":"0","rotate":45}))
    bar2.render_notebook()
```

输出结果如图 3-15 所示。

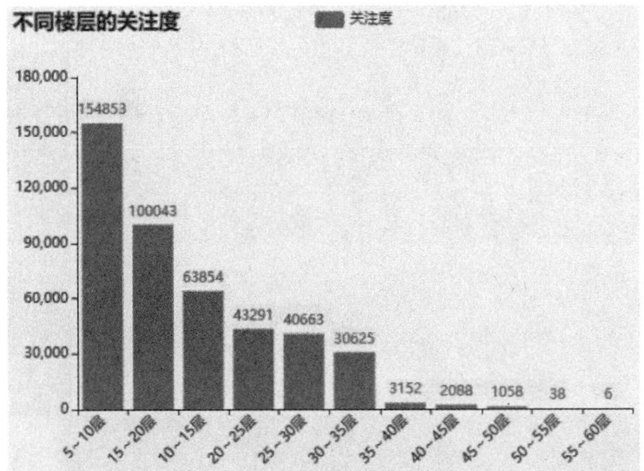


图 3-15　杭州市在售房源不同楼层的关注度对比柱形图

（14）对比分析杭州市在售房源装修情况对关注度的影响

绘制杭州市在售房源不同装修情况的关注度对比条形图的代码如下：

```
    decoration_attention=data.groupby("装修情况")["关注"].sum()
                                  .sort_values(ascending=False).reset_index()
    bar3=Bar(init_opts=opts.InitOpts(theme='westeros',width = '600px',
height='275px'))
    bar3.add_xaxis(decoration_attention["装修情况"].to_list())
    bar3.add_yaxis("关注度",decoration_attention["关注"].to_list())
    bar3.set_series_opts(label_opts=opts.LabelOpts(is_show=True,position='right'))
    bar3.set_global_opts(title_opts=opts.TitleOpts(title="不同装修情况的关注度对比"),
                    xaxis_opts=opts.AxisOpts(axislabel_opts={"interval":"0"}))
    bar3.reversal_axis()
    bar3.render_notebook()
```

输出结果如图 3-16 所示。

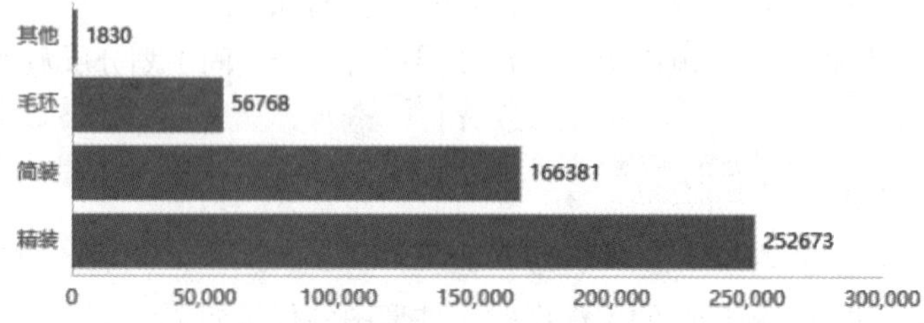


图 3-16　杭州市在售房源不同装修情况的关注度对比条形图

扫描二维码在线浏览电子活页 3-8“绘制杭州市在售房源不同装修情况关注度饼图”中的代码及绘制的图形。

在线浏览

电子活页 3-8

（15）对比分析杭州市各区房源平均面积

绘制杭州市各区房源平均面积条形图的代码如下：

```
    size_district = data.groupby('地理位置')['面积'].mean().sort_values(ascending=True)
                                                    .reset_index()
    bar3 = Bar(init_opts=opts.InitOpts(theme='vintage', width='800px',
height='600px'))
    bar3.add_xaxis(size_district['地理位置'].to_list())
    bar3.add_yaxis("平均面积", round(size_district['面积'],2).to_list())
    bar3.set_series_opts(label_opts=opts.LabelOpts(is_show=True,
position='right'))
    bar3.set_global_opts(title_opts=opts.TitleOpts("杭州市各区房源平均面积对比"),
                        xaxis_opts=opts.AxisOpts(axislabel_opts={'interval': "0"}))
    bar3.reversal_axis()
    bar3.render_notebook()
```

输出结果如图 3-17 所示。

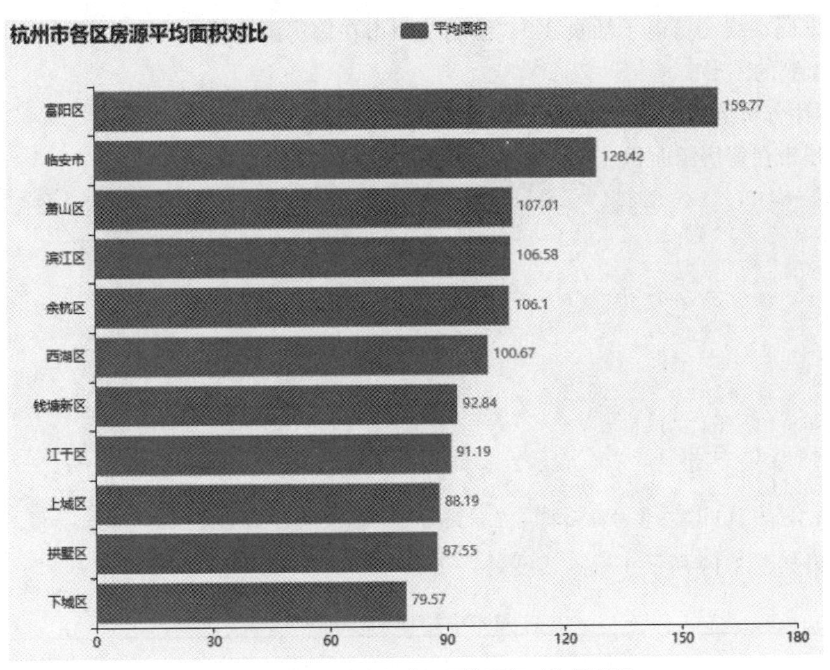


图 3-17　杭州市各区房源平均面积对比条形图

输出结果中面积的单位为平方米。

（16）对比分析杭州市各区房源面积分布和房屋总价 - 面积关系

绘制杭州市各区房源面积分布图和房屋总价 - 面积关系散点图的代码如下：

```
f,[ax1, ax2] = plt.subplots(1,2,figsize=(18,6))
sns.distplot(data['面积'],ax=ax1, rug=True, bins=20)
ax1.set_title('杭州市各区房源面积分布', fontsize=12)
ax1.tick_params(labelsize=14)
sns.regplot(x='面积', y='总价', data=data, ax=ax2)
ax2.set_title('房屋总价和面积关系', fontsize=12)
ax2.tick_params(labelsize=14)
ax2.set_xlabel('房屋面积/m²', fontsize=12)
ax2.set_ylabel('房屋总价/万元', fontsize=12)
plt.show()
```

输出结果如图 3-18 所示。其中左图纵坐标 Density 表示分布密度。

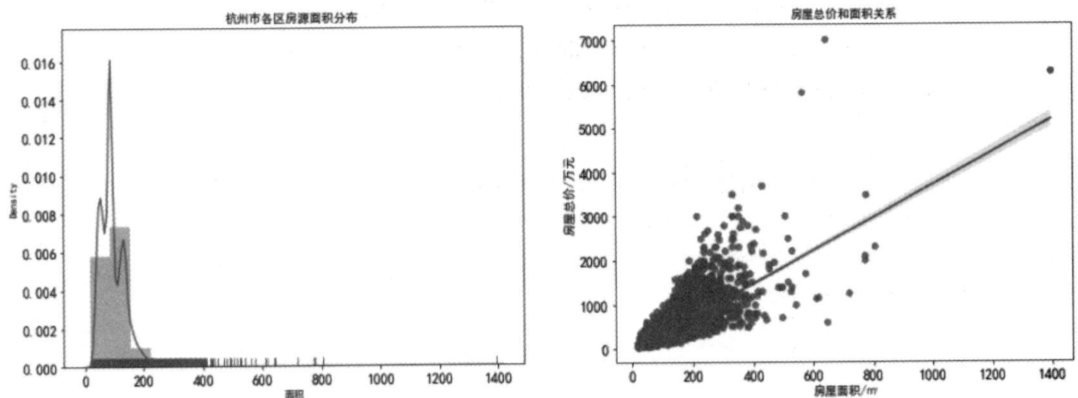


图 3-18　杭州市各区房源面积分布图、房屋总价和面积关系散点图

扫描二维码在线浏览电子活页 3-9“绘制杭州市在售房源总价 - 面积散点图”中的代码及绘制的图形。

在线浏览

电子活页 3-9

（17）对比分析杭州市在售房源面积 - 单价关系

绘制杭州市在售房源面积 - 单价关系散点图的代码如下：

```
plt.figure(figsize=(12,6))
x = data["单价"]
y = data["面积"]
plt.scatter(x,y,marker='o',
            s = 10,
            c = x,
            alpha = 0.8,)
plt.xlabel('单价')
plt.ylabel('面积')
plt.grid()
plt.title("杭州市在售房源面积 - 单价关系")
```

输出结果如图 3-19 所示。

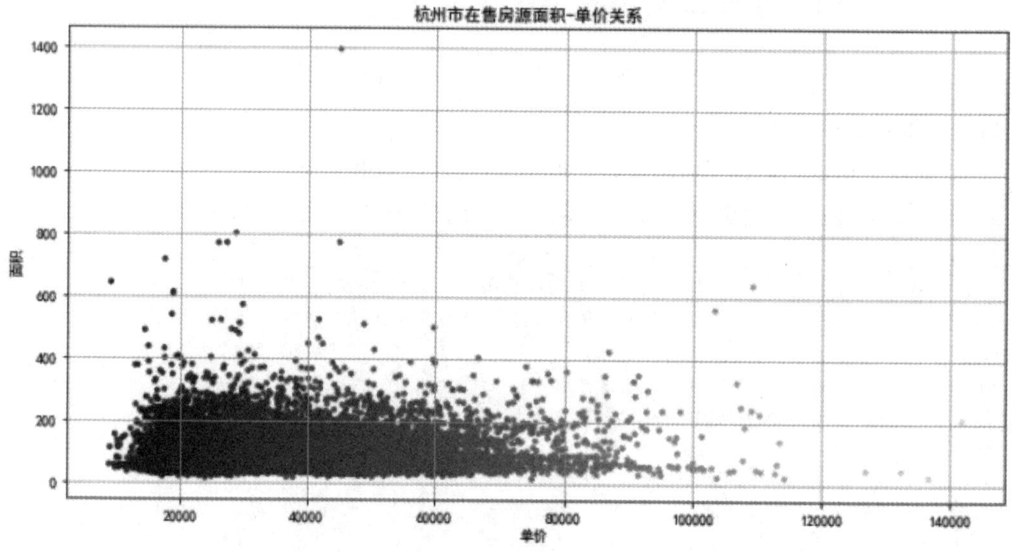


图 3-19　杭州市在售房源面积 - 单价关系散点图

（18）对比分析杭州市在售房源挂牌时间和建造时间分布情况

绘制杭州市 2020—2022 年在售房源挂牌时间分布情况折线图的代码如下：

```
dd=data.groupby("挂牌时间").count()["地理位置"]
dd = dd["2020":"2022"]
plt.figure(figsize=(12,6))
plt.title("杭州市在售房源挂牌时间分布情况")
plt.xticks(rotation=30,fontsize=12)
plt.plot(dd.index,dd)
```

输出结果如图 3-20 所示。

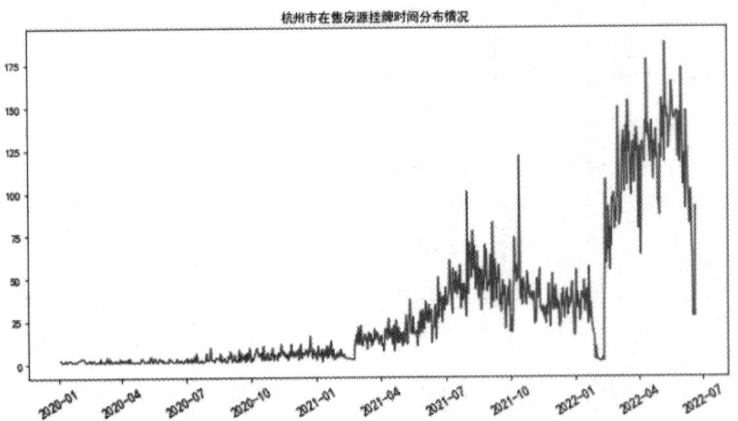


图 3-20　杭州市 2020—2022 年在售房源挂牌时间分布情况折线图

绘制杭州市 1990—2022 年在售房源建造时间分布情况折线图的代码如下：

```
dd = data.groupby("起建时间").count()["地理位置"]
dd = dd["1990":"2022"]
plt.figure(figsize=(16,9))
plt.title("杭州市在售房源建造时间分布情况")
plt.xticks(rotation=30,fontsize=12)
plt.plot(dd.index,dd)
```

输出结果如图 3-21 所示。

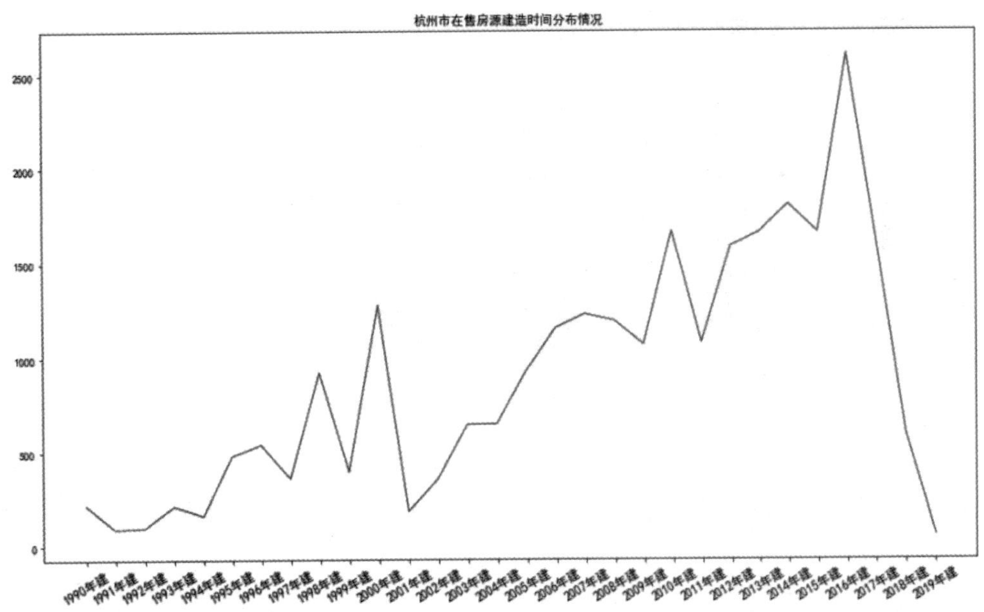


图 3-21　杭州市 1990—2022 年在售房源建造时间分布情况折线图

（19）杭州市在售房源板块名称词云分析

对数据集进行简单的预处理，代码如下：

```
df1=house_df.copy()
df1["区"] = df1["区域"].str[0:2]
df1["板块"]=df1["区域"].str[2:]
#单价，只留数字
```

```
df1["单价"] = df1["单价"].str[:-4]
df1["单价"]= df1["单价"].astype("int64")
dz = df1[(data["单价"]>20000)&(df1["单价"]<50000)]
```

绘制杭州市在售房源板块名称词云图的代码如下：

```
dcloud = dz.groupby("板块").count()
dcloud["address"]=dcloud.index
text = []
for i in range(len(dcloud["address"])):
    text.append((dcloud["address"][i],str(dcloud["区"][i])))
w1=(
    WordCloud()
    .add(series_name="热点数值", data_pair=text, word_size_range=[1, 100])
    .set_global_opts(
        title_opts=opts.TitleOpts(
            title="杭州市在售房源板块名称词云图",
                    title_textstyle_opts=opts.TextStyleOpts(font_size=23)
        ),
        tooltip_opts=opts.TooltipOpts(is_show=True),
    )
    #.render(r"wordcloud.html")
)
w1.render_notebook()
```

输出结果如图 3-22 所示。

杭州市在售房源板块名称词云图

图 3-22　杭州市在售房源板块名称词云图

在线浏览

电子活页 3-10

扫描二维码在线浏览电子活页 3-10“绘制杭州市在售房源小区名称词云图”中的代码及绘制的图形。

# 【任务 3-2】广州市已成交房源数据分析与可视化

微课视频

任务 3-2

**【任务描述】**

Excel 文件“广州房屋成交信息 .xlsx”共有 3 万多行、11 列数据，列名分别为：成交日期、小区、户型、面积（$m^2$）、朝向、楼层、总楼层、城区、商圈、单价（元 /m²）、总价（万元）。

通过分析广州市 3 万多行已成交房源数据，可视化分析广州市各区成交房源分布、各区成交房源售价分布、各区房源成交房源户型等，对广州市成交房源小区名称进行词云分析。

**【任务实现】**

在 Jupyter Notebook 开发环境中创建 tc03-02.ipynb，然后在单元格中编写代码并输出对应的结果。

### 1. 导入模块

导入通用模块的代码详见“本书导学”，导入其他模块的代码如下：

```
import datetime
import stylecloud
from PIL import Image
from pyecharts.globals import ThemeType
from pyecharts.globals import SymbolType
```

### 2. 数据预处理

（1）读取数据

代码如下：

```
df = pd.read_excel(r'data\ 广州房屋成交信息 .xlsx')
df.head()
```

输出结果：

| | 成交日期 | 小区 | 户型 | 面积(㎡) | 朝向 | 楼层 | 总楼层 | 城区 | 商圈 | 单价(元/㎡) | 总价(万元) |
|---|---|---|---|---|---|---|---|---|---|---|---|
| 0 | 2021-07-26 | 越秀滨海御城 | 3室2厅 | 97.49 | 北向 | 低层 | 32 | 南沙 | 金洲 | 31081 | 303 |
| 1 | 2021-07-25 | 逸涛雅苑 | 3室1厅 | 72.70 | 东南向 | 高层 | 5 | 南沙 | 金洲 | 19120 | 139 |
| 2 | 2021-07-25 | 丰庭花园 | 3室2厅 | 92.13 | 南 北向 | 低层 | 15 | 南沙 | 金洲 | 20406 | 188 |
| 3 | 2021-07-21 | 珠光南沙御景 | 3室2厅 | 110.00 | 北向 | 中层 | 18 | 南沙 | 金洲 | 20455 | 225 |
| 4 | 2021-07-20 | 南沙金茂湾 | 2室2厅 | 53.39 | 西南向 | 高层 | 15 | 南沙 | 蕉门河 | 14891 | 80 |

（2）获取数据集的大小

代码如下：

```
df.shape
```

输出结果：

```
(30198, 11)
```

数据集中一共有 30198 行、11 列数据

（3）去除数据集中的重复数据

代码如下：

```
df.drop_duplicates(subset=['成交日期','小区','户型','面积(m²)','楼层','城区'],
                   keep='first',inplace=True)
df.shape
```

输出结果：

```
(21867, 11)
```

一共有 21867 条非重复数据。

（4）查看索引、数据类型和内存信息

代码如下：

```
df.info()
```

输出结果：

```
<class 'pandas.core.frame.DataFrame'>
Int64Index: 21867 entries, 0 to 30192
Data columns (total 11 columns):
 #   Column     Non-Null Count  Dtype
---  ------     --------------  -----
 0   成交日期      21867 non-null  object
 1   小区        21867 non-null  object
 2   户型        21867 non-null  object
 3   面积(㎡)     21867 non-null  float64
 4   朝向        21867 non-null  object
 5   楼层        21867 non-null  object
 6   总楼层       21867 non-null  int64
 7   城区        21867 non-null  object
 8   商圈        21860 non-null  object
 9   单价(元/㎡)   21867 non-null  int64
 10  总价(万)     21867 non-null  int64
dtypes: float64(1), int64(3), object(7)
memory usage: 2.0+ MB
```

（5）填充数据集中的缺失数据

由于“商圈”列存在数据缺失，用“未知”填充这些缺失数据。

代码如下：

```
df['商圈'].fillna('未知', inplace=True)
```

（6）查看数据列分布信息

代码如下：

```
df.describe()
```

输出结果：

| | 面积(㎡) | 总楼层 | 单价(元/㎡) | 总价(万) |
|---|---|---|---|---|
| count | 21867.000000 | 21867.000000 | 21867.000000 | 21867.000000 |
| mean | 86.693744 | 17.837609 | 32228.477249 | 279.493026 |
| std | 36.160530 | 9.701726 | 17890.411351 | 220.730585 |
| min | 1.000000 | 0.000000 | 743.000000 | 5.000000 |
| 25% | 67.800000 | 9.000000 | 19406.000000 | 155.000000 |
| 50% | 83.020000 | 17.000000 | 29450.000000 | 228.000000 |
| 75% | 99.265000 | 27.000000 | 40889.500000 | 335.000000 |
| max | 642.740000 | 55.000000 | 147768.000000 | 3660.000000 |

从输出结果可以看出：面积最小值显示为 $1m^2$，总楼层最小值显示为 0 层，应过滤掉这些值。

（7）过滤异常数据

代码如下：

```
df = df[~((df['面积(m²)'] < 10) | (df['总楼层'] == 0) | (df['户型'] == '0室0厅'))]
```

异常数据被过滤后，再一次查看数据列分布信息的输出结果如下。

| | 面积(㎡) | 总楼层 | 单价(元/㎡) | 总价(万) |
|---|---|---|---|---|
| count | 21663.000000 | 21663.000000 | 21663.000000 | 21663.000000 |
| mean | 87.436397 | 17.888704 | 32178.699026 | 279.347182 |
| std | 35.403086 | 9.682754 | 17900.430153 | 221.080938 |
| min | 10.000000 | 1.000000 | 743.000000 | 5.000000 |
| 25% | 68.100000 | 9.000000 | 19363.000000 | 155.000000 |
| 50% | 83.330000 | 17.000000 | 29402.000000 | 227.000000 |
| 75% | 99.520000 | 27.000000 | 40762.500000 | 335.000000 |
| max | 642.740000 | 55.000000 | 147768.000000 | 3660.000000 |

（8）查看与处理“成交日期”列数据

代码如下：

```
df['成交日期'] = df.iloc[:,0].apply(lambda x : x[:10])
df['成交日期'].unique()
```

输出结果：

```
array(['2021-07-26', '2021-07-25', '2021-07-21', ..., '2021-08-09',
       '2021-08-03', '2021-08-02'], dtype=object)
```

### 3. 数据分析与可视化

（1）绘制广州市各区成交房源分布地图

绘制广州市各区成交房源分布地图，对应的代码及绘制的图形详见本书配套的电子活页 3-2。

（2）绘制广州市各区成交房源分布的矩形树图

绘制广州市各区成交房源分布的矩形树图，对应的代码及绘制的图形详见本书配套的电子活页 3-3。

（3）绘制广州市各区成交房源分布旭日图

绘制广州市各区成交房源分布旭日图，对应的代码及绘制的图形详见本书配套的电子活页 3-4。

（4）绘制 2020 年广州市每日成交房源数量分布日历图

绘制 2020 年广州市每日成交房源数量分布日历图，对应的代码及绘制的图形详见本书配套的电子活页 3-5。

（5）绘制广州市成交房源售价分布圆环图

绘制广州市成交房源售价分布圆环图，对应的代码及绘制的图形详见本书配套的电子活页 3-6。

（6）绘制广州市成交房源户型的圆环图

绘制广州市成交房源户型的圆环图，对应的代码及绘制的图形详见本书配套的电子活页 3-7。

在同一页面中同时展示两个圆环图的代码如下：

```
page = Page(layout=Page.DraggablePageLayout)
page.add(p1,p2)
page.render_notebook()
```

（7）绘制广州市成交房源数量排前 10 位的小区的房源数量柱形图

绘制广州市成交房源数量排前 10 位的小区的房源数量柱形图，对应的代码及绘制的图形详见本书配套的电子活页 3-8。

（8）绘制广州市成交房源小区名称词云图

代码如下：

```
pic_name = '词云 .png'
stylecloud.gen_stylecloud(
    text=' '.join(df[' 小区 '].values.tolist()),
    font_path=r'data\STXINWEI.TTF',
    palette='cartocolors.qualitative.Bold_5',
    max_font_size=100,
    icon_name='fas fa-home',
    background_color='#212529',
    output_name=pic_name,
    )
Image.open(r'data\ 词云 .png')
```

输出结果如图 3-23 所示。

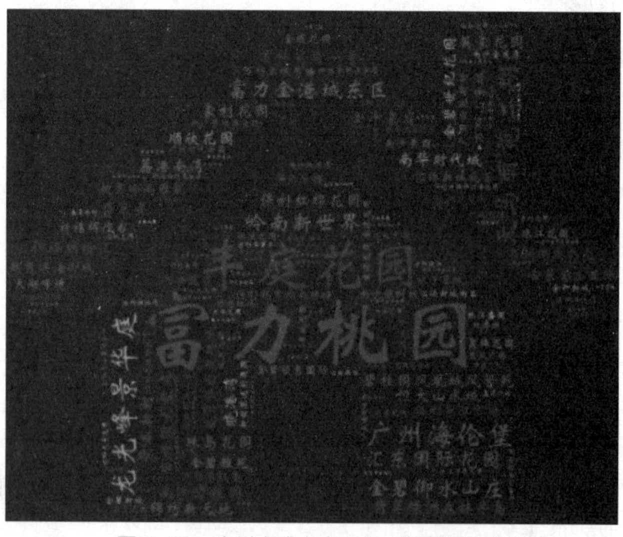


图 3-23　广州市成交房源小区名称词云图

# 模块4 旅游景点数据分析

04

本模块主要针对旅游景点数据进行可视化分析，包括旅游景点数据可视化分析、旅游景点销量分析、旅游出行数据可视化分析。

## 方法要点

☑ 使用 read_excel() 函数读取 Excel 文件中的数据以及完成读取数据时的参数设置。

☑ 使用 seaborn 库的 light_palette() 方法设置背景颜色。

☑ 使用 background_gradient() 方法设置渐变的条件格式。

☑ 删除重复的行、删除包含错误数据的行。

☑ 获取数据集中符合指定条件的行数据。

☑ 统计各列空值的数量。

☑ 填充缺失值。

☑ 拆分坐标数据。

☑ 转换数据类型。

☑ 取出人均费用大于 200 元并且天数小于 15 天的数据。

☑ 从“出发时间”列数据中取出“月份”数据。

☑ 将“浏览量”列数据规范化并统一转换成整型。

☑ 应用以下方法或函数：groupby()、count()、sort_values()、nunique()、replace()、reset_index()、sum()、tolist()、isin()、tolist()、value_counts()、apply()、mean()、round()、zip()、reverse()、append()、range()、len() 等。

## 绘图清单

☑ 使用 matplotlib.pyplot 的 barh() 函数绘制条形图。

☑ 使用 matplotlib.pyplot 的 scatter() 函数绘制散点图。

☑ 使用 pandas 的 DataFrame.plot() 方法绘制柱形图。

☑ 使用 pyecharts.charts 的 WordCloud 类绘制词云图。

☑ 使用 pyecharts.charts 的 Bar 类绘制条形图、柱形图。

☑ 使用 pyecharts.charts 的 Map 类绘制地图。

☑ 使用 pyecharts.charts 的 Pie 类绘制玫瑰图。

☑ 使用 pyecharts.charts 的 Line 类绘制折线图。

☑ 使用 plotly.graph_objs 的 Scatter 类绘制阴影散点图。

☑ 使用 stylecloud.gen_stylecloud() 方法绘制词云图。

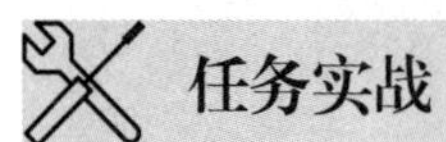
任务实战

# 【任务 4-1】旅游景点数据可视化分析

### 【任务描述】





Excel 文件“景点数据 .xlsx”共有 13183 行、10 列数据，列名分别为：序号、景点名称、地区、评分、评级、地址、评语、价格、销量、省市自治区。针对来自国内部分省、自治区、直辖市的 13183 条景点数据完成以下数据可视化分析操作。

（1）绘制销量位于前 10 的景点的销量柱形图。

（2）绘制销量位于前 100 的景点中每个省、自治区、直辖市的景点数量柱形图。

（3）绘制各个省、自治区、直辖市景点销量和的柱形图。

（4）绘制评分最高的 500 个景点中每个省、自治区、直辖市的景点数量柱形图。

（5）绘制各个省、自治区、直辖市景点门票平均价格的柱形图。

（6）绘制不同评级的景点门票平均价格柱形图。

（7）绘制不同评级的景点平均评分柱形图。

（8）绘制针对“北京市”的景点的评论词云图。

（9）绘制针对“上海市”的景点的评论词云图。

### 【任务实现】

在 Jupyter Notebook 开发环境中创建 tc04-01.ipynb，然后在单元格中编写代码并输出对应的结果。

#### 1. 导入模块

导入通用模块的代码详见“本书导学”。导入其他模块的代码如下：

```
import jieba
from PIL import Image
```

#### 2. 读取与浏览数据

代码如下：

```
data = pd.read_excel(r'data/景点数据 .xlsx')
data.head()
```

输出结果：

| | 序号 | 景点名称 | 地区 | 评分 | 评级 | 地址 | 评语 | 价格 | 销量 | 省市自治区 |
|---|---|---|---|---|---|---|---|---|---|---|
| 0 | 1 | 八达岭长城 | 北京·北京·延庆县 | 0.82 | 5A景区 | 北京市延庆县军都山关沟古道北口216省道附近 | 不到长城非好汉 | 40.0 | 16382 | 北京市 |
| 1 | 2 | 圆明园 | 北京·北京·海淀区 | 0.76 | 4A景区 | 北京市海淀区清华西路28号 | 追忆昔日万园之园 | 46.0 | 6967 | 北京市 |
| 2 | 3 | 颐和园 | 北京·北京·海淀区 | 0.82 | 5A景区 | 北京市海淀区新建宫门路19号 | 保存完整的一座皇家行宫御苑 | 39.8 | 10820 | 北京市 |
| 3 | 4 | 恭王府 | 北京·北京·西城区 | 0.74 | 5A景区 | 北京市西城区什刹海前海西街17号 | 一起去看看和珅家 | 40.0 | 5182 | 北京市 |
| 4 | 5 | 天坛公园 | 北京·北京·东城区 | 0.80 | 5A景区 | 北京市东城区天坛内东里7号 | 探寻古代皇帝祭天仪式的奥秘 | 20.0 | 4296 | 北京市 |

## 3. 数据预处理与浏览所需数据

（1）查看每个省、自治区、直辖市的景区数量

代码如下：

```
data.groupby('省、自治区、直辖市').序号.count().sort_values(ascending = False)
```

（2）查看每个评级的景区数量方法之一

代码如下：

```
data.groupby('评级').序号.count()
```

（3）查看省、自治区、直辖市的数量

代码如下：

```
data['省、自治区、直辖市'].nunique()
```

输出结果：

```
31
```

（4）查看每个评级的景区数量方法之二

代码如下：

```
data['评级']=data['评级'].str.replace('\\','')
data['评级']=data['评级'].str.replace('N','其他等级景区')
data.groupby('评级').序号.count()
```

输出结果：

```
评级
3A景区          839
4A景区         1708
5A景区          347
其他等级景区    10289
Name: 序号, dtype: int64
```

## 4. 数据可视化

（1）绘制销量位于前10的景点的销量柱形图

代码如下：

```
data1=data.sort_values('销量', ascending = False).head(10)[['景点名称','销量']]
data1.plot(x = '景点名称', y = '销量', kind = 'bar', color = 'lightblue',
                                           fontsize=12,figsize=(12,6))
```

输出结果如图4-1所示。

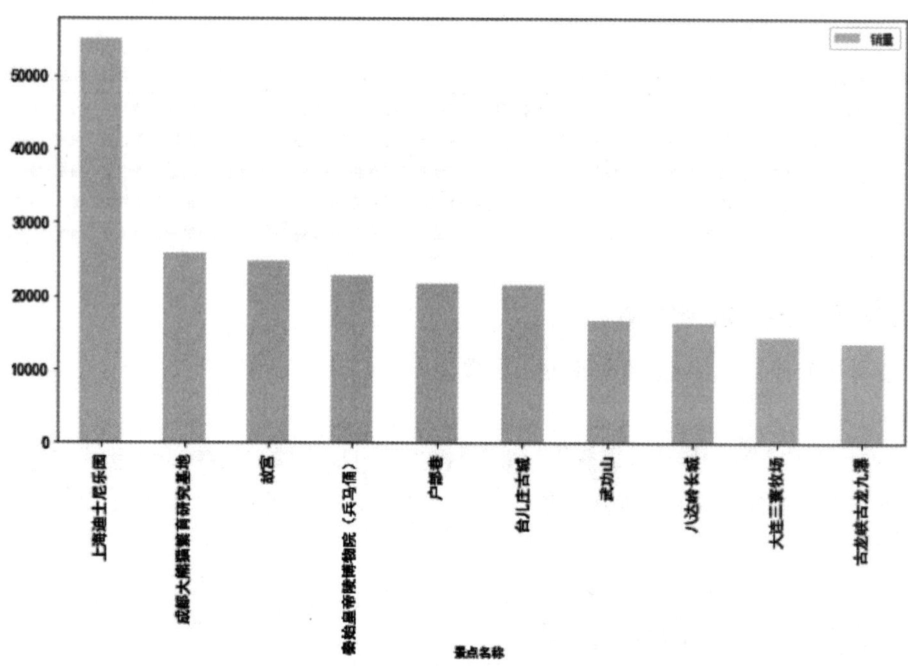


图 4-1　销量位于前 10 的景点的销量柱形图

（2）绘制销量位于前 100 的景点中每个省、自治区、直辖市的景点数量柱形图

代码如下：

```
data_scenic_100 = data.sort_values('销量', ascending = False).head(100).reset_index()
data_scenic_100 =data_scenic_100.groupby('省、自治区、直辖市').序号.count()
                                        .sort_values(ascending = False)
data_scenic_100.plot(kind = 'bar', color = 'lightblue',fontsize=12,figsize=(12,6))
```

输出结果如图 4-2 所示。

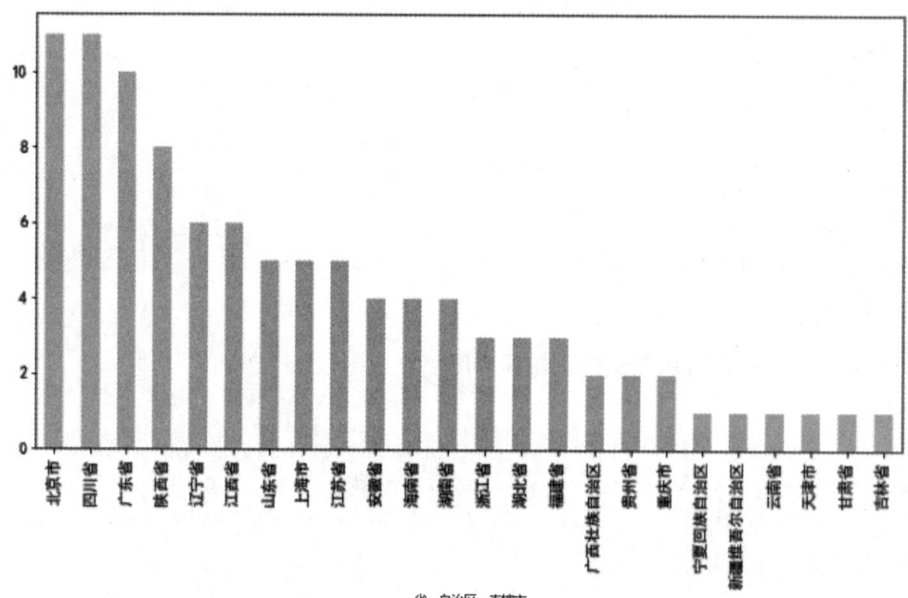


图 4-2　销量位于前 100 的景点中每个省、自治区、直辖市的景点数量柱形图

（3）绘制各个省、自治区、直辖市景点销量和的柱形图

代码如下：

```
data2=data.groupby('省、自治区、直辖市').销量.sum().sort_values(ascending = False)
data2.plot(kind = 'bar', color = 'lightsteelblue',fontsize=12,figsize=(12,6))
```

输出结果如图 4-3 所示。

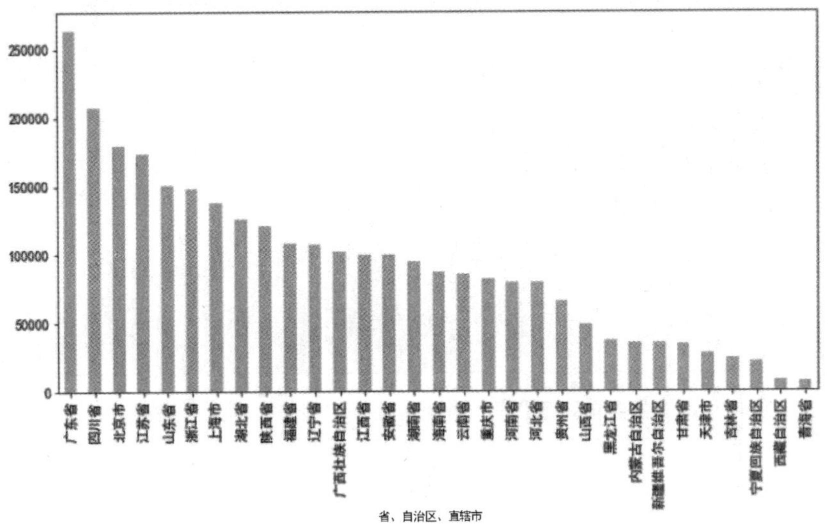


图 4-3　各个省、自治区、直辖市景点销量和的柱形图

（4）绘制评分最高的 500 个景点中每个省、自治区、直辖市的景点数量柱形图

代码如下：

```
score_scenic_500 = data.sort_values('评分', ascending = False).head(500)
score_scenic_500 = score_scenic_500.groupby('省、自治区、直辖市').序号.count()
                                    .sort_values(ascending = False)
score_scenic_500.plot(kind = 'bar', color = 'lightsalmon',fontsize=12,figsize=(12,6))
```

输出结果如图 4-4 所示。

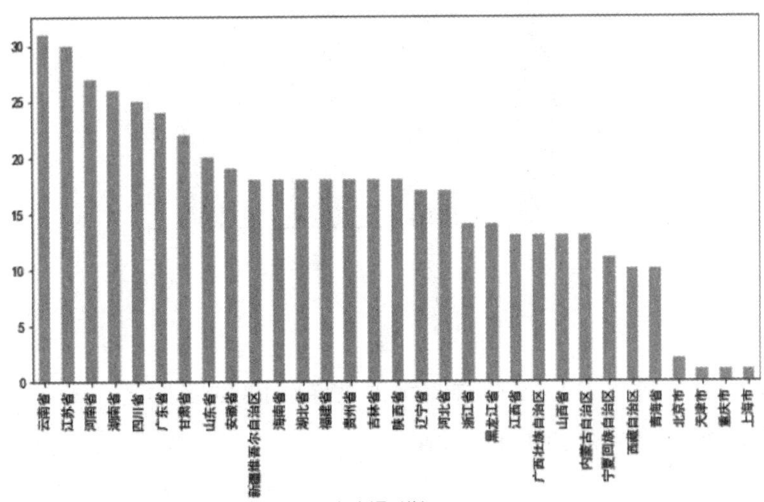


图 4-4　评分最高的 500 个景点中每个省、自治区、直辖市的景点数量柱形图

（5）绘制各个省、自治区、直辖市景点门票平均价格的柱形图

代码如下：

```
data3=data.groupby('省、自治区、直辖市').价格.mean().sort_values(ascending = False)
data3.plot(kind = 'bar', color = 'sandybrown',fontsize=12,figsize=(12,6))
```

输出结果如图 4-5 所示。

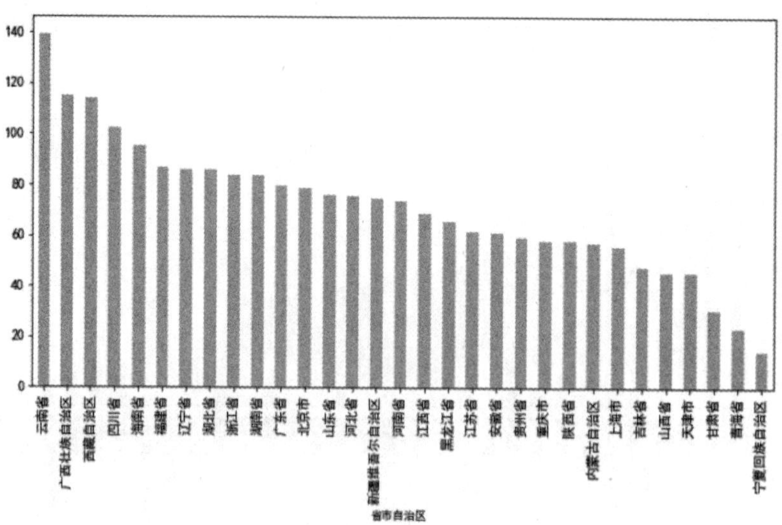


图 4-5　各个省、自治区、直辖市景点门票平均价格的柱形图

（6）绘制不同评级的景点门票平均价格柱形图

代码如下：

```
data4=data.groupby('评级').价格.mean().sort_values(ascending = False)
data4.plot(kind = 'bar', color = 'lightseagreen',fontsize=12)
```

输出结果如图 4-6 所示。

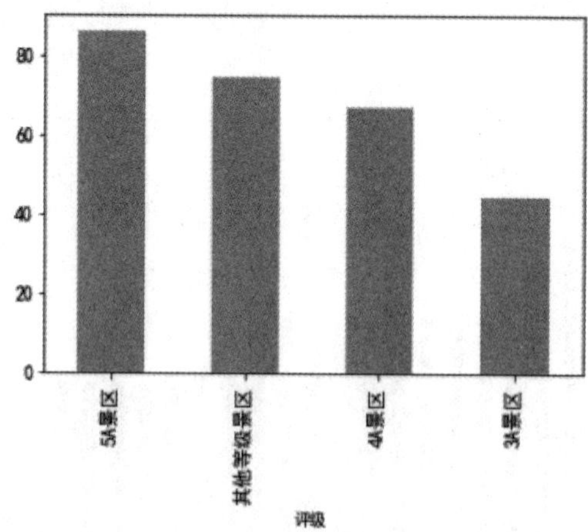


图 4-6　不同评级的景点门票平均价格柱形图

（7）绘制不同评级的景点平均评分柱形图

代码如下：

```
data5=data.groupby('评级').评分.mean().sort_values(ascending = False)
data5.plot(kind = 'bar', color = 'lightseagreen',fontsize=12)
```

输出结果如图 4-7 所示。

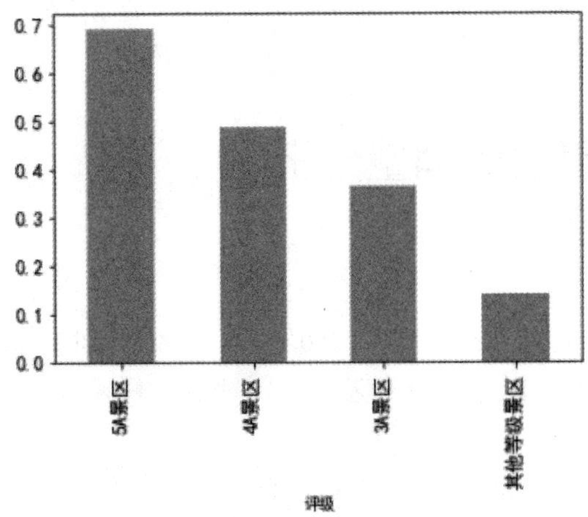


图 4-7　不同评级的景点平均评分柱形图

（8）绘制针对“北京市”的景点的评论词云图

代码如下：

```
    bj_list = data[(data['省、自治区、直辖市'] == '北京市') & (data['评语'] !=
'\\N')]['评语'].tolist()
    bj_comment = ''.join(bj_list)
    bj_word_list = jieba.cut(bj_comment)
    bj_space_word = ' '.join(bj_word_list)
    ont=r'C:\\Windows\\Fonts\\STFANGSO.ttf'  #显示汉字要加这条语句
    word_cloud = WordCloud(font_path = font,
                          background_color="white",
                          stopwords={'中','世界','北京','你','的','位于',
                                    '是','和','有', '您', '好去处', '地',
                                    '与','在','了','一个','公里', '上','以',
                                    '约','大','集','娱乐','美景','景区',
                                    '体验','大型','中国','休闲','享受','感受',
                                    '为','艺术','文化','特色'})
    word_cloud.generate(bj_space_word)
    plt.subplots(figsize=(12,8))
    plt.imshow(word_cloud)
    plt.axis("off")
```

输出结果如图 4-8 所示。

图 4-8　针对“北京市”的景点的评论词云图

（9）绘制针对“上海市”的景点的评论词云图

扫描二维码在线浏览电子活页 4-1“绘制针对‘上海市’的景点的评论词云图”中的代码及绘制的图形。

在线浏览

电子活页 4-1

# 【任务 4-2】旅游景点销量分析

## 【任务描述】

微课视频

任务 4-2

Excel 文件“旅游景区数据 .xlsx”共有 2250 行、11 列数据，列名分别为：地区、名称、星级、评分、价格、销量、省 / 市 / 区（县）、坐标、景区简介、是否免费、具体地址。

通过分析这些景点门票销售数据，探求哪些景点是热门景点，分析假期出行数据分布、各地区 4A 和 5A 景点数量、门票价格区间占比、景区简介词云等。

## 【任务实现】

在 Jupyter Notebook 开发环境中创建 tc04-02.ipynb，然后在单元格中编写代码并输出对应的结果。

### 1. 导入模块

导入通用模块的代码详见“本书导学”。导入其他模块的代码如下：

```
import jieba
from collections import Counter
from pyecharts.globals import ThemeType
from pyecharts.globals import SymbolType
from pyecharts.commons.utils import JsCode
```

### 2. 数据预处理

（1）读取数据

代码如下：

```
path='.\data\旅游景区数据 .xlsx'
df = pd.read_excel(path)
df.head()
```

（2）查看索引、数据类型等数据集的基本信息

代码如下：

```
df.info()
```

输出结果：

```
<class 'pandas.core.frame.DataFrame'>
RangeIndex: 2250 entries, 0 to 2249
Data columns (total 11 columns):
 #   Column     Non-Null Count  Dtype
---  ------     --------------  -----
 0   地区        2250 non-null   object
 1   名称        2250 non-null   object
 2   星级        913 non-null    object
 3   评分        2250 non-null   float64
 4   价格        2250 non-null   float64
 5   销量        2250 non-null   int64
 6   省/市/区（县）  2250 non-null   object
 7   坐标        2250 non-null   object
 8   景区简介      2214 non-null   object
 9   是否免费      2250 non-null   bool
 10  具体地址      2248 non-null   object
dtypes: bool(1), float64(2), int64(1), object(7)
memory usage: 178.1+ KB
```

(3) 查看数值型列汇总统计

代码如下：

```
color_map = sns.light_palette('orange', as_cmap=True)  # light_palette 调色板
df.describe().style.background_gradient(color_map)
```

输出结果：

| | 评分 | 价格 | 销量 |
|---|---|---|---|
| count | 2250.000000 | 2250.000000 | 2250.000000 |
| mean | 1.736933 | 159.171871 | 389.306667 |
| std | 2.019562 | 673.190902 | 1082.544176 |
| min | 0.000000 | 0.190000 | 2.000000 |
| 25% | 0.000000 | 38.000000 | 46.000000 |
| 50% | 0.000000 | 66.000000 | 100.000000 |
| 75% | 3.700000 | 120.000000 | 300.000000 |
| max | 5.000000 | 23888.000000 | 19459.000000 |

(4) 删除重复的行

代码如下：

```
df = df.drop_duplicates()
```

(5) 查看销量为 0 的行

代码如下：

```
df.loc[df['销量']==0,:].head()
```

输出结果：

| 地区 | 名称 | 星级 | 评分 | 价格 | 销量 | 省/市/区（县） | 坐标 | 景区简介 | 是否免费 | 具体地址 |
|---|---|---|---|---|---|---|---|---|---|---|

从输出结果可以看出，数据集中没有销量为 0 的行。

(6) 查看 4A 级与 5A 级景点星级排前 5 位的地区

代码如下：

```
df_tmp1 = df[df['星级'].isin(['4A', '5A'])]
df_counts = df_tmp1.groupby('地区').count()['星级']
print(df_counts._stat_axis.values)
df_tmp2=df_counts.reset_index()
df_tmp2.sort_values('星级',ascending=False).head()
```

输出结果：

```
['上海' '云南' '内蒙古' '北京' '吉林' '四川' '天津' '宁夏' '安徽' '山东' '山西' '广东' '广西' '新疆'
 '江苏' '江西' '河北' '河南' '浙江' '海南' '湖北' '湖南' '甘肃' '福建' '西藏' '贵州' '辽宁' '重庆'
 '陕西' '青海' '黑龙江']
```

| | 地区 | 星级 |
|---|---|---|
| 8 | 安徽 | 47 |
| 14 | 江苏 | 47 |
| 17 | 河南 | 39 |
| 3 | 北京 | 38 |
| 20 | 湖北 | 37 |

（7）统计各列空值的数量

代码如下：

```
df2 = df[df['销量']>=0]
df2.isnull().sum()
```

输出结果：

```
地区              0
名称              0
星级           1337
评分              0
价格              0
销量              0
省/市/区(县)         0
坐标              0
景区简介           36
是否免费            0
具体地址            2
dtype:int64
```

从输出结果可以看出："星级"列有1337个空值，"景区简介"有36个空值，"具体地址"列有2个空值，其他列不存在空值，数据比较完整。

（8）用"未知"填充空值

代码如下：

```
df2['星级'].fillna('未知', inplace=True)
df2.fillna('未知', inplace=True)
df2.isnull().sum()
```

输出结果：

```
地区              0
名称              0
星级              0
评分              0
价格              0
销量              0
省/市/区(县)         0
坐标              0
景区简介            0
是否免费            0
具体地址            0
dtype:int64
```

（9）按销量排序并重置行索引

代码如下：

```
sort_info = df.sort_values(by='销量', ascending=False)
sort_info1=sort_info.reset_index(drop=True)
sort_info1.head(3)
```

输出结果：

| | 地区 | 名称 | 星级 | 评分 | 价格 | 销量 | 省/市/区（县） | 坐标 | 景区简介 | 是否免费 | 具体地址 |
|---|---|---|---|---|---|---|---|---|---|---|---|
| 0 | 上海 | 上海迪士尼乐园 | NaN | 0.0 | 325.0 | 19459 | 上海·上海·浦东新区 | 121.667917,31.149712 | 每个女孩都有一场迪士尼梦 | False | 上海市浦东新区川沙镇黄赵路310号上海迪士尼乐园 |
| 1 | 上海 | 上海海昌海洋公园 | 4A | 0.0 | 276.5 | 19406 | 上海·上海·浦东新区 | 121.915647,30.917713 | 看珍稀海洋生物丨玩超刺激娱乐项目 | False | 上海市浦东新区南汇城银飞路166号 |
| 2 | 北京 | 故宫 | 5A | 5.0 | 58.6 | 15277 | 北京·北京·东城区 | 116.403347,39.922148 | 世界五大宫之首，穿越与您近在咫尺 | False | 北京市东城区景山前街4号 |

（10）拆分与保存坐标数据

代码如下：

```
df2["lon"] = df["坐标"].str.split(",",expand=True)[0]
df2["lat"] = df["坐标"].str.split(",",expand=True)[1]
df2.to_csv(".\data\data.csv")
```

（11）提取销量排前 10 位的景点

代码如下：

```
top10=sort_info1.loc[0:9]
top10 = top10[['名称', '销量']]
top10
```

输出结果：

| | 名称 | 销量 |
|---|---|---|
| 0 | 上海迪士尼乐园 | 19459 |
| 1 | 上海海昌海洋公园 | 19406 |
| 2 | 故宫 | 15277 |
| 3 | 秦始皇帝陵博物院（兵马俑） | 12714 |
| 4 | 成都大熊猫繁育研究基地 | 9731 |
| 5 | 颐和园 | 9633 |
| 6 | 八达岭长城 | 9618 |
| 7 | 长隆野生动物世界 | 8891 |
| 8 | 上海野生动物园 | 6764 |
| 9 | 珠海长隆海洋王国 | 6545 |

### 3. 数据可视化分析

（1）绘制销量排前 10 位景点的条形图之一

代码如下：

```
plt.barh(top10['名称'],top10['销量'])
plt.title("热门景点的销量")
plt.ylabel("景点名称")
plt.xlabel("销量")
plt.show()
```

输出结果如图 4-9 所示。

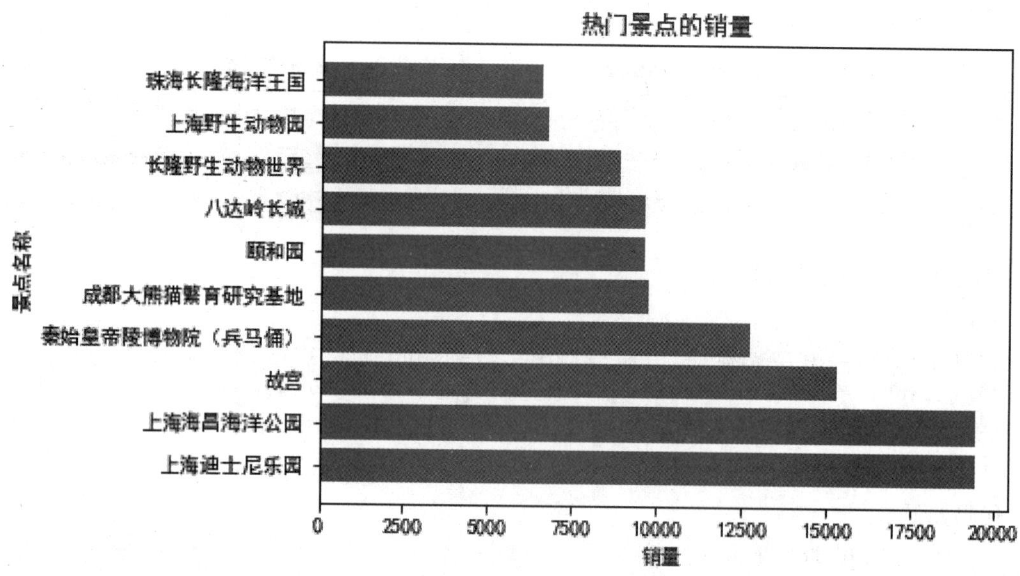


图 4-9　使用 pyplot 模块的 plot() 函数绘制的销量排前 10 位景点条形图





（2）绘制销量排前 10 位景点的条形图

代码如下：

```
# 线性渐变
color_js = """new echarts.graphic.LinearGradient(0, 0, 1, 0,
    [{offset: 0, color: '#009ad6'}, {offset: 1, color: '#ed1941'}], false)"""
sort_info = df.sort_values(by=' 销量 ', ascending=True)
b1 = (
    Bar()
    .add_xaxis(list(sort_info[' 名称 '])[-10:])
    .add_yaxis(' 热门景点销量 ', sort_info[' 销量 '].values.tolist()[-10:],
               itemstyle_opts=opts.ItemStyleOpts(color=JsCode(color_js)))
    .reversal_axis()
    .set_global_opts(
        title_opts=opts.TitleOpts(title=' 热门景点销量数据 '),
        yaxis_opts=opts.AxisOpts(name=' 景点名称 '),
        xaxis_opts=opts.AxisOpts(name=' 销量 '),
        )
    .set_series_opts(label_opts=opts.LabelOpts(position="right"))
)
# 将图形整体右移
g1 = (
    Grid()
        .add(b1, grid_opts=opts.GridOpts(pos_left='20%', pos_right='5%'))
)
g1.render_notebook()
```

输出结果如图 4-10 所示。

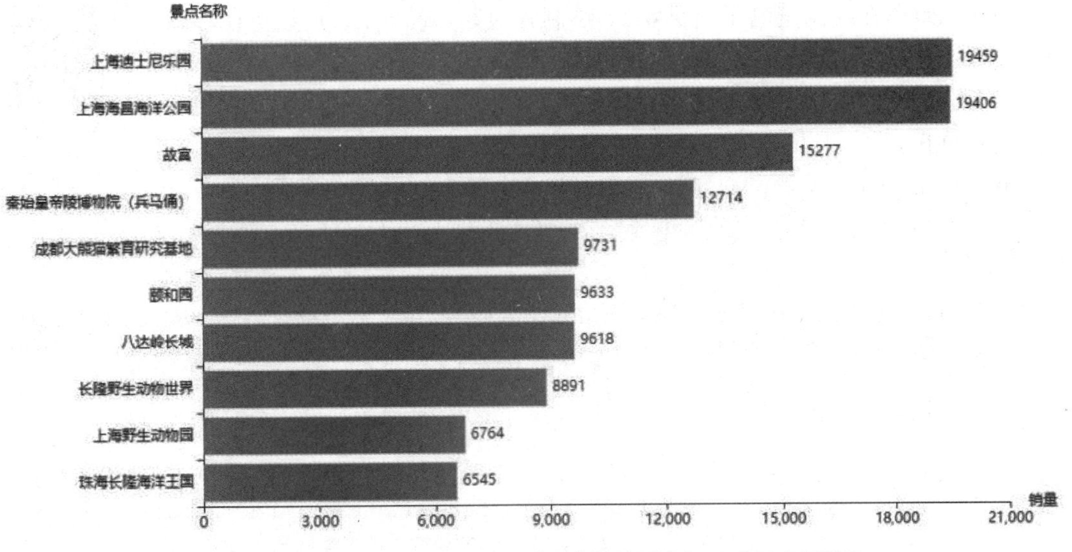


图 4-10　使用 pyecharts 库的 Bar() 绘制的销量排前 10 位景点条形图

（3）绘制假期出行数据分布地图

绘制假期出行数据分布地图，对应的代码详见本书配套的电子活页 4-1。

（4）绘制各地区 4A、5A 景点数量散点图

代码如下：

```
plt.figure(figsize=(13, 6))
plt.scatter(df_counts._stat_axis.values, df_counts,s=40,c='r')
plt.xticks(rotation=30)
plt.show()
```

输出结果如图 4-11 所示。

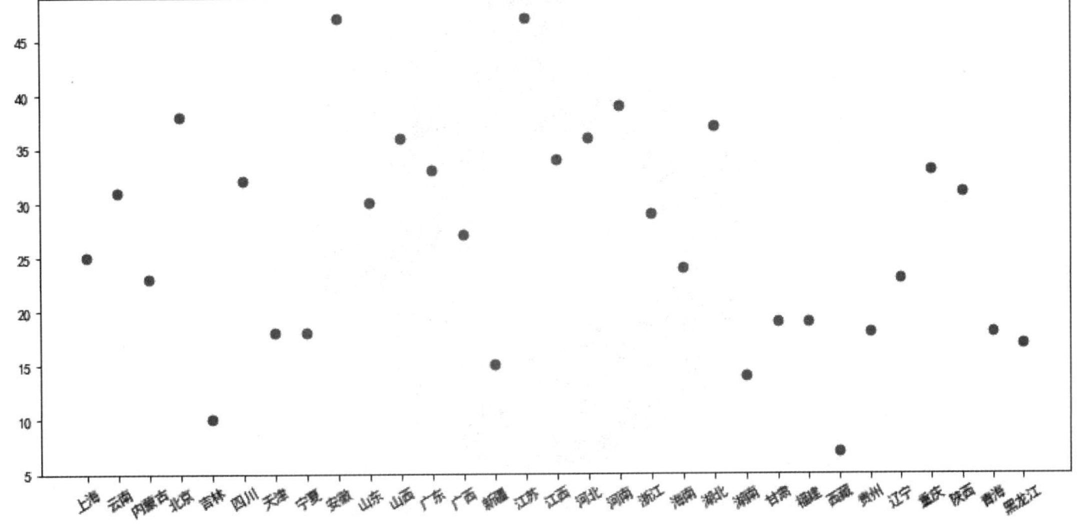


图 4-11　各地区 4A、5A 景点数量散点图

（5）绘制各地区 4A、5A 景点数量柱形图

扫描二维码在线浏览电子活页 4-2“绘制各地区 4A、5A 景点数量柱形图”中的代码及绘制的图形。

在线浏览

电子活页 4-2

（6）绘制各地区 4A、5A 景点数量玫瑰图

代码如下：

```
df1 = df_counts.copy()
df1.sort_values(ascending=False, inplace=True)
pie1 = (
    Pie()
    .add('', [list(z) for z in zip(df1.index.values.tolist(), df1.values.tolist())],
         radius=['30%', '100%'],
         center=['50%', '60%'],
         rosetype='area',
         )
    .set_global_opts(title_opts=opts.TitleOpts(title='各地区4A、5A景点数量'),
                     legend_opts=opts.LegendOpts(is_show=False),
                     toolbox_opts=opts.ToolboxOpts())
    .set_series_opts(label_opts=opts.LabelOpts(is_show=True,
                                position='inside', font_size=12,
                                formatter='{b}: {c}', font_style='italic',
                                font_weight='bold', font_family='Microsoft YaHei' ))
)
pie1.render_notebook()
```

输出结果如图 4-12 所示。

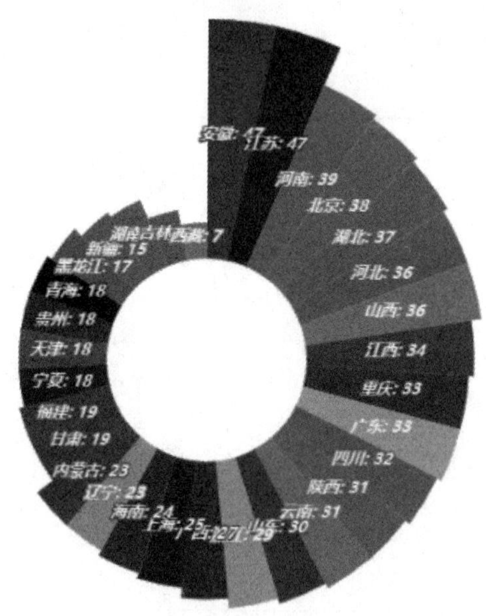


图 4-12　各地区 4A、5A 景点数量玫瑰图

（7）绘制各省市 4A、5A 景点数量阴影散点图

扫描二维码在线浏览电子活页 4-3“绘制各省市 4A、5A 景点数量阴影散点图”中的代码及

绘制的图形。

（8）绘制全国各省市区 4A、5A 景点分布地图

绘制全国各省市区 4A、5A 景点分布地图对应的代码详见本书配套的电子活页 4-2。

在线浏览

电子活页 4-3

（9）绘制门票价格区间分布散点图

电子活页 4-2

代码如下：

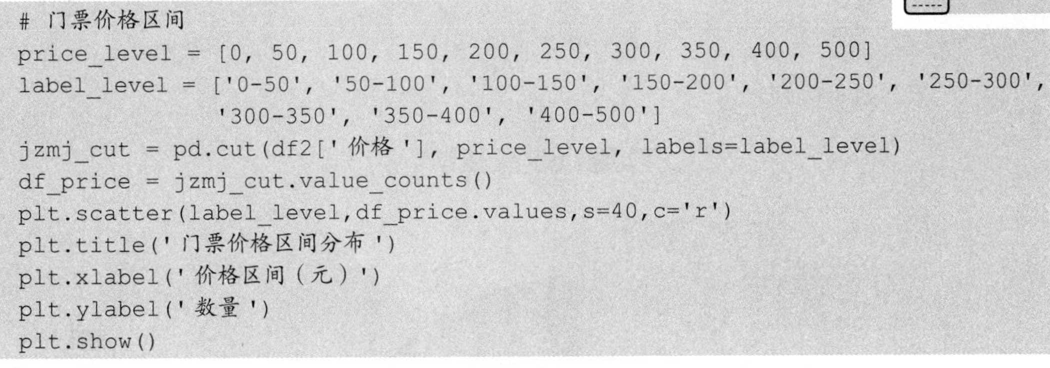

```
# 门票价格区间
price_level = [0, 50, 100, 150, 200, 250, 300, 350, 400, 500]
label_level = ['0-50', '50-100', '100-150', '150-200', '200-250', '250-300',
               '300-350', '350-400', '400-500']
jzmj_cut = pd.cut(df2['价格'], price_level, labels=label_level)
df_price = jzmj_cut.value_counts()
plt.scatter(label_level,df_price.values,s=40,c='r')
plt.title('门票价格区间分布')
plt.xlabel('价格区间（元）')
plt.ylabel('数量')
plt.show()
```

输出结果如图 4-13 所示。

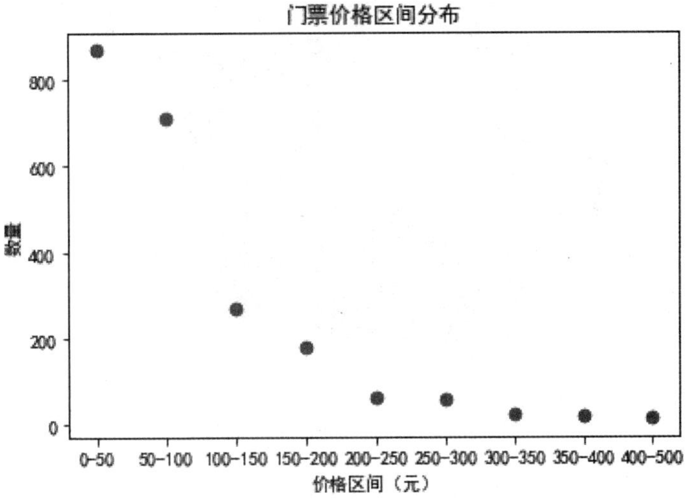


图 4-13 门票价格区间分布散点图

（10）绘制门票价格区间占比玫瑰图

代码如下：

```
pie1 = (
    Pie(init_opts=opts.InitOpts(
            width='800px', height='600px', )
       )
      .add( '',
        [list(z) for z in zip(df_price.index.tolist(), df_price.values.tolist())],
        radius=['20%', '60%'],
        center=['40%', '50%'],
        rosetype='radius',
        label_opts=opts.LabelOpts(is_show=True),
```

```
        )
        .set_global_opts( title_opts=opts.TitleOpts(title='门票价格区间占比',
                          pos_left='33%', pos_top="5%"),
                          legend_opts=opts.LegendOpts( type_='scroll',
                          pos_left="80%",pos_top="25%",orient="vertical")
                        )
        .set_series_opts(label_opts=opts.LabelOpts(formatter='{b}: {c} ({d}%)'),
                                                    position='outside')
    )
pie1.render_notebook()
```

输出结果如图 4-14 所示。

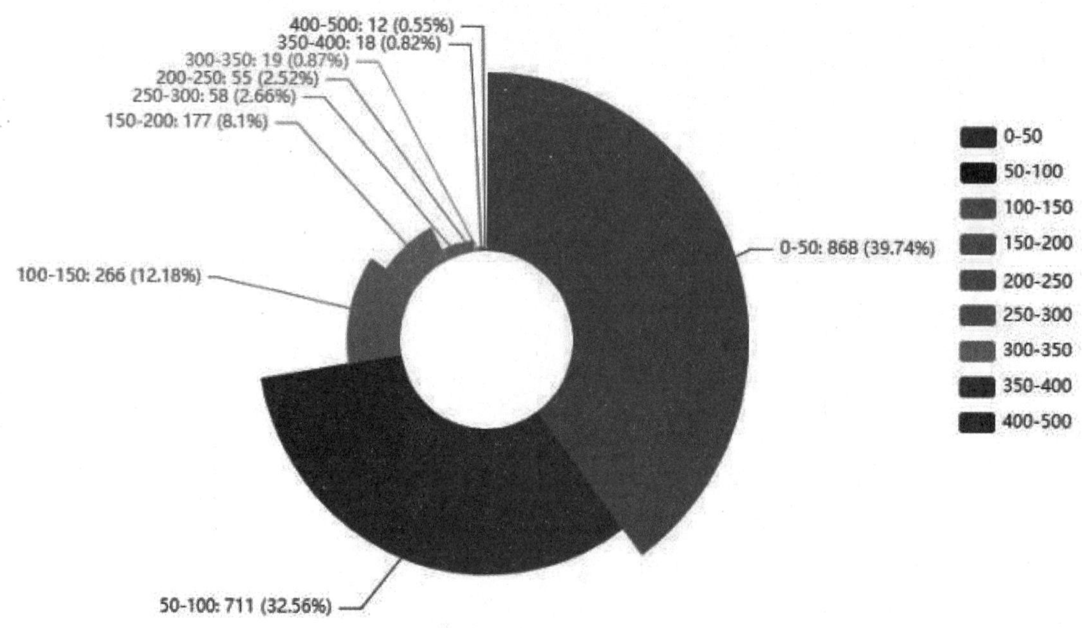


图 4-14　门票价格区间占比玫瑰图

（11）绘制门票价格区间－数量散点图

扫描二维码在线浏览电子活页 4-4“绘制门票价格区间－数量散点图”中的代码及绘制的图形。

（12）绘制景点简介词云

供选择的用于设置词云形状的值有：star、circle、cardioid、diamond、triangle-forward、triangle、pentagon。

代码如下：

```
contents = "".join('%s' % i for i in df['景区简介'].values.tolist())
contents_list = jieba.cut(contents)
ac = Counter(contents_list)
stopwords = []
with open('.\data\stopwords.txt', "r",encoding='utf-8') as f:   # 打开文件
    data = f.read()   # 读取文件
```

```
        stopwords = data.split('\n')
    for i in stopwords:
        del ac[i]
    w1 = (
        WordCloud()
        .add("",
             ac.most_common(150),
             word_size_range=[5, 100],
             textstyle_opts=opts.TextStyleOpts(font_family="cursive"),
             shape='star')
        .set_global_opts(title_opts=opts.TitleOpts(title=" 景点简介词云 "))
    )
    w1.render_notebook()
```

输出结果如图 4-15 所示。

图 4-15　景点简介词云

（13）绘制自定义模板的景点简介词云

代码如下：

```
w2 = (
    WordCloud()
    .add(
        "",
        ac.most_common(200),
        word_size_range=[5, 80],
        textstyle_opts=opts.TextStyleOpts(font_family="cursive"),
        mask_image='./data/1.jpg'
    )
    .set_global_opts(
        title_opts=opts.TitleOpts(title=" 自定义模板的景点简介词云 "),
```

```
        )
)
w2.render_notebook()
```

输出结果如图 4-16 所示。

**自定义模板的景点简介词云**

图 4-16　自定义模板的景点简介词云

从以上分析可以初步得出以下结论。

① 华东、华南、华中等大区属于大众出游热门地区，北京、上海、江苏、广东、四川、陕西等地区的游客比较密集。

② 江苏、安徽、河南、北京、湖北等地区 4A、5A 级景点数量比较多。

③ 门票价格在 100 元以内的景区居多，大概占比 70%，比较实惠，而且一般景点还有学生优惠待遇。

# 【任务 4-3】旅游出行数据可视化分析

### 【任务描述】

Excel 文件“travel.xlsx”共有 2519 行、8 列数据，列名分别为：地点、短评、出发时间、天数、人均费用、人物、玩法、浏览量。针对该数据集完成以下数据可视化分析操作。

微课视频

任务 4-3

（1）绘制出现频数排前 10 位的旅游目的地频数柱形图。

（2）绘制出现频率排前 10 位的旅游目的地人均费用柱形图。

（3）绘制出游方式占比饼图。

（4）绘制旅游出发时间频数折线图。

（5）绘制各种旅行时长统计次数条形图。

（6）绘制各种玩法频次排前 20 位的玩法频次条形图。

（7）绘制景点简介词云图。

【任务实现】

在 Jupyter Notebook 开发环境中创建 tc04-03.ipynb，然后在单元格中编写代码并输出对应的结果。

## 1. 导入模块

导入通用模块的代码详见“本书导学”。导入其他模块的代码如下：

```
import jieba
import jieba.analyse
import re
import stylecloud
from pyecharts.globals import ThemeType
from IPython.display import Image
from pyecharts.commons.utils import JsCode
```

## 2. 读取数据

代码如下：

```
data = pd.read_excel(r'data\travel.xlsx')
data.head()
```

输出结果：

| | 地点 | 短评 | 出发时间 | 天数 | 人均费用 | 人物 | 玩法 | 浏览量 |
|---|---|---|---|---|---|---|---|---|
| 0 | 常州 | 5月"家"人有约：千年淹城遗址，踏青游园，5A春秋乐园，玩乐赏国风演出 | 2022/04/12 | 2 | 300 | 家庭 | 深度游 踏春 | 1917 |
| 1 | 遂昌 | 丽水遂昌，春风十里不如你！ | 2022/03/16 | 3 | 2000 | 三五好友 | 第一次 自驾 美食 | 4.6万 |
| 2 | 阿尔山 | 一个人的阿尔山之冬 | 2022/03/14 | 3 | 2500 | 独自一人 | 自驾 摄影 冬季 | 1.2万 |
| 3 | 山西 | 【宝藏纪念】大美山西，表里山河，与历史重逢（山西自驾游） | 2022/03/03 | 7 | 1400 | 闺蜜 | 自驾 踏春 | 1.4万 |
| 4 | 海口 | 壬寅年春节三亚、海口游（二）海口印象作者黎明之光 | 2022/02/03 | 5 | 1800 | 家庭 | 深度游 徒步 摄影 春节 | 4994 |

## 3. 数据预处理

（1）查看数据集的基本信息

代码如下：

```
data.info()
```

输出结果：

```
<class 'pandas.core.frame.DataFrame'>
RangeIndex: 2519 entries, 0 to 2518
Data columns (total 8 columns):
 #   Column  Non-Null Count  Dtype
---  ------  --------------  -----
 0   地点      2519 non-null   object
 1   短评      2519 non-null   object
 2   出发时间    2519 non-null   object
 3   天数      2519 non-null   object
 4   人均费用    2519 non-null   int64
 5   人物      2519 non-null   object
 6   玩法      2519 non-null   object
 7   浏览量     2519 non-null   object
dtypes: int64(1), object(7)
memory usage: 157.6+ KB
```

从输出结果可以看出：没有空值。

（2）删除重复值

代码如下：

```
data.drop_duplicates(inplace=True)
```

（3）数据清洗

通过观察，有以下数据需要处理：少量“地点”数据中包含“攻略”字样，少量的“天数”数据中包含“99+”或“天数”字样，这些明显是错误数据。

代码如下：

```
data = data[~data['天数'].isin(['99+'])]
data = data[~data['天数'].isin(['天数'])]
data = data[~data['地点'].isin(['攻略'])]
```

（4）转换数据类型和时间格式

代码如下：





```
data['天数'] = data['天数'].astype(int)
data['人均费用'] = data['人均费用'].astype(int)
#转换时间格式
data['出发时间']=pd.to_datetime(data['出发时间'])
```

（5）取出人均费用大于200元并且天数小于等于15的数据

代码如下：

```
# 取出人均费用大于200元并且天数小于等于15的数据
data = data[data['人均费用'].values>200]
data = data[data['天数']<=15]
data = data.reset_index(drop=True)    #重置索引
```

（6）从“出发时间”列数据中取出“旅行月份”数据

扫描二维码在线浏览电子活页4-5“从‘出发时间’列数据中取出‘旅行月份’数据”中的代码及输出的结果。

在线浏览

电子活页 4-5

（7）将“浏览量”列数据规范化并统一转换成整型

代码如下：

```
# 定义Look()函数，参数为e
def Look(e):
    #判断数据类型是否为字符型
    if isinstance(e,str):
        if '万' in e:
            # 将以“万”结尾的数据，存到变量num1里面
            num1 = re.findall('(\d+.*?)万',e)
            num=int(float(num1[0])*10000)
            # 将返回的值转换为浮点型，并将num1列表中的数据放大10000倍
            return num
    else:
        return float(e)
# 调用Look()函数，对“浏览量”列的数据进行处理，新增一列“浏览次数”
data['浏览次数'] = data['浏览量'].apply(Look)
# 删除“浏览量”列，inplace = True表示在原数据上进行修改
data.drop(['浏览量'],axis = 1,inplace = True)
```

```
# 将“浏览次数”列的数据转换为整型
data['浏览次数'] = data['浏览次数'].astype(int)
# 输出前5行数据
data.head()
```

输出结果：

| | 地点 | 短评 | 出发时间 | 天数 | 人均费用 | 人物 | 玩法 | 旅行月份 | 浏览次数 |
|---|---|---|---|---|---|---|---|---|---|
| 0 | 常州 | 5月"家"人有约：千年淹城遗址，踏青游园，5A春秋乐园，玩乐赏国风演出 | 2022-04-12 | 2 | 300 | 家庭 | 深度游 踏春 | 四月 | 2997 |
| 1 | 遂昌 | 丽水遂昌，春风十里不如你！ | 2022-03-16 | 3 | 2000 | 三五好友 | 第一次 自驾 美食 | 三月 | 18000 |
| 2 | 阿尔山 | 一个人的阿尔山之冬 | 2022-03-14 | 3 | 2500 | 独自一人 | 自驾 摄影 冬季 | 三月 | 16000 |
| 3 | 山西 | 【宝藏纪念】大美山西，表里山河，与历史重逢（山西自驾游） | 2022-03-03 | 7 | 1400 | 闺蜜 | 自驾 踏春 | 三月 | 9304 |
| 4 | 海口 | 壬寅年春节三亚、海口游（二）海口印象作者黎明之光 | 2022-02-03 | 5 | 1800 | 家庭 | 深度游 徒步 摄影 春节 | 二月 | 185 |

（8）按浏览次数降序排列

代码如下：

```
data1=data
k = data1['浏览次数'].sort_values(ascending=False).index[:].tolist()
data1 = data1.loc[k]
# 对数据进行重置索引
data1 = data1.reset_index(drop = True)
data1.head()
```

输出结果：

| | 地点 | 短评 | 出发时间 | 天数 | 人均费用 | 人物 | 玩法 | 旅行月份 | 浏览次数 |
|---|---|---|---|---|---|---|---|---|---|
| 0 | 涠洲岛 | 北海——涠洲岛 | 2020-12-26 | 4 | 800 | 家庭 | 第一次 海滨海岛 冬季 | 十二月 | 864000 |
| 1 | 淄博 | 兜爷看世界④——探寻淄博人间风月，偶遇五月烂漫山花 | 2021-05-02 | 4 | 1000 | 亲子 | 自驾 五一 | 五月 | 828000 |
| 2 | 平遥 | 平遥古城攻略在北纬37度，慢慢地听，雪落下的声音 | 2019-12-19 | 3 | 1200 | 亲子 | 深度游 美食 古镇 | 十二月 | 796000 |
| 3 | 厦门 | 美好就在厦一站 | 2021-12-24 | 4 | 2500 | 亲子 | 购物 摄影 美食 探险 | 十二月 | 760000 |
| 4 | 澳门 | 妈阁是座城——用7天认识澳门 | 2019-12-04 | 7 | 2000 | 独自一人 | 深度游 冬季 | 十二月 | 755000 |

（9）获取数据集中出现频数排前10位的旅游目的地

代码如下：

```
data1['地点'].value_counts().head(10)
```

输出结果：

```
成都    143
厦门     94
重庆     92
西安     58
三亚     56
杭州     50
平遥     41
桂林     41
北京     40
南京     39
Name: 地点, dtype: int64
```

### 4. 数据可视化分析

（1）绘制出现频数排前10位的旅游目的地频数柱形图

绘制出现频数排前10位的旅游目的地频数柱形图，对应的代码及绘制的图形详见本书配套的电子活页 4-3。

（2）绘制出现频率排前 10 位的旅游目的地人均费用柱形图

获取出现频率排前 10 位的旅游目的地的人均费用的代码如下：

```
# 取出地点出现频率最高的前 10 位，转换为列表
loc = data1['地点'].value_counts().head(10).index.tolist()
# 取出“地点”列中出现在 loc 列表中的数据，赋给变量 loc_data
loc_data = data1[data1['地点'].isin(loc)]
# 对“地点”列分组聚合，求出平均值，保留 1 位小数，使用 round() 完成四舍五入
price_mean = round(loc_data['人均费用'].groupby(loc_data['地点']).mean(),1)
price_mean2 = price_mean.values.tolist()
price_mean
```

输出结果：

```
地点
三亚      1978.8
北京      1762.5
南京      1508.9
厦门      1849.6
平遥      1223.0
成都      1603.4
杭州      1511.0
桂林      1770.0
西安      1699.9
重庆      1678.4
Name: 人均费用, dtype: float64
```

绘制出现频率排前 10 位的旅游目的地的人均费用柱形图，对应的代码及绘制的图形详见本书配套的电子活页 4-4。

（3）绘制出游方式占比饼图

扫描二维码在线浏览电子活页 4-6“绘制出游方式占比饼图”中的代码及绘制的图形。

在线浏览

电子活页 4-6

（4）绘制旅游出发时间频数折线图

统计旅游出发时间出现次数的代码如下：

```
data1['出发时间'].value_counts()
```

输出结果：

```
2019-05-01    29
2018-10-02    11
2018-06-16    10
2019-06-01    10
2018-04-29    10
              ..
2018-01-22     1
2016-10-03     1
2021-07-05     1
2021-08-30     1
2021-11-03     1
Name: 出发时间, Length: 1016, dtype: int64
```

扫描二维码在线浏览电子活页 4-7“绘制旅游出发时间频数折线图”中的代码及绘制的图形。

绘制旅游出发时间频数折线图更简洁的代码如下：

```
line = (
    Line()
    .add_xaxis(m3.tolist())
    .add_yaxis('',n3)
)
line.render_notebook()
```

（5）绘制各种旅行时长统计次数条形图

新增“旅行时长”列的代码如下：

```
# 新增一列“旅行时长”，以“× 天”的形式展示，便于观察
data1['旅行时长'] = data1['天数'].apply(lambda x:str(x) + '天')
```

扫描二维码在线浏览电子活页 4-8“绘制各种旅行时长统计次数条形图”中的代码及绘制的图形。

（6）绘制各种玩法频次排前 20 位的玩法频次条形图

绘制各种玩法频次排前 20 位的玩法频次条形图，对应的代码及绘制的图形详见本书配套的电子活页 4-5。

（7）绘制景点简介词云图

绘制景点简介词云图，对应的代码及绘制的图形详见本书配套的电子活页 4-6。

# 模块5 商品销量数据分析

本模块主要针对商品销售数据进行可视化分析，包括商品销售数据处理与统计分析、中秋月饼销量分析、药店药品销量分析。

## 方法要点

☑ 使用 read_excel() 函数读取 Excel 文件中的数据以及完成读取数据时的参数设置。

☑ 获取数据集的大小。

☑ 删除重复值、删除销售时间为空的行。

☑ 统计缺失值数据。

☑ 输出包含空值的行。

☑ 填充社保卡号的空值。

☑ 将“付款情况”列数据中包含汉字“万”的数据转换为数值。

☑ 去除“品牌名称”列数据中的引号、“折扣”列数据中的汉字“折”。

☑ 将“总评论数”列数据的尺度统一为“万”。

☑ 获取总评论数超过 100 万的销量数据、数据集中出现频次排前 10 位的月饼品牌。

☑ 查看药品数据集的索引、药品数据集的列名。

☑ 列名重命名。

☑ 拆分“销售时间”列数据。

☑ 将日期的字符串格式改为日期格式。

☑ 删除“销售时间”列中为空的行。

☑ 查看数据集指定列的描述统计信息。

☑ 从“销售日期”数据中获取“年”“月”“日”“季度”数据。

☑ 应用以下方法或函数：notna()、apply()、astype()、reset_index()、sample()、sort_values()、groupby()、tolist()、sum()、zip()、drop_duplicates()、abs()、value_counts()、slice()、split()、agg()、pivot_table()、min()、max() 及 lambda 函数。

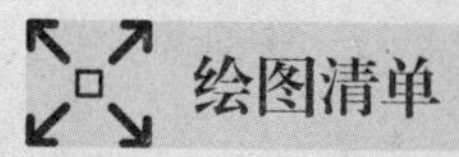

## 绘图清单

☑ 使用 Grid 类移动图形。

☑ 使用 matplotlib.pyplot 的 plot() 函数绘制折线图、柱形图、饼图。
☑ 使用 matplotlib.pyplot 的 barh() 函数绘制条形图。
☑ 使用 pandas 的 DataFrame.plot() 方法绘制折线图。
☑ 使用 pyecharts.charts 的 Bar 类绘制条形图、柱形图。
☑ 使用 pyecharts.charts 的 Map 类绘制地图。
☑ 使用 pyecharts.charts 的 Pie 类绘制圆环图。
☑ 使用 pyecharts.charts 的 Bar 类和 Line 类绘制柱形图和曲线图的组合图形。
☑ 使用 pyecharts.charts 的 Page 类顺序组合多张图形。
☑ 使用 stylecloud.gen_stylecloud() 方法绘制词云图。

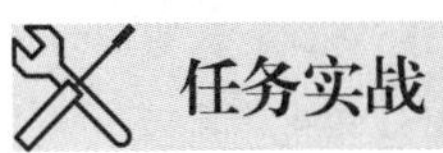






# 【任务 5-1】商品销售数据处理与统计分析

**【任务描述】**

Excel 文件“商品销售数据 .xlsx”共有 1948 行、7 列数据，列名分别为：销售日期、销售区域、销售渠道、销售订单、品牌、售价、销售数量。针对该数据集完成以下统计计算与数据分析操作。

（1）统计月度、季度销售额。
（2）统计各月的最高销售额、最低销售额和平均销售额。
（3）统计各个品牌销售额占比和季度销售额占比。
（4）统计各区域月度销售额。
（5）统计各渠道各个品牌的销量。
（6）统计不同售价区间的月度销量占比。

**【任务实现】**

在 Jupyter Notebook 开发环境中创建 tc05-01.ipynb，然后在单元格中编写代码并输出对应的结果。

### 1. 导入模块

导入通用模块的代码详见“本书导学”。

使用默认设置的 matplotlib 中图片的分辨率不是很高，可以通过设置矢量图的方式来提高图片显示质量，代码如下：

```
%config InlineBackend.figure_format='svg'  # 矢量图设置
```

### 2. 导入数据

```
path=r'data\ 商品销售数据 .xlsx'
# 默认读取 Excel 文件的第一个工作表
sales_df=pd.read_excel(path)
sales_df.head()
```

输出结果：

| | 销售日期 | 销售区域 | 销售渠道 | 销售订单 | 品牌 | 售价 | 销售数量 |
|---|---|---|---|---|---|---|---|
| 0 | 2021-10-01 | 南京 | 拼多多网店 | 182721-021 | 八匹马 | 99 | 31 |
| 1 | 2021-10-01 | 南京 | 天猫网店 | 182721-050 | 八匹马 | 99 | 11 |
| 2 | 2021-10-01 | 南京 | 天猫网店 | 182802-050 | 八匹马 | 199 | 39 |
| 3 | 2021-10-01 | 南京 | 京东网店 | 182894-050 | 八匹马 | 99 | 97 |
| 4 | 2021-10-01 | 上海 | 京东网店 | D87687 | 满天星 | 529 | 12 |

### 3. 数据预处理

（1）查看数据集的基本信息

代码如下：

```
sales_df.info()
```





输出结果：

```
<class 'pandas.core.frame.DataFrame'>
RangeIndex: 1948 entries, 0 to 1947
Data columns (total 7 columns):
 #   Column  Non-Null Count  Dtype
---  ------  --------------  -----
 0   销售日期    1948 non-null   datetime64[ns]
 1   销售区域    1948 non-null   object
 2   销售渠道    1948 non-null   object
 3   销售订单    1948 non-null   object
 4   品牌      1948 non-null   object
 5   售价      1948 non-null   int64
 6   销售数量    1948 non-null   int64
dtypes: datetime64[ns](1), int64(2), object(4)
memory usage: 106.7+ KB
```

从数据集的基本信息可以看出：“销售日期”列的数据类型为“datetime64”。

如果“销售日期”列数据不是规范的日期格式数据，即其数据类型不是“datetime64”，则可以先使用 to_datetime() 进行格式转换，代码如下：

```
sales_df['销售日期']=pd.to_datetime(sales_df['销售日期'])
```

如果转换日期格式时约定日期格式为“%Y-%m-%d”，则可以写成以下形式：

```
sales_df['销售日期']=pd.to_datetime(sales_df['销售日期'], format='%Y-%m-%d',
                                    errors='coerce')
```

如果“销售日期”列数据包括星期数据，则可以使用以下代码抽取日期数据前 10 位：

```
sales_df['销售日期']=sales_df['销售日期'].astype(str).str.slice(0, 10)
```

（2）从“销售日期”列数据中获取“年”“月”“日”“季度”数据

代码如下：

```
sales_df['年'] = sales_df['销售日期'].dt.year
sales_df['月'] = sales_df['销售日期'].dt.month
sales_df['日'] = sales_df['销售日期'].dt.day
sales_df['季度'] = sales_df['销售日期'].dt.quarter
sales_df.sample(5)
```

输出结果：

| | 销售日期 | 销售区域 | 销售渠道 | 销售订单 | 品牌 | 售价 | 销售数量 | 年 | 月 | 日 | 季度 |
|---|---|---|---|---|---|---|---|---|---|---|---|
| 1184 | 2022-04-25 | 北京 | 抖音平台 | 465787-010 | 皮皮虾 | 449 | 62 | 2022 | 4 | 25 | 2 |
| 1939 | 2022-09-29 | 上海 | 京东网店 | 211471-902/704 | 八匹马 | 59 | 82 | 2022 | 9 | 29 | 3 |
| 847 | 2022-03-03 | 北京 | 拼多多网店 | P92261 | 满天星 | 229 | 86 | 2022 | 3 | 3 | 1 |
| 1008 | 2022-03-28 | 浙江 | 京东网店 | G72009 | 满天星 | 399 | 37 | 2022 | 3 | 28 | 1 |
| 1253 | 2022-05-07 | 福建 | 拼多多网店 | 211921-021 | 八匹马 | 69 | 97 | 2022 | 5 | 7 | 2 |

对规范日期格式的“销售日期”列数据，也可以使用 split() 分离出年、月、日数据，代码如下：

```
dateDf =sales_df['销售日期'].astype(str).str.split("-",2, expand=True)
sales_df['年'] =dateDf[0]
sales_df['月'] =dateDf[1]
sales_df['日'] =dateDf[2]
```

## 4. 统计计算与数据分析

（1）计算销售额

代码如下：

```
sales_df['销售额'] = sales_df.售价 * sales_df.销售数量
sales_df.head()
```

输出结果：

| | 销售日期 | 销售区域 | 销售渠道 | 销售订单 | 品牌 | 售价 | 销售数量 | 年 | 月 | 日 | 季度 | 销售额 |
|---|---|---|---|---|---|---|---|---|---|---|---|---|
| 0 | 2021-10-01 | 南京 | 拼多多网店 | 182721-021 | 八匹马 | 99 | 31 | 2021 | 10 | 1 | 4 | 3069 |
| 1 | 2021-10-01 | 南京 | 天猫网店 | 182721-050 | 八匹马 | 99 | 11 | 2021 | 10 | 1 | 4 | 1089 |
| 2 | 2021-10-01 | 南京 | 天猫网店 | 182802-050 | 八匹马 | 199 | 39 | 2021 | 10 | 1 | 4 | 7761 |
| 3 | 2021-10-01 | 南京 | 京东网店 | 182894-050 | 八匹马 | 99 | 97 | 2021 | 10 | 1 | 4 | 9603 |
| 4 | 2021-10-01 | 上海 | 京东网店 | D87687 | 满天星 | 529 | 12 | 2021 | 10 | 1 | 4 | 6348 |

（2）统计月度销售额

代码如下：

```
sales_df.groupby('月').销售额.sum()
```

输出结果：

```
月
1      5409855
2      4608455
3      4164972
4      3996770
5      3239005
6      2817936
7      3501304
8      2948189
9      2632960
10     2375385
11     2385283
12     1732941
Name: 销售额, dtype: int64
```

（3）统计季度销售额

代码如下：

```
sales_df.groupby('季度').销售额.sum()
```

输出结果：

```
季度
1     14183282
2     10053711
3      9082453
4      6493609
Name: 销售额, dtype: int64
```

（4）统计各月的最高销售额（amax）、最低销售额（amin）和平均销售额（mean）

代码如下：

```
sales_df.groupby('月').销售额.agg([np.max, np.min,np.mean])
```

输出结果：

| 月 | amax | amin | mean |
|---|---|---|---|
| 1 | 115104 | 1035 | 23020.659574 |
| 2 | 133411 | 1668 | 21043.173516 |
| 3 | 93906 | 990 | 20416.529412 |
| 4 | 114312 | 1089 | 21373.101604 |
| 5 | 85914 | 1185 | 19052.970588 |
| 6 | 116303 | 690 | 19169.632653 |
| 7 | 83930 | 944 | 21480.392638 |
| 8 | 106711 | 1896 | 22854.178295 |
| 9 | 120807 | 948 | 21233.548387 |
| 10 | 87527 | 1089 | 17860.037594 |
| 11 | 68324 | 1185 | 17934.458647 |
| 12 | 94905 | 897 | 16662.894231 |

（5）统计各个品牌销售额占比

代码如下：

```
plt.figure(figsize = (10,5))
temp = sales_df.groupby('品牌').销售额.sum()
temp.plot(kind = 'pie', autopct = '%.2f%%',fontsize = 12)
plt.title('各个品牌销售额占比', fontsize=16)
plt.show()
```

输出结果如图 5-1 所示。

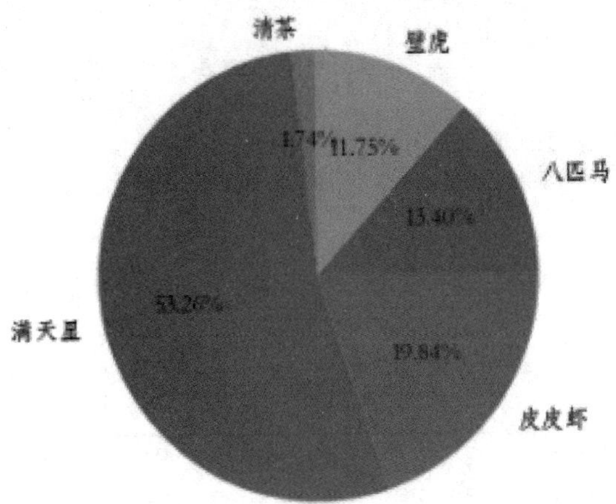

图 5-1　各个品牌销售额占比饼图

（6）统计季度销售额占比

代码如下：

```
plt.figure(figsize = (10,5))
plt.title('季度销售额占比', fontsize=16)
temp = sales_df.groupby('季度').销售额.sum()
temp.plot(kind = 'pie', autopct = '%.2f%%', fontsize = 12)
plt.show()
```

输出结果如图 5-2 所示。

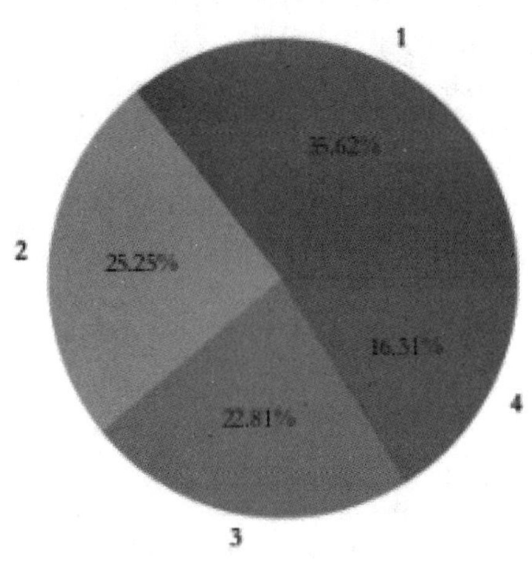

图 5-2　季度销售额占比饼图

（7）统计各区域月度销售额

使用 groupby() 函数统计各区域月度销售额的代码如下：

```
sales_df.groupby(['销售区域', '月']).销售额.sum()
```

使用 pivot_table() 函数统计各区域月度销售额的代码如下：

```
pd.pivot_table(data = sales_df,
```

```
                    columns=['月'],
                    index = ['销售区域'],
                    values = ['销售额'],
                    aggfunc = np.sum,       # 指定聚合函数（默认值为 np.mean）
                    fill_value=0,           # 空值填充值
                    margins=True,           # 是否显示总计
                    margins_name='总计'     # 设置总计名字
                    )
```

输出结果：

| | 销售额 | | | | | | | | | | | | |
|---|---|---|---|---|---|---|---|---|---|---|---|---|---|
| 月 | 1 | 2 | 3 | 4 | 5 | 6 | 7 | 8 | 9 | 10 | 11 | 12 | 总计 |
| 销售区域 | | | | | | | | | | | | | |
| 上海 | 1679125 | 1689527 | 1061193 | 1082187 | 841199 | 785404 | 863906 | 734937 | 1107693 | 412108 | 825169 | 528041 | 11610489 |
| 北京 | 1878234 | 1807787 | 1360666 | 1205989 | 807300 | 1216432 | 1219083 | 645727 | 390077 | 671608 | 678668 | 637114 | 12518685 |
| 南京 | 0 | 0 | 0 | 0 | 0 | 0 | 841032 | 0 | 0 | 710962 | 0 | 215307 | 1767301 |
| 安徽 | 0 | 0 | 0 | 341308 | 554155 | 0 | 0 | 0 | 0 | 0 | 0 | 0 | 895463 |
| 广东 | 0 | 0 | 388180 | 0 | 0 | 0 | 0 | 469390 | 365191 | 0 | 395188 | 0 | 1617949 |
| 江苏 | 0 | 0 | 0 | 537079 | 0 | 0 | 0 | 0 | 0 | 0 | 0 | 0 | 537079 |
| 浙江 | 0 | 0 | 248354 | 0 | 0 | 0 | 0 | 439508 | 0 | 0 | 0 | 0 | 687862 |
| 福建 | 1852496 | 1111141 | 1106579 | 830207 | 1036351 | 816100 | 577283 | 658627 | 769999 | 580707 | 486258 | 352479 | 10178227 |
| 总计 | 5409855 | 4608455 | 4164972 | 3996770 | 3239005 | 2817936 | 3501304 | 2948189 | 2632960 | 2375385 | 2385283 | 1732941 | 39813055 |

（8）统计各渠道各个品牌的销量

使用 groupby() 函数统计各渠道各个品牌的销量的代码如下：

```
sales_df.groupby(['销售渠道','品牌']).销售额.sum()
```

使用 pivot_table() 函数统计各渠道各个品牌的销量的代码如下：

```
sales_df.pivot_table(index = ['销售渠道'],
                     columns=['品牌'],
                     values = ['销售额'],
                     aggfunc=np.sum,
                     margins=True,
                     margins_name='总计')
```

输出结果：

| | 销售额 | | | | | |
|---|---|---|---|---|---|---|
| 品牌 | 八匹马 | 壁虎 | 清茶 | 满天星 | 皮皮虾 | 总计 |
| 销售渠道 | | | | | | |
| 京东网店 | 1030702 | 984961 | 148487 | 4200344 | 1362590 | 7727084 |
| 天猫网店 | 1722144 | 1489656 | 190694 | 7785319 | 2519442 | 13707255 |
| 实体店 | 843010 | 702396 | 99498 | 2234169 | 1269346 | 5148419 |
| 抖音平台 | 622542 | 619105 | 108039 | 2599314 | 833905 | 4782905 |
| 拼多多网店 | 1116248 | 882861 | 146441 | 4386502 | 1915340 | 8447392 |
| 总计 | 5334646 | 4678979 | 693159 | 21205648 | 7900623 | 39813055 |

（9）统计不同售价区间月度销量占比

查找售价最小值与最大值的代码如下：

```
min_price = sales_df['售价'].min()
max_price = sales_df['售价'].max()
```

划分售价区间的代码如下：

```
bins = np.arange(min_price, max_price + 1, 200)
```

按售价区间分月统计销售数量的代码如下：

```
cate = pd.cut(sales_df.售价, bins)
sales_df.groupby([cate,'月']).销售数量.sum()
```

按售价区间数据透视各品牌月度求和的代码如下：

```
sales_df2 = pd.pivot_table(data = sales_df,
                           index = cate,
                           columns=['月'],
                           values = ['销售数量'],
                           aggfunc = np.sum)
```

输出结果：

| | 销售数量 | | | | | | | | | | | |
|---|---|---|---|---|---|---|---|---|---|---|---|---|
| 月 | 1 | 2 | 3 | 4 | 5 | 6 | 7 | 8 | 9 | 10 | 11 | 12 |
| 售价 | | | | | | | | | | | | |
| (59, 259] | 4598 | 4676 | 3960 | 3582 | 3890 | 2985 | 2912 | 2342 | 2534 | 3163 | 3405 | 2689 |
| (259, 459] | 4432 | 3184 | 4326 | 3500 | 2363 | 2931 | 2918 | 2480 | 2605 | 2489 | 2255 | 2231 |
| (459, 659] | 1598 | 1705 | 1717 | 2164 | 1871 | 1260 | 2008 | 1582 | 1320 | 1117 | 1570 | 799 |
| (659, 859] | 1110 | 923 | 593 | 339 | 424 | 298 | 562 | 419 | 412 | 243 | 194 | 0 |
| (859, 1059] | 667 | 379 | 622 | 427 | 452 | 139 | 422 | 402 | 92 | 0 | 93 | 95 |
| (1059, 1259] | 205 | 315 | 0 | 88 | 38 | 159 | 70 | 89 | 0 | 113 | 0 | 32 |
| (1259, 1459] | 177 | 99 | 20 | 111 | 0 | 80 | 49 | 0 | 118 | 0 | 0 | 0 |

统计各售价区间销售数量占当月总销售数量比例的代码如下：

```
ser = sales_df2.sum()
sales_df2 = np.round(sales_df2.divide(ser) * 100, 2)
```

按百分比格式输出的代码如下：

```
sales_df2.applymap(lambda x: f'{x}%')
```

输出结果：

| | 销售数量 | | | | | | | | | | | |
|---|---|---|---|---|---|---|---|---|---|---|---|---|
| 月 | 1 | 2 | 3 | 4 | 5 | 6 | 7 | 8 | 9 | 10 | 11 | 12 |
| 售价 | | | | | | | | | | | | |
| (59, 259] | 35.96% | 41.45% | 35.24% | 35.08% | 43.04% | 38.02% | 32.57% | 32.02% | 35.79% | 44.39% | 45.3% | 46.0% |
| (259, 459] | 34.66% | 28.22% | 38.49% | 34.28% | 26.15% | 37.33% | 32.64% | 33.91% | 36.79% | 34.93% | 30.0% | 38.16% |
| (459, 659] | 12.5% | 15.11% | 15.28% | 21.19% | 20.7% | 16.05% | 22.46% | 21.63% | 18.64% | 15.68% | 20.89% | 13.67% |
| (659, 859] | 8.68% | 8.18% | 5.28% | 3.32% | 4.69% | 3.8% | 6.29% | 5.73% | 5.82% | 3.41% | 2.58% | 0.0% |
| (859, 1059] | 5.22% | 3.36% | 5.53% | 4.18% | 5.0% | 1.77% | 4.72% | 5.5% | 1.3% | 0.0% | 1.24% | 1.63% |
| (1059, 1259] | 1.6% | 2.79% | 0.0% | 0.86% | 0.42% | 2.02% | 0.78% | 1.22% | 0.0% | 1.59% | 0.0% | 0.55% |
| (1259, 1459] | 1.38% | 0.88% | 0.18% | 1.09% | 0.0% | 1.02% | 0.55% | 0.0% | 1.67% | 0.0% | 0.0% | 0.0% |

# 【任务 5-2】中秋月饼销量分析

### 【任务描述】

Excel 文件“月饼销售 01.xlsx”共有 4520 行、6 列数据，列名分别为：商品简介、商品名称、店铺名称、地址、售价、付款情况。通过分析多家店铺中秋月饼的销售情况，探析哪些月饼卖得好，哪些店铺的月饼卖得好，哪些地区的月饼卖得好，哪些价格区间的月饼卖得好，哪些口味的月饼卖得好。

Excel 文件“月饼销售 02.xlsx”共有 1200 行、25 列数据，列名分别为：店铺名称、商品编号、商品简介、商品名称、品牌名称、折扣、原价、京东价、plus 会员价、总评论数、中评、中评率、好评、好评率、差评、差评率、链接、毛重、商品产地、类别、包装形式、口味、净含量、月饼馅类别、月饼皮类别。针对该数据集主要完成以下数据可视化分析操作。

（1）绘制销量排前 10 位的月饼的销量条形图。

（2）绘制不同价格区间的月饼销量占比圆环图。

（3）绘制商品名称词云图。





### 【任务实现】

在 Jupyter Notebook 开发环境中创建 tc05-02.ipynb，然后在单元格中编写代码并输出对应的结果。

#### 1. 导入模块

导入通用模块的代码详见“本书导学”。导入其他模块的代码如下：

```
import re
from collections import Counter
from pyecharts.components import Image
from pyecharts.globals import SymbolType
from pyecharts.commons.utils import JsCode
```

#### 2. 多家店铺月饼销售数据读取与预处理

（1）读取数据

代码如下：

```
df = pd.read_excel(r"data\月饼销售 01.xlsx",usecols={'商品名称','店铺名称',
                                                    '地址','售价','付款情况'})
df.sample(5)
```

输出结果：

| | 商品名称 | 店铺名称 | 地址 | 售价 | 付款情况 |
|---|---|---|---|---|---|
| 447 | 稻香村月饼 | 新益号茶叶旗舰店 | 深圳 | 29.8 | 2740人付款 |
| 3164 | 黄流心奶黄多口味月饼 | 百年爱情鸟 | 江苏 南京 | 269.0 | 33人付款 |
| 2395 | 桥墩周兴豪大月饼 | 稻香村食品旗舰店 | 北京 | 286.0 | 8人付款 |
| 2239 | 星巴克月饼 | 食品批发总店 | 北京 | 91.0 | 182人付款 |
| 4196 | 稻香村月饼 | 生生与世世 | 吉林 长春 | 49.8 | 116人付款 |

（2）去除重复值

代码如下：

```
print(df.shape)
df.drop_duplicates(inplace=True)
print(df.shape)
```

输出结果：

```
(4520, 5)
(3288, 5)
```

数据集共有 4520 条数据，去重后还有 3288 条数据。

（3）从“付款情况”列数据获取月饼销量

由于付款人数超过 10000 后会直接用“万”替代“10000”，这里我们需要将“万”恢复为数字“10000”。

代码如下：

```
# 提取数值
df['num'] = [re.findall(r'(\d+\.{0,1}\d*)', i)[0] for i in df['付款情况']]
df['num'] = df['num'].astype('float')
# 提取结尾（万）
df['unit'] = [''.join(re.findall(r'(万)', i)) for i in df['付款情况']]
df['unit'] = df['unit'].apply(lambda x:10000 if x=='万' else 1)
# 计算销量
df['销量'] = df['num'] * df['unit']
```

（4）从非空“地址”列数据中提取省份数据

代码如下：

```
df = df[df['地址'].notna()]
df['省份'] = df['地址'].str.split(' ').apply(lambda x:x[0])
```

（5）删除多余的列与重置索引

代码如下：

```
# 删除多余的列
df.drop(['付款情况', 'num', 'unit'], axis=1, inplace=True)
# 重置索引
df = df.reset_index(drop=True)
df.sample(5)
```

输出结果：

| | 商品名称 | 店铺名称 | 地址 | 售价 | 销量 | 省份 |
|---|---|---|---|---|---|---|
| 1537 | 海半岛酒店逸龙阁月饼 | 道自在旗舰店 | 上海 | 9.9 | 247.0 | 上海 |
| 2221 | 久知味广式月饼 | 稻香村河北专卖店 | 北京 | 79.9 | 126.0 | 北京 |
| 401 | 蛋黄流心多口味月饼 | 育雅旗舰店 | 云南 昆明 | 16.9 | 10000.0 | 云南 |
| 1513 | 蛋黄月饼 | 食花季旗舰店 | 云南 昆明 | 9.9 | 472.0 | 云南 |
| 1268 | 百草味-心机月饼 | 上海广播电视食品专营店 | 深圳 | 95.0 | 585.0 | 深圳 |

（6）按“售价”降序排列

代码如下：

```
df1 = df.sort_values(by=" 售价 ", axis=0, ascending=False)
```

### 3. 多家店铺月饼销售数据分析与可视化

（1）绘制销量排前 10 位的月饼的销量条形图

代码如下：

```
    shop_top10 = df.groupby(' 商品名称 ')[' 销量 '].sum().sort_values(ascending=False).
head(10)
    bar1 = (
        Bar()
            .add_xaxis(shop_top10.index.tolist()[::-1])
            .add_yaxis(' 销量 ', shop_top10.values.tolist()[::-1])
            .reversal_axis()
            .set_global_opts(title_opts=opts.TitleOpts(title=' 销量排前 10 位的月饼 '),
                xaxis_opts=opts.AxisOpts(axislabel_opts=opts.LabelOpts(rotate
                                                                            =-30)))
            .set_series_opts(label_opts=opts.LabelOpts(position='right'))
    )
    # 将图形整体右移
    grid1 = (
        Grid()
            .add(bar1, grid_opts=opts.GridOpts(pos_left='15%', pos_right='10%'))
    )
    grid1.render_notebook()
```

输出结果如图 5-3 所示。

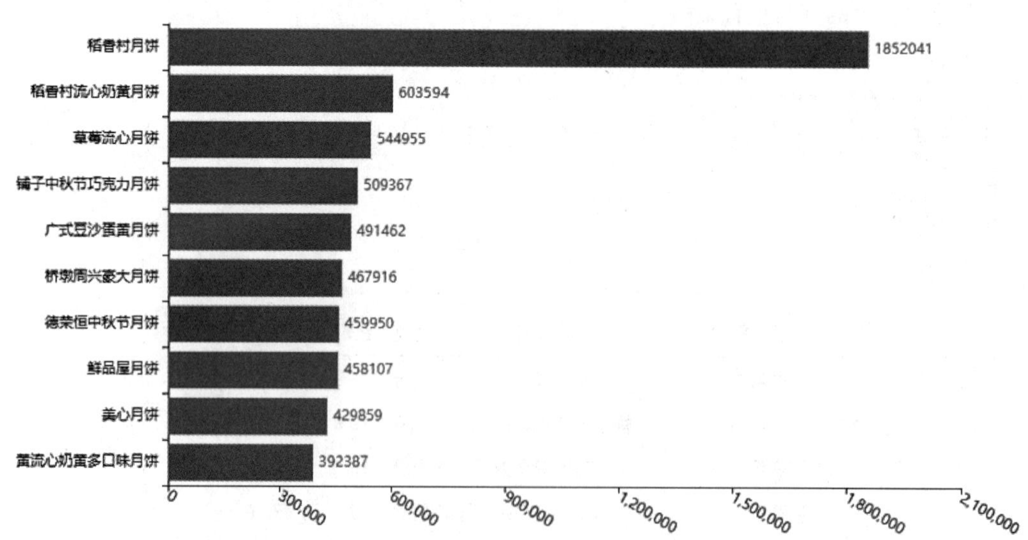


图 5-3　销量排前 10 位的月饼的销量条形图

以下代码同样可以绘制销量排前 10 位的月饼的销量条形图，不同的是其可以实现矩形的线性渐变效果。

```
color_js = """new echarts.graphic.LinearGradient(0, 0, 1, 0,
    [{offset: 0, color: '#008B8B'}, {offset: 1, color: '#FF6347'}], false)"""
color_js = """new echarts.graphic.LinearGradient(0, 0, 1, 0,
    [{offset: 0, color: '#009ad6'}, {offset: 1, color: '#ed1941'}], false)"""
bar2 = (
    Bar()
        .add_xaxis(shop_top10.index.tolist()[::-1])
        .add_yaxis('销量', shop_top10.values.tolist()[::-1],itemstyle_opts=
                              opts.ItemStyleOpts(color=JsCode(color_js)))
        .reversal_axis()
        .set_global_opts(title_opts=opts.TitleOpts(title='销量排前10位的月饼'),
             xaxis_opts=opts.AxisOpts(axislabel_opts=opts.LabelOpts(rotate=-30)),
             )
        .set_series_opts(label_opts=opts.LabelOpts(position='right'))
)
# 将图形整体右移
grid2 = (
    Grid()
        .add(bar2, grid_opts=opts.GridOpts(pos_left='15%', pos_right='10%'))
)
grid2.render_notebook()
```

自定义高级样式绘制销量排名前 10 位的月饼的销量条形图，对应的代码及绘制的图形详见本书配套的电子活页 5-1。

（2）绘制月饼销量排名前 10 位的店铺的销量柱形图

绘制月饼销量排名前 10 位的店铺的销量柱形图，对应的代码及绘制的图形详见本书配套的电子活页 5-2。

（3）绘制全国各地区月饼销量分布地图

绘制全国各地区月饼销量分布地图，对应的代码详见本书配套的电子活页 5-3。

（4）对比分析不同价格区间的月饼销量占比

代码如下：

```
def price_range(price):
    if price <= 50:
        return '50元以下'
    elif price <= 100:
        return '50-100元'
    elif price <= 300:
        return '100-300元'
    else:
        return '300元以上'
df['price_range'] = df['售价'].apply(lambda x: price_range(x))
price_cut_num = df.groupby('price_range')['销量'].sum()
data_pair = [list(z) for z in zip(price_cut_num.index, price_cut_num.values)]
# 绘制圆环图
pie1 = (
    Pie(init_opts=opts.InitOpts(width='750px', height='350px'))
    .add(
            series_name="销量",
            radius=["35%", "50%"],
```

```
            data_pair=data_pair,
            label_opts=opts.LabelOpts(formatter='{b}\n 占比 {d}%'),
    )
    .set_global_opts(
         title_opts=dict(
            text=' 不同价格区间的月饼销量占比 ',
            left='center',
            top='5%',
            textStyle=dict(color='#DC143C')),
         legend_opts=opts.LegendOpts(type_="scroll", pos_left="80%",
                                     pos_top="50%",orient="vertical")
        )
    .set_colors(["#F08080", "#FFCC99", "#DC143C", "#990000"])
)
pie1.render_notebook()
```

输出结果如图 5-4 所示。





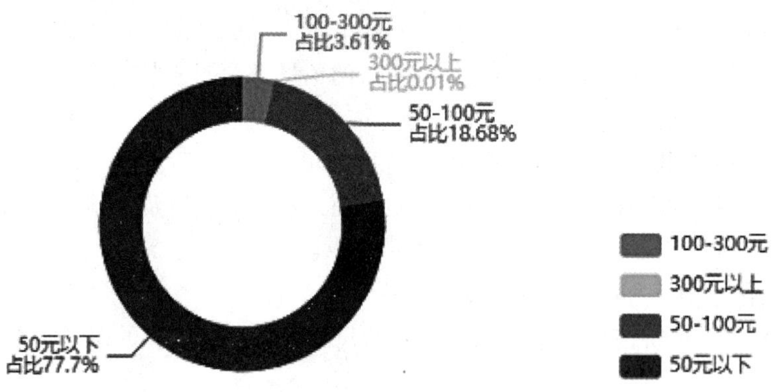


图 5-4　不同价格区间的月饼销量占比圆环图

从图 5-4 可以看出：50 元以下的月饼销量占比达到了 77.7%，100 元以下的月饼销量占比更是达到了 96.38%，虽然也有月饼的价格在 300 元以上，但整体价格还是比较实惠的。

（5）绘制月饼口味分布柱形图

绘制月饼口味分布柱形图，对应的代码及绘制的图形详见本书配套的电子活页 5-4。

（6）绘制商品名称词云图

代码如下：

```
import jieba
import stylecloud
from PIL import Image
stop_words = [line.strip('\n') for line in open(r'data\stop_words.txt', 'r',
                                             encoding='utf-8').readlines()]
stop_words.extend(['logo', '10', '100', '200g', '100g', '140g', '130g',
                  ' 月饼 ', ' 礼盒 ',' 礼盒装 '])
contents = df[' 商品名称 '].apply(lambda x : ([i for i in jieba.cut(x,cut_all=False)
                                          if i not in stop_words]))
content_list = []
```

```
temp = [content_list.extend(i) for i in contents.values.tolist()]
stylecloud.gen_stylecloud(
    text=' '.join(content_list),
    font_path=r'data\STXINWEI.TTF',
    palette='cartocolors.qualitative.Bold_5',# 设置配色方案
    icon_name='fas fa-gift', # 设置蒙版方案
    output_name=' 中秋 .png',
    )
Image.open(r" 中秋 .png")
```

输出结果如图 5-5 所示。

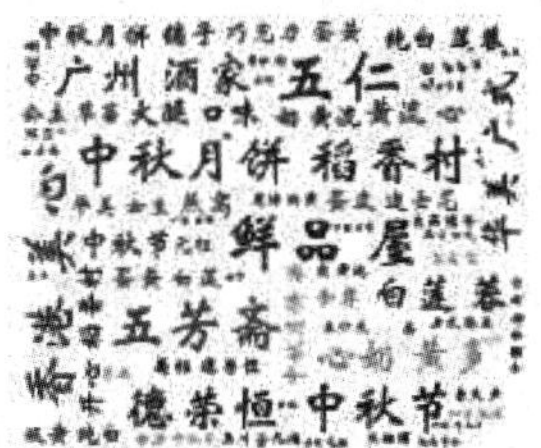


图 5-5 商品名称词云图

如果需要将以上多张可视化图形在同一个页面中展示，可以使用以下代码实现。

```
page = Page(layout=Page.DraggablePageLayout)
page.add(
    bar1,
    bar2,
    bar3,
    map_chart,
    pie1,
)
page.render_notebook()
```

### 4. 京东商城月饼销售数据读取与预处理

（1）数据读取

代码如下：

```
data = pd.read_excel(r'data/ 月饼销售 02.xlsx',usecols={' 店铺名称 ',' 商品名称 ',
                        ' 品牌名称 ',' 折扣 ',' 原价 ',' 京东价 ', ' 总评论数 ',' 商品产地 '})
data.head()
```

输出结果：

| | 店铺名称 | 商品名称 | 品牌名称 | 折扣 | 原价 | 京东价 | 总评论数 | 商品产地 |
|---|---|---|---|---|---|---|---|---|
| 0 | 泓一京东自营旗舰店 | 休闲中秋月饼 | '泓一' | 5折 | 79.9 | 39.9 | 100万+ | 中国福建 |
| 1 | 泓一京东自营旗舰店 | 休闲中秋月饼 | '泓一' | 5折 | 79.9 | 39.9 | 100万+ | 中国福建 |
| 2 | 友臣（YOUCHEN）京东自营旗舰店 | 208g中秋月饼 | '友臣（YOUCHEN）' | 6.5折 | 19.9 | 12.9 | 50万+ | 福建 |
| 3 | 美心京东自营旗舰店 | 香滑奶黄港式月饼 | '美心（Meixin）' | 9折 | 388.0 | 348.0 | 20万+ | 香港 |
| 4 | 米旗京东自营旗舰店 | 真挚心意月饼 | '米旗（Maky）' | 6.6折 | 99.0 | 64.9 | 5万+ | 中国陕西 |

（2）去除重复值与重置索引

代码如下：

```
# 去除重复值
data.drop_duplicates(inplace=True)
# 重置索引
data =data.reset_index(drop=True)
```

（3）去除“品牌名称”列数据中的引号



代码如下：

```
import re
def tranform(x):
    x = re.search(r"'(.*?)'",x).group(1)
    return x
data['品牌名称'] = data['品牌名称'].apply(lambda x: tranform(x))
```

（4）去除“折扣”列数据中的汉字“折”

代码如下：

```
def tranform_1(x):
    x = re.search(r"(.*?)折",x).group(1)
    return x
data['折扣'] = data['折扣'].apply(lambda x: tranform_1(x))
```

（5）将“总评论数”列数据的尺度统一为“万”

代码如下：

```
def tranform_comment(x):
    if '万+' in x:
        x = x.replace('万+', '')
        return x
    elif '+' in x:
        x = float(x.replace('+','')) / 10000
        return x
data['总评论数（万）'] = data['总评论数'].apply(lambda x: tranform_comment(x))
                                                .astype('float')
data.head()
```

输出结果：

| | 店铺名称 | 商品名称 | 品牌名称 | 折扣 | 原价 | 京东价 | 总评论数 | 商品产地 | 总评论数(万) |
|---|---|---|---|---|---|---|---|---|---|
| 0 | 泓一京东自营旗舰店 | 休闲中秋月饼 | 泓一 | 5 | 79.9 | 39.9 | 100万+ | 中国福建 | 100.0 |
| 1 | 友臣（YOUCHEN）京东自营旗舰店 | 208g中秋月饼 | 友臣（YOUCHEN） | 6.5 | 19.9 | 12.9 | 50万+ | 福建 | 50.0 |
| 2 | 美心京东自营旗舰店 | 香滑奶黄港式月饼 | 美心（Meixin） | 9 | 388.0 | 348.0 | 20万+ | 香港 | 20.0 |
| 3 | 米旗京东自营旗舰店 | 真挚心意月饼 | 米旗（Maky） | 6.6 | 99.0 | 64.9 | 5万+ | 中国陕西 | 5.0 |
| 4 | 舌里京东自营旗舰店 | 蛋黄酥中秋月饼 | 舌里 | 7.7 | 69.9 | 53.9 | 100万+ | 河南省新乡市 | 100.0 |

（6）获取总评论数超过 100 万的销量数据

代码如下：

```
data_new = data[data['总评论数（万）']>100.0]
data_new
```

输出结果：

| | 店铺名称 | 商品名称 | 品牌名称 | 折扣 | 原价 | 京东价 | 总评论数 | 商品产地 | 总评论数(万) |
|---|---|---|---|---|---|---|---|---|---|
| 0 | 泓一京东自营旗舰店 | 休闲中秋月饼 | 泓一 | 5 | 79.9 | 39.9 | 100万+ | 中国福建 | 100.0 |
| 4 | 舌里京东自营旗舰店 | 蛋黄酥中秋月饼 | 舌里 | 7.7 | 69.9 | 53.9 | 100万+ | 河南省新乡市 | 100.0 |
| 5 | 舌里京东自营旗舰店 | 肉松味中秋月饼 | 舌里 | 6.3 | 29.9 | 18.8 | 100万+ | 河南省新乡市 | 100.0 |
| 6 | 舌里京东自营旗舰店 | 芋泥味中秋月饼 | 舌里 | 6 | 29.9 | 17.9 | 100万+ | 河南省新乡市 | 100.0 |
| 7 | 舌里京东自营旗舰店 | 蛋糕中秋月饼 | 舌里 | 5.6 | 31.9 | 17.9 | 100万+ | 河南省新乡市 | 100.0 |
| 8 | 华美京东自营旗舰店 | 华美月饼 | 华美 | 2.6 | 229.0 | 59.9 | 100万+ | 广东省东莞市 | 100.0 |
| 9 | 华美京东自营旗舰店 | 华美双黄月饼 | 华美 | 3.2 | 299.0 | 96.0 | 100万+ | 广东省东莞市 | 100.0 |
| 10 | 华美京东自营旗舰店 | 礼盒华美月饼 | 华美 | 5.3 | 149.0 | 79.0 | 100万+ | 广东省东莞市 | 100.0 |
| 11 | 华美京东自营旗舰店 | 华美御礼中秋月饼 | 华美 | 5 | 599.0 | 298.0 | 100万+ | 广东省东莞市 | 100.0 |
| 12 | 华美京东自营旗舰店 | 华美锦瑟盈月饼 | 华美 | 3.2 | 499.0 | 158.0 | 100万+ | 广东省东莞市 | 100.0 |
| 13 | 华美京东自营旗舰店 | 华美四喜月饼 | 华美 | 2.4 | 499.0 | 118.0 | 100万+ | 广东省东莞市 | 100.0 |
| 14 | 华美京东自营旗舰店 | 华美五仁月饼 | 华美 | 2.6 | 499.0 | 128.0 | 100万+ | 广东省东莞市 | 100.0 |

（7）获取数据集中出现频次排前 10 位的月饼品牌

代码如下：

```
brand = data['品牌名称'].value_counts()[:10]
```

（8）分段统计京东月饼折扣频次

扫描二维码在线浏览电子活页 5-1“分段统计京东月饼折扣频次”中的代码及输出的结果。

在线浏览

电子活页 5-1

### 5. 京东商城月饼销售数据分析与可视化

（1）绘制总评论数超过 100 万的月饼原价柱形图与折扣曲线图的组合图形

绘制总评论数超过 100 万的月饼原价柱形图与折扣曲线图的组合图形，对应的代码及绘制的图形详见本书配套的电子活页 5-5。

（2）绘制数据集中出现频次排前 10 位的月饼品牌频次柱形图

绘制数据集中出现频次排前 10 位的月饼品牌频次柱形图，对应的代码及绘制的图形详见本书配套的电子活页 5-6。

（3）绘制京东月饼折扣分布圆环图

绘制京东月饼折扣分布圆环图，对应的代码及绘制的图形详见本书配套的电子活页 5-7。

# 【任务 5-3】药店药品销量分析

## 【任务描述】

Excel 文件“药品销售数据 .xlsx”共有 6578 行、7 列数据，列名分别为：购药时间、社保卡号、商品编码、商品名称、销售数量、应收金额、实收金额。通过分析药品销售数据，看看哪些药品购买者较多，哪些天购药者较多等。

微课视频
任务 5-3

针对该数据集计算以下业务指标。

① 总消费次数和月均消费次数。

② 月均消费金额。

③ 客户单价。

④ 热销药品的数量。

针对该数据集完成以下数据可视化分析操作。

① 绘制折线图分析药品每天的消费金额。

② 绘制折线图分析药品每月的消费趋势。

③ 分析销售数量排前 10 位的药品的销售情况。

④ 分析一周 7 天药品销售数量和金额。

⑤ 绘制一周内各天的药品销量柱形图和销量排前 10 位的柱形图。

## 【任务实现】

在 Jupyter Notebook 开发环境中创建 tc05-03.ipynb，然后在单元格中编写代码并输出对应的结果。

### 1. 导入模块

导入通用模块的代码详见“本书导学”，导入其他模块的代码如下：

```
from pyecharts.commons.utils import JsCode
```

### 2. 导入数据

代码如下：

```
path='.\data\ 药品销售数据 .xlsx'
salesDf = pd.read_excel(path, converters={' 社保卡号 ':str,' 商品编码 ':str})
# head() 输出数据集前 5 行，从 0 开始计数
salesDf.head()
```

输出结果：

| | 购药时间 | 社保卡号 | 商品编码 | 商品名称 | 销售数量 | 应收金额 | 实收金额 |
|---|---|---|---|---|---|---|---|
| 0 | 2022-01-01 星期六 | 001616528 | 236701 | 强力VC银翘片 | 6.0 | 82.8 | 69.00 |
| 1 | 2022-01-02 星期日 | 001616528 | 236701 | 清热解毒口服液 | 1.0 | 28.0 | 24.64 |
| 2 | 2022-01-06 星期四 | 0012602828 | 236701 | 感康 | 2.0 | 16.8 | 15.00 |
| 3 | 2022-01-11 星期二 | 0010070343428 | 236701 | 三九感冒灵 | 1.0 | 28.0 | 28.00 |
| 4 | 2022-01-15 星期六 | 00101554328 | 236701 | 三九感冒灵 | 8.0 | 224.0 | 208.00 |

### 3. 数据审阅

（1）查看药品数据集的形状

代码如下：

```
salesDf.shape
```

输出结果：

```
(6578, 7)
```

（2）查看药品数据集的索引

代码如下：

```
salesDf.index
```

输出结果：

```
RangeIndex(start=0, stop=6578, step=1)
```

（3）查看药品数据集的列名

代码如下：

```
salesDf.columns
```

输出结果：

```
Index(['购药时间', '社保卡号', '商品编码', '商品名称', '销售数量', '应收金额',
       '实收金额'],dtype='object')
```

（4）查看药品数据集的基本信息

查看药品数据集基本信息的代码如下：

```
salesDf.info()
```

输出结果：

```
<class 'pandas.core.frame.DataFrame'>
RangeIndex: 6578 entries, 0 to 6577
Data columns (total 7 columns):
 #   Column  Non-Null Count  Dtype
---  ------  --------------  -----
 0   购药时间    6576 non-null   object
 1   社保卡号    6576 non-null   object
 2   商品编码    6577 non-null   object
 3   商品名称    6577 non-null   object
 4   销售数量    6577 non-null   float64
 5   应收金额    6577 non-null   float64
 6   实收金额    6577 non-null   float64
dtypes: float64(3), object(4)
memory usage: 359.9+ KB
```

从药品数据集的基本信息可以看出：药品数据集总共有 6578 行、7 列数据，其中“购药时间”和“社保卡号”这两列只有 6576 个数据，其他列有 6577 个数据，这就意味着数据中存在缺失值。可以推断出数据中可能存在一行缺失值，此外“购药时间”和“社保卡号”这两列都各自还存在一个缺失数据，这些缺失数据将在后面步骤中处理。

### 4. 数据预处理

（1）选取子集

获取到的数据可能数据量非常庞大，并不是每一列都有分析的价值，这时候就需要从所有数据中选取合适的子集进行分析，以从数据中获取尽可能大的价值。本任务中不需要选取子集，暂时可以忽略这一步。本任务分析 Excel 工作簿里中的工作表“Sheet1”。

（2）列名重命名

在数据分析过程中，有些列名和数据容易混淆或产生歧义，不利于数据分析，这时候可以采用 rename() 函数把列名称换成容易理解的名称。

代码如下：

```
# 字典：旧列名称和新列名称对应关系
colNameDict = {'购药时间':'销售时间'}
'''
inplace 参数的默认值是 False，表示数据集本身不会变，而会创建一个改变后的新数据集；
当 inplace 的默认值是 True 时，表示数据集本身会改变
'''
salesDf.rename(columns = colNameDict,inplace=True)
salesDf.head()
```



（3）删除重复值

通过对比删除重复值的前后数据，发现数据集没有重复值。

代码如下：

```
print('删除重复值前数据集的大小',salesDf.shape)
# 删除重复销售记录
salesDf = salesDf.drop_duplicates()
print('删除重复值后数据集的大小',salesDf.shape)
```

输出结果：

```
删除重复值前数据集的大小 (6578, 7)
删除重复值后数据集的大小 (6578, 7)
```

（4）统计缺失值并输出包含缺失值的行

获取的药品销售数据中很有可能存在缺失值，通过前面查看基本信息可以推测“销售时间”和“社保卡号”这两列存在缺失值，如果不处理这些缺失值会干扰后面的数据分析结果。

统计缺失值的代码如下：

```
salesDf.isnull().sum()
```

输出结果：

```
销售时间    2
社保卡号    2
商品编码    1
商品名称    1
销售数量    1
应收金额    1
实收金额    1
dtype: int64
```

输出包含缺失值的行，对应的代码如下：

```
salesDf[salesDf.isnull().T.any()]
```

输出结果：

| | 销售时间 | 社保卡号 | 商品编码 | 商品名称 | 销售数量 | 应收金额 | 实收金额 |
|---|---|---|---|---|---|---|---|
| 6570 | NaN | 0011778628 | 2367011 | 高特灵 | 10.0 | 56.0 | 56.00 |
| 6571 | 2022-04-25 星期一 | NaN | 2367011 | 高特灵 | 2.0 | 11.2 | 9.86 |
| 6574 | NaN | NaN | NaN | NaN | NaN | NaN | NaN |

（5）处理缺失值

处理缺失数据常用的方式为删除含有缺失数据的记录或者利用算法去补全缺失数据。如果缺失的数据很少，可以直接删除；如果缺失的数据量较大，超过了 10%，要根据业务情况，进行删除或填充。填充数据时，可以采用均值、中位数进行填充；如果数据记录之间有明显的顺序关系，可以采用附近相邻的数据进行填充。

删除销售时间为空的行，对应的代码如下：

```
# 之后操作针对数据集 salesDf1 进行
salesDf1 = salesDf.copy()
print('删除缺失值之前数据集的大小',salesDf1.shape)
salesDf1 = salesDf1.dropna(axis=0, how='all')
salesDf1=salesDf1.dropna(subset=['销售时间'],how='any')
print('删除缺失值之后数据集的大小',salesDf1.shape)
删除缺失值之前数据集的大小 (6578, 7)
删除缺失值之后数据集的大小 (6576, 7)
```

查看“社保卡号”为空值的数据，对应的代码如下：

```
salesDf1[salesDf1.isnull().T.any()]
```

| | 销售时间 | 社保卡号 | 商品编码 | 商品名称 | 销售数量 | 应收金额 | 实收金额 |
|---|---|---|---|---|---|---|---|
| 6571 | 2022-04-25 星期一 | NaN | 2367011 | 高特灵 | 2.0 | 11.2 | 9.86 |

社保卡号的空值使用“100000000”进行填充，对应的代码如下：

```
salesDf1['社保卡号'].fillna('100000000', inplace=True)
print(salesDf1.isnull().sum())
# 查询是否有空值
print(salesDf1.isnull().any())
```

缺失数据处理完成后，结果显示没有缺失值。

（6）数据转换

在导入数据时为了防止导入失败，会强制所有数据都转换为 object 类型，但实际数据分析过程中“销售数量”列应为整（int）型数据，“应收金额”“实收金额”列应为浮点（float）型数据，“销售时间”需要改成时间格式，因此需要对数据进行转换。

使用 astype() 函数将数据转换数字类型的代码如下：

```
salesDf1[['销售数量']]=salesDf1[['销售数量']].astype('int')
salesDf1[['应收金额']]=salesDf1[['应收金额']].astype('float')
salesDf1[['实收金额']]=salesDf1[['实收金额']].astype('float')
# 查看每一列数据的数据类型
salesDf1.dtypes
```

输出结果：

```
销售时间      object
社保卡号      object
商品编码      object
商品名称      object
销售数量       int32
应收金额      float64
实收金额      float64
dtype: object
```

“销售时间”这一列数据中存在“星期五”这样的数据，但在数据分析过程中不需要用到“星期”，因此要把“销售时间”列中的日期和星期使用 split() 函数或者 slice() 函数进行拆分。拆分“销售时间”列数据有以下多种方法可以实现。

方法 1 的代码如下：

```
dateDf =salesDf1['销售时间'].astype(str).str.split(" ",1, expand=True)
# 修改“销售时间”这一列的值
salesDf1.loc[:,'销售时间']=dateDf1[0]
salesDf1['星期'] =dateDf1[1]
salesDf1.head()
```





输出结果：

| | 销售时间 | 社保卡号 | 商品编码 | 商品名称 | 销售数量 | 应收金额 | 实收金额 | 星期 |
|---|---|---|---|---|---|---|---|---|
| 0 | 2022-01-01 | 001616528 | 236701 | 强力VC银翘片 | 6 | 82.8 | 69.00 | 星期六 |
| 1 | 2022-01-02 | 001616528 | 236701 | 清热解毒口服液 | 1 | 28.0 | 24.64 | 星期日 |
| 2 | 2022-01-06 | 0012602828 | 236701 | 感康 | 2 | 16.8 | 15.00 | 星期四 |
| 3 | 2022-01-11 | 0010070343428 | 236701 | 三九感冒灵 | 1 | 28.0 | 28.00 | 星期二 |
| 4 | 2022-01-15 | 00101554328 | 236701 | 三九感冒灵 | 8 | 224.0 | 208.00 | 星期六 |

方法 2 的代码如下：

```
# 获取“销售时间”这一列
timeSer=salesDf1.loc[:,'销售时间']
timeSer=timeSer.astype('str')
# 对字符串进行拆分，获取销售日期
timeList=[]
for value in timeSer:
# 例如 2022-01-01 星期五，拆分后得到 2022-01-01
    dateStr=value.split(' ')[0]
    timeList.append(dateStr)
# 将列表转换为一维数据序列类型
timeSer=pd.Series(timeList)
timeSer.head()
```

方法 3 的代码如下：

```
# 字符串用 split() 拆分后得到列表
def sptime(time):
    timelist=[]
    for i in time:
        time1=i.split(' ')[0]
```

```
        timelist.append(time1)
    timeser=pd.Series(timelist)
    return timeser
timeSer=salesDf1['销售时间'].astype('str')
timeSer=sptime(timeSer)
timeSer.head()
```

方法 4 的代码如下：

```
#获取"销售时间"这一列
timeSer=salesDf1.loc[:,'销售时间']
timeSer=timeSer.astype('str')
#对字符串进行拆分，获取销售日期
timeList=[]
timeList=timeSer.str.slice(0, 10)
#将列表转换为一维数据序列类型
timeSer=pd.Series(timeList)
timeSer.head()
```

把“销售时间”列数据的数据类型由字符串转换为日期格式，方便后面的数据统计。将日期的字符串格式改为日期格式的代码如下：

```
#参数 errors='coerce' 表示：如果原始数据不符合日期的格式，转换后的值为空值 NaN
#参数 format 表示原始数据中日期的格式
salesDf1.loc[:,'销售时间']=pd.to_datetime(salesDf1.loc[:,'销售时间'],
                                          format='%Y-%m-%d',errors='coerce')
```

修改为日期格式后有可能会出现缺失值，查询是否有空值的代码如下：

```
print(salesDf1.isnull().any())
```

输出结果：

```
销售时间      True
社保卡号      True
商品编码     False
商品名称     False
销售数量     False
应收金额     False
实收金额     False
星期        False
dtype: bool
```

（7）删除“销售时间”列中为空的行

日期的字符串格式改为日期格式的过程中，不符合日期格式的数值会被转换为空值，这里需要删除“销售时间”列中为空的行。

代码如下：

```
print('删除空值之前数据集的大小',salesDf1.shape)
salesDf1=salesDf1.dropna(subset=['销售时间'],how='any')
# 查询是否有空值
print(salesDf1.isnull().any())
print('删除空值之后数据集的大小',salesDf1.shape)
```

输出结果：

```
删除空值之前数据集的大小 (6576, 8)
销售时间     False
社保卡号      True
商品编码     False
商品名称     False
销售数量     False
应收金额     False
实收金额     False
星期        False
dtype: bool
删除空值之后数据集的大小 (6553, 8)
```

（8）按照销售时间对数据集进行排序并重置索引

前面用到的“销售时间”数据并没有按顺序排列，需要对其进行排序，排序之后索引顺序会被打乱，所以还需要重置一下索引。sort_values() 中的参数 by 表示按哪一列进行排序，参数 ascending=True 表示升序排列，参数 ascending=False 表示降序排列，参数 na_position=first 表示排序的时候，把空值放到前面，这样可以比较清晰地看到哪些地方有空值。



按“销售时间”进行升序排列的代码如下：

```
salesDf1=salesDf1.sort_values(by='销售时间', ascending=True, na_position='first')
```

排序前的行索引是之前的行号，需要修改成从 0 到 $N$ 按顺序的索引，reset_index() 函数中参数 drop=True 表示把原来的索引列去掉，即重命名行索引，drop=False 表示保留原来的索引。

重命名行索引的代码如下：

```
salesDf1=salesDf1.reset_index(drop=True)
print('排序后的数据集：')
salesDf1.head()
```

输出结果：

| | 销售时间 | 社保卡号 | 商品编码 | 商品名称 | 销售数量 | 应收金额 | 实收金额 | 星期 |
|---|---|---|---|---|---|---|---|---|
| 0 | 2022-01-01 | 001616528 | 236701 | 强力VC银翘片 | 6.0 | 82.8 | 69.0 | 星期六 |
| 1 | 2022-01-01 | 0011743428 | 861405 | 苯磺酸氨氯地平片(络活喜) | 1.0 | 34.5 | 31.0 | 星期六 |
| 2 | 2022-01-01 | 00103283128 | 861464 | 复方利血平片(复方降压片) | 1.0 | 2.5 | 2.2 | 星期六 |
| 3 | 2022-01-01 | 0012697828 | 861464 | 复方利血平片(复方降压片) | 4.0 | 10.0 | 9.4 | 星期六 |
| 4 | 2022-01-01 | 00107891628 | 868107 | 厄贝沙坦氢氯噻嗪片(安博诺) | 1.0 | 38.8 | 35.0 | 星期六 |

（9）处理异常数据

查看“销售数量”“应收金额”“实收金额”列的描述统计信息的代码如下：

```
salesDf1[['销售数量','应收金额','实收金额']].describe()
```

输出结果：

| | 销售数量 | 应收金额 | 实收金额 |
|---|---|---|---|
| count | 6553.000000 | 6553.000000 | 6553.000000 |
| mean | 2.384099 | 50.424264 | 46.261416 |
| std | 2.374577 | 87.675398 | 81.039019 |
| min | -10.000000 | -374.000000 | -374.000000 |
| 25% | 1.000000 | 14.000000 | 12.320000 |
| 50% | 2.000000 | 28.000000 | 26.500000 |
| 75% | 2.000000 | 59.600000 | 53.000000 |
| max | 50.000000 | 2950.000000 | 2650.000000 |

通过描述统计信息可以看到，“销售数量”“应收金额”“实收金额”这 3 列数据的最小值为负值，这显然不合理，我们看一下负值所在的行。

查看负值所在行的代码如下：

```
salesDf1.loc[(salesDf1['销售数量'] < 0)]
```

通过输出结果可以看出：“销售数量”“应收金额”“实收金额”有多行数据为负值，数据中存在异常值，因此要对数据进一步处理，以排除异常值的影响。

将负值转化为正值的代码如下：

```
salesDf1['销售数量'] = salesDf1['销售数量'].abs()
salesDf1['应收金额'] = salesDf1['应收金额'].abs()
salesDf1['实收金额'] = salesDf1['实收金额'].abs()
print(salesDf1.shape)
```

输出结果：

```
(6553, 8)
```

（10）删除异常值后查看数据集的大小

代码如下：

```
# 通过查询条件筛选数据
# 设置查询条件
querySer=salesDf1.loc[:,'销售数量']>=0
# 应用查询条件筛选数据
salesDf2=salesDf1.loc[querySer,:]
print('删除异常值之后的数据集大小：',salesDf2.shape)
```

输出结果：

```
删除异常值之后的数据集大小：(6553, 8)
```

### 5. 计算业务指标

数据清洗完成后，需要利用数据计算相应的业务指标。

（1）计算总消费次数

由于计算总消费次数时，同一天内，同一个人发生的所有消费算作一次消费，如果“销售时间”“社保卡号”这两列的值均相同，只保留 1 条，将重复的数据删除。

代码如下：

```
kpi1_Df=salesDf1.drop_duplicates(subset=['销售时间', '社保卡号'])
# totalI：总消费次数，即总行数
totalI=kpi1_Df.shape[0]
print('总消费次数：',totalI)
```

输出结果：

```
总消费次数：5379
```

（2）计算月份数

第 1 步：按“销售时间”升序排序。

代码如下：

```
kpi1_Df=kpi1_Df.sort_values(by='销售时间', ascending=True)
# 重命名行索引
kpi1_Df=kpi1_Df.reset_index(drop=True)
```

第 2 步：获取时间范围。

代码如下：

```
# startTime：最小时间值
startTime=kpi1_Df.loc[0,'销售时间']
# endTime：最大时间值
endTime=kpi1_Df.loc[totalI-1,'销售时间']
```

第 3 步：计算月份数。

代码如下：

```
#获取时间范围内的总天数
daysI=(endTime-startTime).days
#月份数：运算符“//”表示整除
#返回商的整数部分，例如 9//2 的结果是 4
monthsI=daysI//30
print('月份数：',monthsI)
```

输出结果：

```
月份数：6
```

（3）计算月均消费次数

月均消费次数 = 总消费次数 / 月份数

代码如下：

```
kpi1_I=totalI // monthsI
print('月均消费次数：', kpi1_I)
```

输出结果：

```
月均消费次数：896
```

（4）计算月均消费金额

月均消费金额 = 总消费金额 / 月份数

代码如下：

```
#总消费金额
totalMoneyF=salesDf1.loc[:,'实收金额'].sum()
#月均消费金额
monthMoneyF=totalMoneyF / monthsI
print('月均消费金额：',monthMoneyF)
```

输出结果：

```
月均消费金额：50771.71
```

（5）计算客户单价

客户单价 = 总消费金额 / 总消费次数

代码如下：

```
'''
totalMoneyF：总消费金额
totalI：总消费次数
'''
pct=totalMoneyF / totalI
print('客户单价：',pct)
```

输出结果：

```
客户单价：56.63325153374233
```

（6）统计热销药品的数量

设定销量超过 100 的药品属于热销药品。

使用 DataFrame 的 loc() 函数查询热销药品的代码如下：

```
re_medicine.loc[(re_medicine['销售数量'] > 100)].count()
```

输出结果：

```
销售数量      39
dtype: int64
```

使用 query () 函数查询热销药品的代码如下：

```
re_medicine.query("销售数量 > 100").count()
```

输出结果：

```
销售数量      39
dtype: int64
```

### 6. 数据可视化展示

（1）绘制折线图分析药品每天的消费金额

使用 pyplot 模块的 plot() 函数绘制按天消费金额折线图的代码如下：

```
plt.figure(figsize=(16, 9))
plt.plot(salesDf1['销售时间'],salesDf1['实收金额'])
plt.title("按天消费金额")
plt.xlabel("日期")
plt.ylabel("实收金额（元）")
plt.xticks(rotation=30)
plt.show()
```

输出结果如图 5-6 所示。

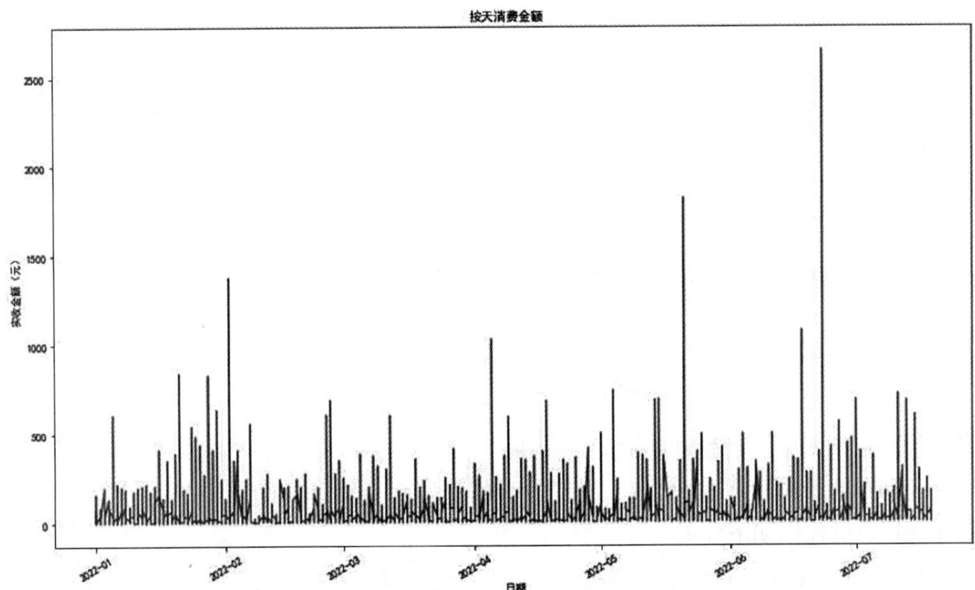


图 5-6　使用 pyplot 模块的 plot() 函数绘制的按天消费金额折线图

从图 5-6 所示的输出结果可以看出，每天消费金额差异较大，除了个别天出现比较大笔的消费，大部分维持在 500 元以内。

先把部分数据复制到另一个数据集中，防止对之前清洗后的数据集造成影响。

使用 DataFrame 的 plot() 方法绘制折线图的代码如下：

```
groupDf1=salesDf1[['销售时间','实收金额']].copy()
groupDf1=groupDf1.set_index('销售时间')
groupDf1.head()
```

输出结果：

| | 实收金额 |
|---|---|
| 销售时间 | |
| 2022-01-01 | 69.0 |
| 2022-01-01 | 31.0 |
| 2022-01-01 | 2.2 |
| 2022-01-01 | 9.4 |
| 2022-01-01 | 35.0 |





然后绘制每天的“实收金额”折线图。

代码如下：

```
ax = groupDf1.plot(grid=True,figsize=(15,8))
ax.set_ylabel('实收金额(元)')
plt.xticks(rotation=30)
plt.show()
```

输出结果如图 5-7 所示。

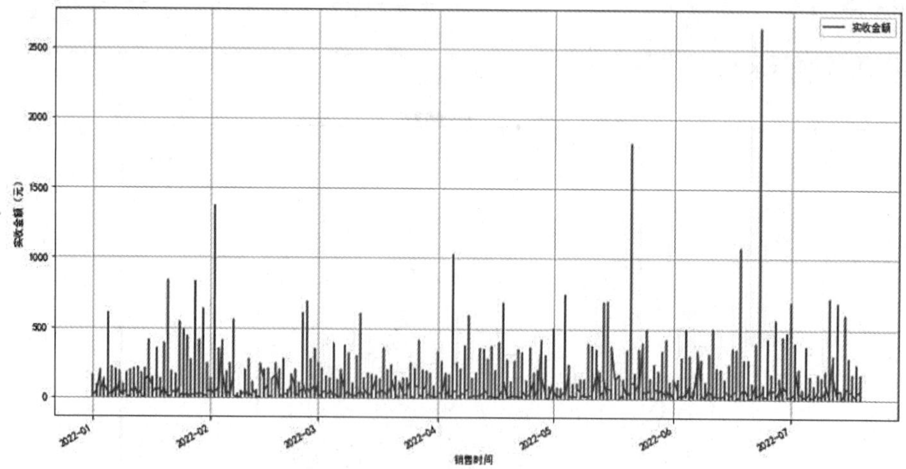


图 5-7　使用 DataFrame 的 plot() 方法绘制的折线图

（2）绘制折线图分析药品每月的消费趋势

观察药品销售数据可以看出，7 月的销售数据不完整，所以去掉 7 月的销售数据。剔除销售数据不完整月份的代码如下：

```
#提取月份
salesDf1['月份']=salesDf1['销售时间'].dt.month
```

```
# 获取每月的销售数量、应收金额和实收金额的和
monthDf=salesDf1.groupby('月份').agg('sum')
monthDf=monthDf.reset_index(drop=False)
monthDf1=monthDf.drop(axis=1,index=6)
data_mounth1
```

输出结果：

| | 月份 | 销售数量 | 应收金额 | 实收金额 |
|---|---|---|---|---|
| 0 | 1 | 2536 | 53828.2 | 49707.06 |
| 1 | 2 | 1866 | 42149.9 | 38898.88 |
| 2 | 3 | 2226 | 45325.0 | 41603.81 |
| 3 | 4 | 3015 | 54421.5 | 48898.86 |
| 4 | 5 | 2236 | 51651.2 | 47313.07 |
| 5 | 6 | 2331 | 52378.2 | 48396.70 |

使用 DataFrame 的 plot() 方法绘制 1—6 月销售数量、应收金额、实收金额折线图，对应的代码如下：

```
ax1=monthDf1.plot(x='月份',secondary_y=['销售数量'],
                  x_compat=True,grid=True,figsize=(10,4),
                  marker='o',linewidth=2)
plt.title('1-6月药品销售趋势')
ax1.right_ax.set_ylabel('销售数量')
ax1.set_ylabel(['应收金额（元）','实收金额（元）'])
```

输出结果如图 5-8 所示。

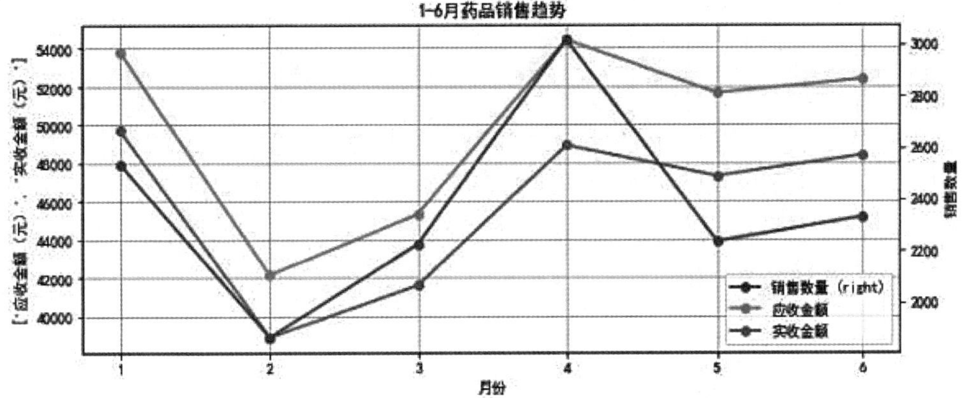

图 5-8 使用 DataFrame 的 plot() 方法绘制 1—6 月销售数量、应收金额、实收金额折线图

使用 pyplot 模块的 plot() 函数绘制按月消费金额折线图，对应的代码如下：

```
groupDf=salesDf1
# 重命名行索引为销售时间所在列的值
groupDf.index=groupDf['销售时间']
# 按销售时间先聚合再按月分组，计算每个月的消费金额
monthDf2=groupDf.groupby(groupDf.index.month).sum()
# 绘制按月消费金额折线图
plt.plot(monthDf2['实收金额'])
plt.title("按月消费金额")
```

```
plt.xlabel(" 月份 ")
plt.ylabel(" 实收金额（元）")
plt.show()
```

输出结果如图 5-9 所示。

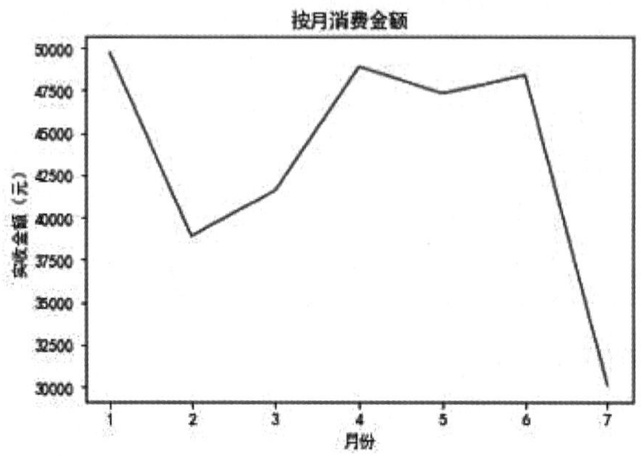


图 5-9　使用 pyplot 模块的 plot() 函数绘制的按月消费金额折线图





从图 5-9 所示的输出结果可以看出，7 月消费金额最少，这是因为 7 月的数据不完整，不具有参考价值。

1 月、4 月、5 月和 6 月的消费金额差异不大，2、3 月的消费金额较低，这可能是受 2 月和 3 月处于春节期间的影响。

（3）分析销售数量排前 10 位的药品的销售情况

将“商品名称”和“销售数量”这两列数据聚合为序列形式，并按降序排序，方便后面统计。

聚合统计各种药品销售数量的代码如下：

```
medicine=groupDf[[' 商品名称 ',' 销售数量 ']]
re_medicine=medicine.groupby(' 商品名称 ')[[' 销售数量 ']].sum()
# 对药品“销售数量”按降序排序
re_medicine=re_medicine.sort_values(by=" 销售数量 ",ascending=False)
```

截取销售数量排前 10 位的药品，并用条形图展示结果。截取销售数量排前 10 位药品的代码如下：

```
top_medicine=re_medicine.iloc[:10,:]
top_medicine
```

输出结果：

| | 销售数量 |
|---|---|
| 商品名称 | |
| 苯磺酸氨氯地平片(安内真) | 1781 |
| 开博通 | 1442 |
| 酒石酸美托洛尔片(倍他乐克) | 1142 |
| 硝苯地平片(心痛定) | 827 |
| 苯磺酸氨氯地平片(络活喜) | 796 |
| 复方利血平片(复方降压片) | 515 |
| G琥珀酸美托洛尔缓释片(倍他乐克) | 509 |
| 缬沙坦胶囊(代文) | 447 |
| 非洛地平缓释片(波依定) | 377 |
| 高特灵 | 374 |

使用 DataFrame 的 plot() 方法绘制销售数量排前 10 位的药品的柱形图，对应的代码如下：

```
top_medicine.plot(kind='bar')
plt.title("销售数量排前 10 位的药品")
plt.xlabel("药品名称")
plt.ylabel("销售数量")
plt.legend(loc=0)
plt.show()
```

输出结果如图 5-10 所示。

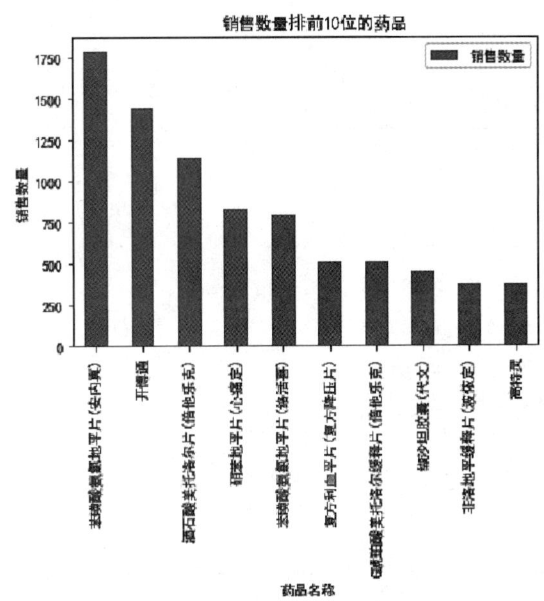


图 5-10　使用 DataFrame 的 plot() 方法绘制的销售数量排前 10 位的药品的柱形图

使用 pyplot 模块的 barh() 方法绘制销售数量排前 10 位的药品的条形图，对应的代码如下：

```
plt.barh(top_medicine._stat_axis.values,top_medicine['销售数量'])
plt.title("销售数量最多的前 10 种药品")
plt.ylabel("药品名称")
plt.xlabel("销售数量")
plt.show()
```

输出结果如图 5-11 所示。

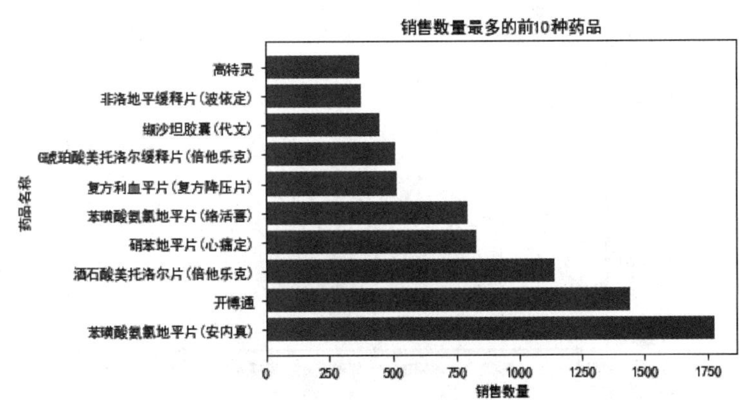


图 5-11　使用 pyplot 模块的 barh() 方法绘制销售数量排前 10 位的药品的条形图

（4）分析一周 7 天药品销售数量和金额

提取“星期”数据的代码如下：

```
salesDf1['星期']=salesDf1['销售时间'].dt.dayofweek
```

对销售数量、应收金额、实收金额按一周 7 天分别求和，对应的代码如下：

```
data_week=salesDf1.groupby('星期').agg('sum')
data_week.drop('月份',axis=1, inplace=True)
data_week=data_week.reset_index(drop=False)
data_week
```

输出结果：

| | 星期 | 销售数量 | 应收金额 | 实收金额 |
|---|---|---|---|---|
| 0 | 0 | 1854 | 41443.5 | 38285.57 |
| 1 | 1 | 2317 | 45879.4 | 41992.47 |
| 2 | 2 | 2378 | 49346.3 | 45587.68 |
| 3 | 3 | 1723 | 38064.9 | 35347.61 |
| 4 | 4 | 2836 | 56454.8 | 51292.16 |
| 5 | 5 | 2482 | 54160.7 | 48884.65 |
| 6 | 6 | 2103 | 46972.4 | 43548.46 |





使用 DataFrame 的 plot() 方法绘制一周 7 天的药品销售数量、应收金额、实收金额之和的折线图，对应的代码如下：

```
ax1=data_week.plot('星期','实收金额',marker='o')
data_week.plot('星期','应收金额',ax=ax1,marker='o')
plt.grid(True)
# 显示 x 轴坐标值
x=range(7)
plt.xticks(x,['星期一','星期二','星期三','星期四','星期五','星期六','星期日'])
plt.xlabel(' ')
plt.ylabel(['应收金额（元）','实收金额（元）'])
plt.show()
```

输出结果如图 5-12 所示。

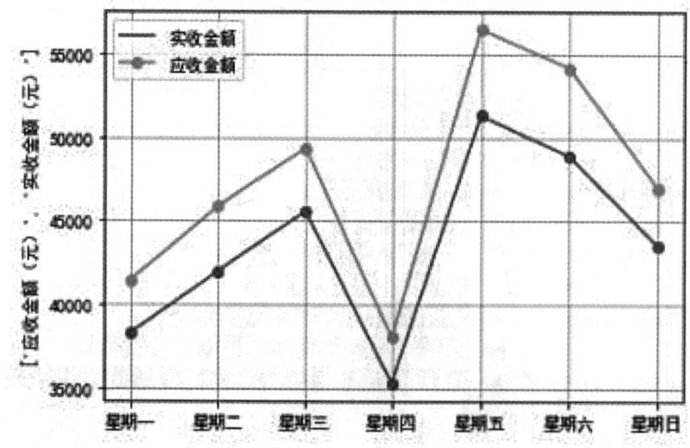


图 5-12　一周 7 天的药品销售数量、应收金额、实收金额之和的折线图

（5）绘制一周内各天的药品销量柱形图和销量排前 10 位的药品柱形图

① 绘图数据预处理

代码如下：

```
df2 = salesDf.copy()
df2 = df2.dropna(subset=['购药时间'])
df2['社保卡号'].fillna('100000000', inplace=True)
df2['销售数量'] = df2['销售数量'].abs()
df2['应收金额'] = df2['应收金额'].abs()
df2['实收金额'] = df2['实收金额'].abs()
df2['销售数量'] = df2['销售数量'].astype(int)
df2[['购药日期', '星期']] = df2['购药时间'].str.split(' ', 2, expand = True)
df2.loc[:,'购药日期']=pd.to_datetime(df2.loc[:,'购药日期'],
                                   format='%Y-%m-%d',errors='coerce')
df2=df2.dropna(subset=['购药日期'],how='any')
df2 = df2[['购药日期', '星期','社保卡号','商品编码', '商品名称', '销售数量', '应收金额',
                                                                    '实收金额' ]]
df2.head()
```

输出结果：

| | 购药日期 | 星期 | 社保卡号 | 商品编码 | 商品名称 | 销售数量 | 应收金额 | 实收金额 |
|---|---|---|---|---|---|---|---|---|
| 0 | 2022-01-01 | 星期六 | 001616528 | 236701 | 强力VC银翘片 | 6 | 82.8 | 69.00 |
| 1 | 2022-01-02 | 星期日 | 001616528 | 236701 | 清热解毒口服液 | 1 | 28.0 | 24.64 |
| 2 | 2022-01-06 | 星期四 | 0012602828 | 236701 | 感康 | 2 | 16.8 | 15.00 |
| 3 | 2022-01-11 | 星期二 | 0010070343428 | 236701 | 三九感冒灵 | 1 | 28.0 | 28.00 |
| 4 | 2022-01-15 | 星期六 | 00101554328 | 236701 | 三九感冒灵 | 8 | 224.0 | 208.00 |

② 绘制一周内各天的药品销量柱形图

代码如下：

```
color_js = """new echarts.graphic.LinearGradient(0, 1, 0, 0,
    [{offset: 0, color: '#FFFFFF'}, {offset: 1, color: '#ed1941'}], false)"""
g1 = df2.groupby('星期').sum()
x_data = list(g1.index)
y_data = g1['销售数量'].values.tolist()
b1 = (
     Bar()
     .add_xaxis(x_data)
     .add_yaxis('',y_data ,itemstyle_opts=opts.ItemStyleOpts(color=JsCode(color_js)))
     .set_global_opts(title_opts=opts.TitleOpts(title='一周内各天的药品销量情况',
                                       pos_top='2%',pos_left = 'center'),
         legend_opts=opts.LegendOpts(is_show=False),
         xaxis_opts=opts.AxisOpts(name="星期",
                               axislabel_opts=opts.LabelOpts(rotate=-15)),
         yaxis_opts=opts.AxisOpts(name="销售数量",name_location='middle',
           name_gap=50, name_textstyle_opts=opts.TextStyleOpts(font_size=16)))
    )
b1.render_notebook()
```

输出结果如图 5-13 所示。

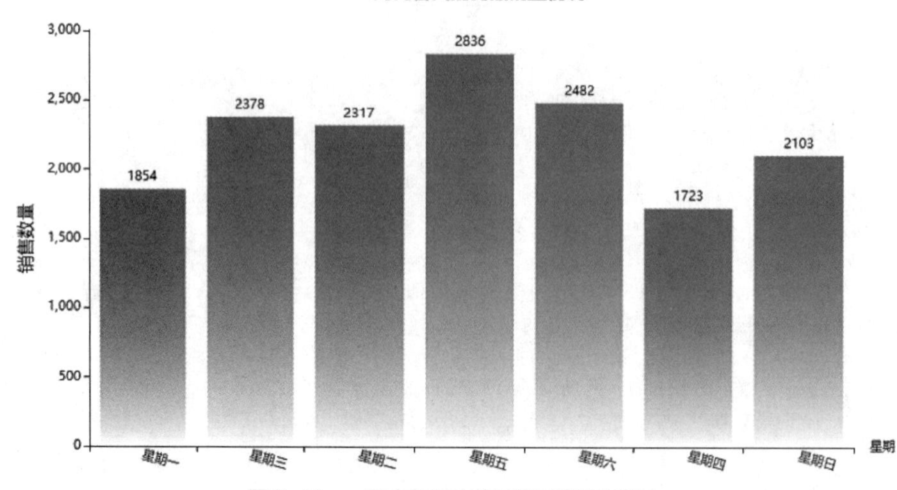

图 5-13　一周内各天的药品销量情况柱形图





③ 绘制销量排前 10 位的药品柱形图

扫描二维码在线浏览电子活页 5-2“绘制销量排前 10 位的药品柱形图”中的代码及绘制的图形。

在线浏览

电子活页 5-2

通过以上分析可以得出以下结论。

① 6 个月内总消费次数为 5379 次，月均消费次数为 896 次，如果月天数按 30 天计算平均每天消费约 30 次。

按 10 小时工作时间算，平均每小时发生消费约 3 次，即平均每小时成交只有 3 单，成交量少，可以考虑采用关联消费等促销活动，增加单位时间成交量。

② 6 个月内月均消费金额为 50771.71 元，客户单价为 56.6 元。

③ 消费趋势为：2 ～ 4 月销量上升，4 月销售数量出现峰值，2、5 月销量下降。

④ 6 个月内共销售药品 78 种，其中销量超过 100 的药品（属于热销商品）有 39 种，占 6 个月内总销售药品种类的 50%。

分析这些热销药品的特点，可以考虑重点营销，对滞销药品进行下架退货处理。

# 模块6

# 订单数据分析

06

本模块主要针对订单数据进行可视化分析。

## 方法要点

☑ 使用 read_excel() 函数读取 Excel 文件中的数据以及完成读取数据时的参数设置。
☑ 查看数据集的列名。
☑ 查看数据集大小。
☑ 数据集的重复值统计。
☑ 数据集的缺失值统计。
☑ 创建字典且将其转化为列表形式。
☑ 筛选已付款的订单。
☑ 根据“订单创建时间”获取星期数据并增加“星期”列。
☑ 应用以下方法或函数：to_frame()、shift()、set_index()、mean()、list()、resample() 等。

## 绘图清单

☑ 使用 pandas 的 DataFrame.plot() 方法绘制折线图。
☑ 使用 pyecharts.charts 的 Funnel 类绘制漏斗图。
☑ 使用 pyecharts.charts 的 Line 类绘制折线图。
☑ 使用 pyecharts.charts 的 Map 类绘制地图。
☑ 使用 pyecharts.charts 的 Polar 类绘制极坐标图。
☑ 使用 plotly.graph_objs 的 Scatter 类绘制散点图。

## 任务实战

# 【任务 6-1】订单数据分析

**【任务描述】**

Excel 文件“order_report.xlsx”共有 28010 行、7 列数据，列名分别为：订单编号、总金额（即订单总金额）、实际支付金额（即在已付款的情况下为总金额与退款金额之差；在未付款的情况下则为 0）、收货地址（即各个省市区）、订单创建时间（即下单时间）、订单付款时间（即付款时间）、退款金额（即付款后申请退款的金额，如未付过款，退款金额为 0）。针对该数据集完成以下数据分析与可视化操作。

（1）计算总体转化率与单一环节转化率。

（2）绘制总体转化率漏斗图与单一环节转化率漏斗图。

（3）绘制按日统计的订单数量趋势折线图。

（4）绘制销量区域分布的柱形图。

（5）绘制全国各地区订单数分布地图。

**【任务实现】**

在 Jupyter Notebook 开发环境中创建 tc06-01.ipynb，然后在单元格中编写代码并输出对应的结果。

### 1. 导入模块

导入通用模块的代码详见“本书导学”，导入其他模块的代码如下：

```
import datetime
```

### 2. 提取数据

代码如下：

```
df = pd.read_excel(r'.\data\order_report.xlsx')
df.head()
```

输出结果：

| | 订单编号 | 总金额 | 实际支付金额 | 收货地址 | 订单创建时间 | 订单付款时间 | 退款金额 |
|---|---|---|---|---|---|---|---|
| 0 | 1 | 178.8 | 0.0 | 上海市 | 2022-05-21 00:00:00 | NaT | 0.0 |
| 1 | 2 | 21.0 | 21.0 | 内蒙古自治区 | 2022-05-20 23:59:54 | 2022-05-21 00:00:02 | 0.0 |
| 2 | 3 | 37.0 | 0.0 | 安徽省 | 2022-05-20 23:59:35 | NaT | 0.0 |
| 3 | 4 | 157.0 | 157.0 | 湖南省 | 2022-05-20 23:58:34 | 2022-05-20 23:58:44 | 0.0 |
| 4 | 5 | 64.8 | 0.0 | 江苏省 | 2022-05-20 23:57:04 | 2022-05-20 23:57:11 | 64.8 |

### 3. 数据清洗

（1）查看数据集的列名

代码如下：

```
df.columns
```

输出结果：

```
Index(['订单编号', '总金额', '实际支付金额', '收货地址', '订单创建时间', '订单付款时间', '退款金额'], dtype='object')
```

（2）通过 info() 函数查看数据各字段的详细信息

代码如下：

```
df.info()
```

输出结果：

```
<class 'pandas.core.frame.DataFrame'>
RangeIndex: 28010 entries, 0 to 28009
Data columns (total 7 columns):
 #   Column   Non-Null Count  Dtype
---  ------   --------------  -----
 0   订单编号     28010 non-null  int64
 1   总金额      28010 non-null  float64
 2   实际支付金额   28010 non-null  float64
 3   收货地址     28010 non-null  object
 4   订单创建时间   28010 non-null  datetime64[ns]
 5   订单付款时间   24087 non-null  datetime64[ns]
 6   退款金额     28010 non-null  float64
dtypes: datetime64[ns](2), float64(3), int64(1), object(1)
memory usage: 1.5+ MB
```

（3）数据重复值、缺失值处理

① 重复值统计

代码如下：

```
df.duplicated().sum()
```

输出结果：

```
0
```

② 缺失值统计

代码如下：

```
df.isnull().sum()
```

输出结果：

```
订单编号          0
总金额           0
实际支付金额        0
收货地址          0
订单创建时间        0
订单付款时间     3923
退款金额          0
dtype: int64
```

对于缺失值，订单付款时间缺失 3923 个，因为实际支付金额未缺失，所以订单付款时间缺失值可以不做处理，也可以填充“0”。

### 4. 绘制总体转化率漏斗图与单一环节转化率漏斗图

（1）统计各字段数量

通过创建字典来输出最终的统计表格，包含总订单数、付款订单数、到款订单数和全额到款订单数。其中“到款订单数”“全额到款订单数”均是在“付款订单数”数据集的基础上进行筛选的。

代码如下：

```
dict_convs = dict()
key = '总订单数'
dict_convs[key] = len(df)
key = '付款订单数'
# 订单付款时间不为空的，表示付过款
df_payed = df[df['订单付款时间'].notnull()]
dict_convs[key] = len(df_payed)
key = '到款订单数'
# 实际支付金额 = 总金额 - 退款金额（在已付款的情况下）
# 实际支付金额不为 0 的，说明订单商家收到货款
df_trans = df_payed[df_payed['实际支付金额'] != 0]
dict_convs[key] = len(df_trans)
key = '全额到款订单数'
# 在付款订单中，退款金额为 0 的，说明没有退款，表示全额收款
df_trans_full = df_payed[df_payed['退款金额'] == 0]
dict_convs[key] = len(df_trans_full)
len(df_trans_full)
df_convs = pd.Series(dict_convs,name = '订单数').to_frame()
df_convs
```

输出结果：

| | 订单数 |
|---|---|
| 总订单数 | 28010 |
| 付款订单数 | 24087 |
| 到款订单数 | 18955 |
| 全额到款订单数 | 18441 |

字典创建后，通过一维表 pd.Series( dict_convs,name = '订单数').to_frame() 将其转化为列表形式。

（2）计算总体转化率

通过对全部订单数量的统计，计算各环节占总订单数的比例，构建总体转化率（每个环节除以总订单数），并绘制漏斗图。

代码如下：

```
name = '总体转化率'
total_convs = df_convs['订单数']/df_convs.loc['总订单数','订单数']*100
df_convs[name] = total_convs.apply(lambda x : round(x,0))
```

输出结果：

| | 订单数 | 总体转化率 |
|---|---|---|
| 总订单数 | 28010 | 100.0 |
| 付款订单数 | 24087 | 86.0 |
| 到款订单数 | 18955 | 68.0 |
| 全额到款订单数 | 18441 | 66.0 |

（3）绘制总体转化率漏斗图

代码如下：

```
name = '总体转化率'
funnel = Funnel().add( series_name = name,
                    data_pair = [ list(z) for z in zip(df_convs.index,df_convs[name]) ],
                    is_selected = True,
                    label_opts = opts.LabelOpts(position = 'inside')
                    )
funnel.set_series_opts(tooltip_opts = opts.TooltipOpts(formatter = '{a}<br/>
{b}:{c}%'))
funnel.set_global_opts( title_opts = opts.TitleOpts(title = name), )
funnel.render_notebook()
```

输出结果如图 6-1 所示。

总体转化率

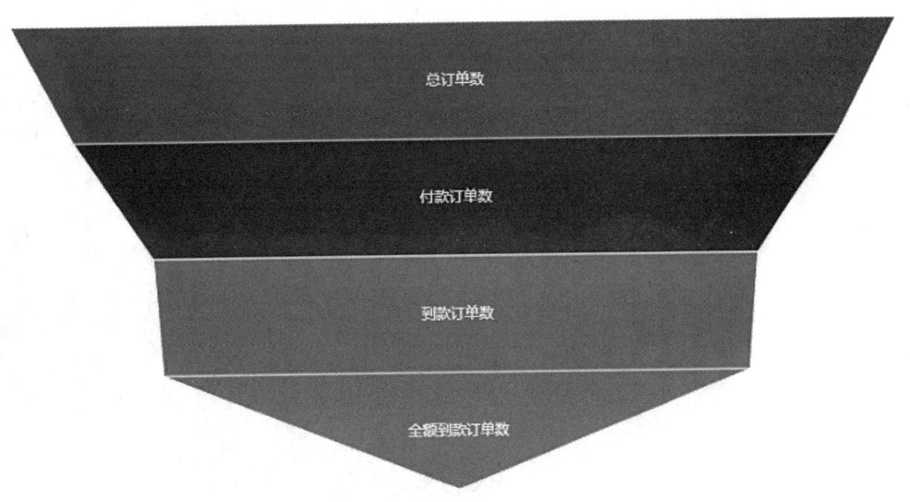


图 6-1　总体转化率漏斗图

（4）计算单一环节转化率

通过“下一环节”占“上一环节总量”的比重，得到单一环节转化率。

代码如下：

```
name = '单一环节转化率'
single_convs = df_convs['订单数'].shift()  #默认下移一位
df_convs[name] = single_convs.fillna(df_convs.loc['总订单数','订单数']) #填充空值
df_convs[name] = round((df_convs['订单数']/df_convs[name]*100),0)
df_convs
```

输出结果：

| | 订单数 | 总体转化率 | 单一环节转化率 |
|---|---|---|---|
| 总订单数 | 28010 | 100.0 | 100.0 |
| 付款订单数 | 24087 | 86.0 | 86.0 |
| 到款订单数 | 18955 | 68.0 | 79.0 |
| 全额到款订单数 | 18441 | 66.0 | 97.0 |

（5）绘制单一环节转化率漏斗图

代码如下：

```
name = '单一环节转化率'
funnel = Funnel().add( series_name = name,
                       data_pair = [ list(z) for z in zip(df_convs.index,df_convs[name]) ],
                       is_selected = True,
                       label_opts = opts.LabelOpts(position = 'inside') )
funnel.set_series_opts(tooltip_opts = opts.TooltipOpts(formatter = '{a}<br/>
{b}:{c}%'))
funnel.set_global_opts( title_opts = opts.TitleOpts(title = name))
funnel.render_notebook()
```

输出结果如图 6-2 所示。

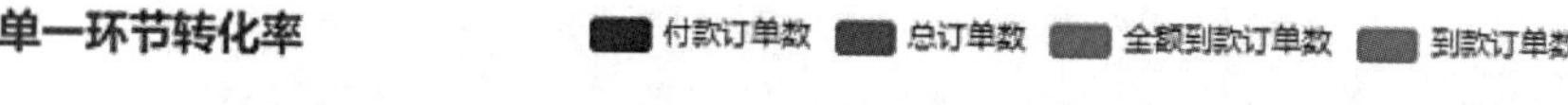


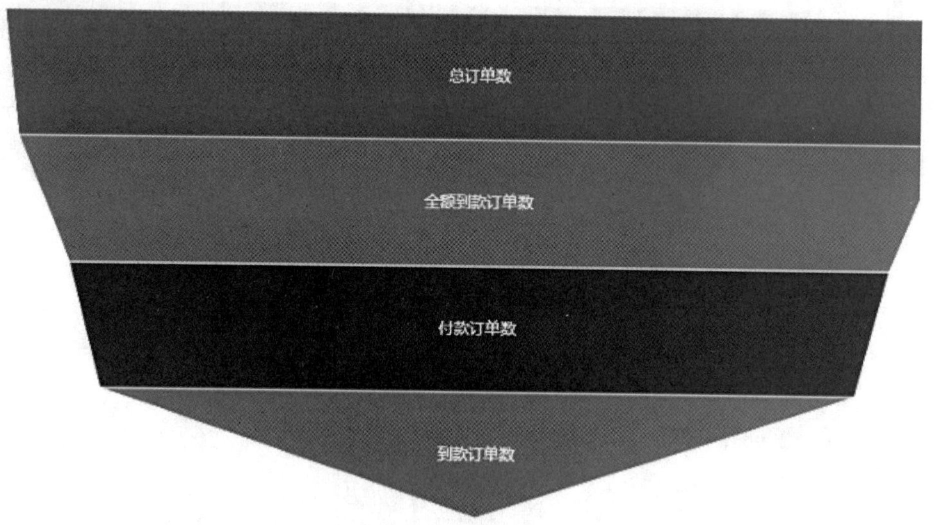


图 6-2　单一环节转化率漏斗图

从漏斗图可以看出，在总体转化率中，付款订单数向到款订单数的转化环节，其转化率较低；在单一环节中，也可以得到同样的结论。此处说明收款的周期可能被拉长，有可能是客户的确认收货时间过长导致的。

### 5. 分析整体订单数趋势

首先格式化订单创建时间，设置标签为订单创建时间，然后使用 resample() 函数按日统计订单数量，并绘制折线图，最终使用 pyecharts 进行可视化。

（1）将“订单创建时间”设置为标签

代码如下：

```
# 设置标签为“订单创建时间”
df_trans=df_trans.set_index('订单创建时间')
df_trans.head()
```

输出结果：

| 订单创建时间 | 订单编号 | 总金额 | 实际支付金额 | 收货地址 | 订单付款时间 | 退款金额 |
|---|---|---|---|---|---|---|
| 2022-05-20 23:59:54 | 2 | 21.0 | 21.0 | 内蒙古自治区 | 2022-05-21 00:00:02 | 0.0 |
| 2022-05-20 23:58:34 | 4 | 157.0 | 157.0 | 湖南省 | 2022-05-20 23:58:44 | 0.0 |
| 2022-05-20 23:56:39 | 6 | 327.7 | 148.9 | 浙江省 | 2022-05-20 23:56:53 | 178.8 |
| 2022-05-20 23:56:36 | 7 | 357.0 | 357.0 | 天津市 | 2022-05-20 23:56:40 | 0.0 |
| 2022-05-20 23:56:12 | 8 | 53.0 | 53.0 | 浙江省 | 2022-05-20 23:56:16 | 0.0 |

（2）使用 pandas 的 DataFrame.plot() 方法绘制按日统计的订单数量趋势折线图（5 月）

代码如下：

```
# 按日统计订单数量
se_trans_month = df_trans.resample('D')['订单编号'].count()
plt.figure(figsize = (10,5))
se_trans_month.plot(fontsize = 12)
```

输出结果如图 6-3 所示。

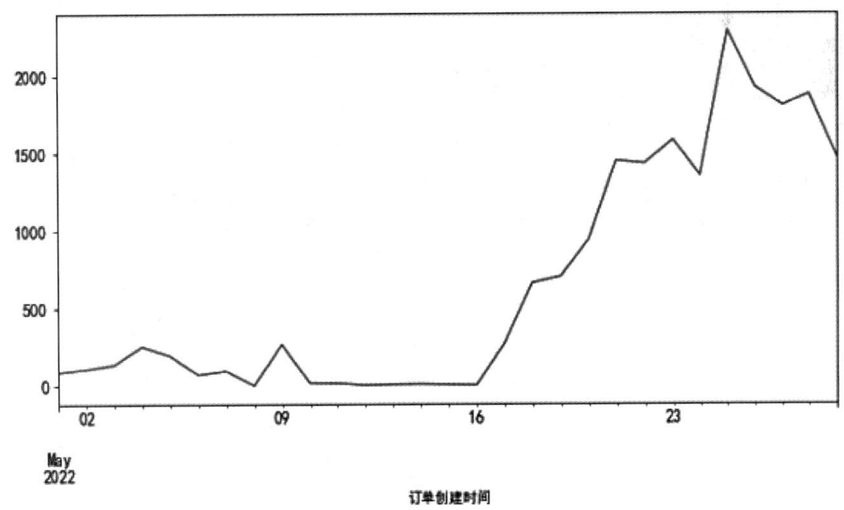


图 6-3　按日统计的订单数量趋势折线图（5 月）

（3）使用 pyecharts.charts 的 Line 类绘制按日统计的订单数量趋势折线图

扫描二维码在线浏览电子活页 6-1“绘制按日统计的订单数量趋势折线图”中的代码及绘制的图形。

在线浏览

电子活页 6-1

（4）计算订单平均价格

代码如下：

```
df_trans['实际支付金额'].mean()
```

输出结果：

```
100.36861777895066
```

### 6. 分析销量区域分布

（1）分析收货地址，绘制销量区域分布的柱形图

按照收货地址汇总统计销量，并且降序排列成柱形图。

代码如下：

```
se_trans_map = df_trans.groupby('收货地址')['收货地址'].count().sort_values
                                                    (ascending = False)
plt.figure(figsize = (10,5),dpi = 100)
se_trans_map.plot(kind = 'bar',fontsize = 12)
```

输出结果如图 6-4 所示。

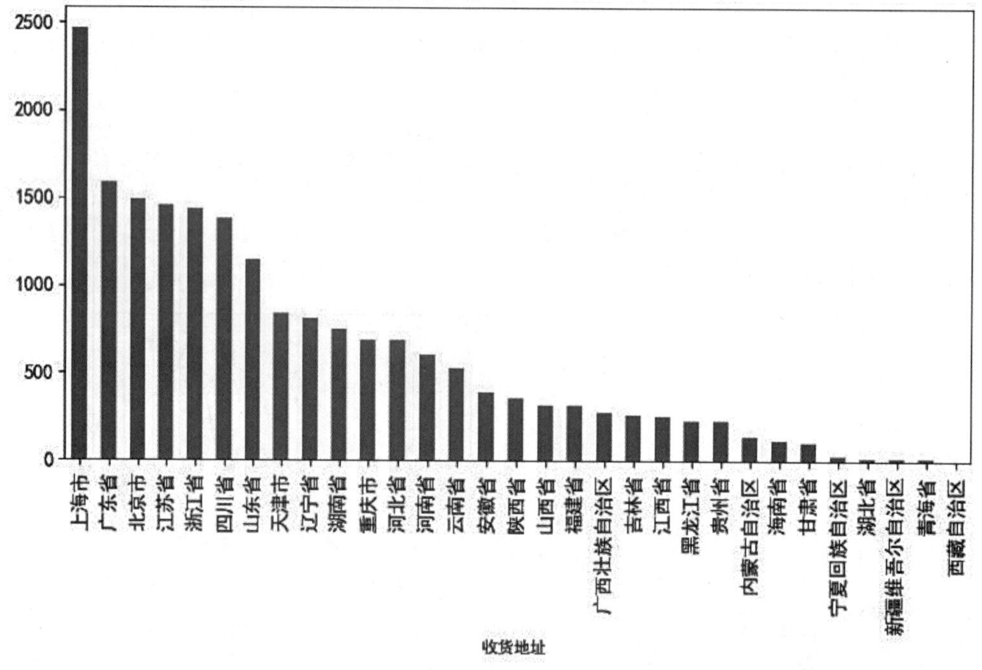


图 6-4　销量区域分布的柱形图

如果坐标标题出现乱码，则在导入第三方库时添加一行代码：plt.rcParams["font.sans-serif"]=['SimHei']，其作用是正常显示中文。

（2）绘制全国各地区订单数分布地图

绘制全国各地区订单数分布地图，对应的代码详见本书配套的电子活页 6-1。

# 【任务 6-2】天猫订单数据可视化分析

## 【任务描述】

Excel 文件“天猫订单 .xlsx”共有 28010 行、6 列数据，列名分别为：订单创建时间、订单付款时间、订单金额、实付金额、退款金额、收货地址。通过分析 28010 条天猫实际订单数据，看看全国哪里的订单量比较大，哪些时间段订单量比较大。针对该数据集完成以下数据可视化分析操作。

（1）绘制一周 7 天各个时段订单数量散点图。

（2）绘制一周各天订单数量极坐标图。

（3）绘制天猫订单全国分布地图。

## 【任务实现】

在 Jupyter Notebook 开发环境中创建 tc06-02.ipynb，然后在单元格中编写代码并输出对应的结果。

### 1. 导入模块

导入通用模块的代码详见“本书导学”，导入其他模块的代码如下：

```
from pyecharts.commons.utils import JsCode
from pyecharts.globals import ThemeType
```

### 2. 数据读取与预处理

（1）数据读取

代码如下：

```
df = pd.read_excel(r'data\天猫订单 .xlsx')
df.head()
```

输出结果：

| | 订单创建时间 | 订单付款时间 | 订单金额 | 实付金额 | 退款金额 | 收货地址 |
|---|---|---|---|---|---|---|
| 0 | 2020-02-01 00:14:00 | 2020-02-01 00:14:00 | 38.0 | 0.0 | 38.0 | 四川省 |
| 1 | 2020-02-01 00:17:00 | 2020-02-01 00:17:00 | 38.0 | 38.0 | 0.0 | 江苏省 |
| 2 | 2020-02-01 00:33:00 | 2020-02-01 00:33:00 | 76.0 | 0.0 | 76.0 | 湖北省 |
| 3 | 2020-02-01 00:50:00 | 2020-02-01 00:50:00 | 38.0 | 38.0 | 0.0 | 贵州省 |
| 4 | 2020-02-01 00:54:00 | 2020-02-01 00:54:00 | 152.0 | 0.0 | 152.0 | 上海 |

（2）查看数据集大小

代码如下：

```
df.shape
```

输出结果：

```
(28010, 6)
```

数据集中共有 28010 条数据，包含 6 个字段。

（3）查看索引、数据类型、内存信息等基本信息

代码如下：

```
df.info()
```

输出结果：

```
<class 'pandas.core.frame.DataFrame'>
RangeIndex: 28010 entries, 0 to 28009
Data columns (total 6 columns):
 #   Column  Non-Null Count  Dtype
---  ------  --------------  -----
 0   订单创建时间  28010 non-null  datetime64[ns]
 1   订单付款时间  24087 non-null  datetime64[ns]
 2   订单金额    28010 non-null  float64
 3   实付金额    28010 non-null  float64
 4   退款金额    28010 non-null  float64
 5   收货地址    28010 non-null  object
dtypes: datetime64[ns](2), float64(3), object(1)
memory usage: 1.3+ MB
```

从输出结果可以看出：数据集中的“订单付款时间”列有缺失数据，说明有部分顾客咨询过或者有购买迹象等，但是因为某些原因没有完成付款，属于潜在客户。

（4）筛选已付款的订单

代码如下：

```
df[~df['订单付款时间'].isnull()]
```

输出结果：

| | 订单创建时间 | 订单付款时间 | 订单金额 | 实付金额 | 退款金额 | 收货地址 |
|---|---|---|---|---|---|---|
| 0 | 2020-02-01 00:14:00 | 2020-02-01 00:14:00 | 38.0 | 0.0 | 38.0 | 四川省 |
| 1 | 2020-02-01 00:17:00 | 2020-02-01 00:17:00 | 38.0 | 38.0 | 0.0 | 江苏省 |
| 2 | 2020-02-01 00:33:00 | 2020-02-01 00:33:00 | 76.0 | 0.0 | 76.0 | 湖北省 |
| 3 | 2020-02-01 00:50:00 | 2020-02-01 00:50:00 | 38.0 | 38.0 | 0.0 | 贵州省 |
| 4 | 2020-02-01 00:54:00 | 2020-02-01 00:54:00 | 152.0 | 0.0 | 152.0 | 上海 |
| ... | ... | ... | ... | ... | ... | ... |
| 28004 | 2020-02-29 23:53:00 | 2020-02-29 23:53:00 | 160.0 | 160.0 | 0.0 | 吉林省 |
| 28006 | 2020-02-29 23:54:00 | 2020-02-29 23:54:00 | 160.0 | 160.0 | 0.0 | 云南省 |
| 28007 | 2020-02-29 23:54:00 | 2020-02-29 23:54:00 | 114.0 | 114.0 | 0.0 | 北京 |
| 28008 | 2020-02-29 23:56:00 | 2020-02-29 23:56:00 | 37.0 | 37.0 | 0.0 | 辽宁省 |
| 28009 | 2020-02-29 23:59:00 | 2020-02-29 23:59:00 | 104.0 | 0.0 | 104.0 | 云南省 |

24087 rows × 6 columns

从输出结果可以看出：数据集中已付款的订单一共有 24087 单，数量还是比较大的。

（5）根据“订单创建时间”获取星期数据并增加“星期”列

代码如下：

```
df['星期'] = df['订单创建时间'].dt.dayofweek+1
```

```
df['星期'].unique()
```

输出结果：

```
array([6, 7, 1, 2, 3, 4, 5], dtype=int64)
```

输出结果中的1、2、3、4、5、6、7分别对应周一至周日。

### 3. 数据可视化分析

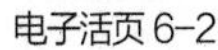


（1）绘制一周7天各个时段订单数量散点图

扫描二维码在线浏览电子活页6-2“绘制一周7天各个时段订单数量散点图”中的代码及绘制的图形。

（2）绘制一周各天订单数量极坐标图

绘制一周各天订单数量极坐标图，对应的代码及绘制的图形详见本书配套的电子活页6-2。

（3）绘制天猫订单全国分布地图

绘制天猫订单全国分布地图，对应的代码详见本书配套的电子活页6-3。

# 模块7 电商客户行为分析

07

本模块主要针对电商客户的浏览、收藏、加入购物车、购买、评论等行为进行可视化分析。

## 方法要点

☑ 使用 read_excel() 函数读取 Excel 文件中的数据以及完成读取数据时的参数设置。

☑ 使用 to_excel() 函数将数据保存到指定文件中。

☑ 数据去重处理。

☑ 时间戳的转化处理。

☑ 从时间列提取年、月、时数据。

☑ 定义根据最近一次交易间隔天数计算得分的函数。

☑ 定义根据消费次数计算得分的函数、根据消费金额计算得分的函数。

☑ 删除数据集中多余的列、删除数据集中的重复记录。

☑ 将清洗后的数据保存到指定文件中。

☑ 验证两个数据集中是否为同一时间段、同一批客户的数据。

☑ 复制数据集。

☑ 统计各类客户行为的数量。

☑ 透视分析各类客户行为每天的数量。

☑ 两个数据集的内连接处理。

☑ 获取数据集中符合指定条件的数据。

☑ 应用以下方法或函数：drop_duplicates()、to_datetime()、apply()、isnull()、sum()、describe()、value_counts()、nunique()、unique()、pivot_table()、join()、groupby()、range()、reset_index()、count()、agg()、sort_index()、rename()、sorted()、tolist()、list()、dict()、size()、min()、map()、astype() 等。

## 绘图清单

☑ 使用 matplotlib.pyplot 的 plot() 函数绘制折线图、柱形图。

☑ 使用 matplotlib.pyplot 的 bar() 函数绘制柱形图。

☑ 使用 matplotlib.pyplot 的 subplots() 函数设置画布中子图的行列数。

☑ 使用 seaborn 的 barplot() 方法绘制柱形图。
☑ 使用 seaborn 的 lineplot() 方法绘制折线图。
☑ 使用 seaborn 的 heatmap() 方法绘制热力图。
☑ 使用 pyecharts.charts 的 Line 类绘制折线图。
☑ 使用 pyecharts.charts 的 Funnel 类绘制漏斗图。
☑ 使用 pyecharts.charts 的 Bar 类绘制柱形图。
☑ 使用 pyecharts.charts 的 Pie 类绘制饼图。

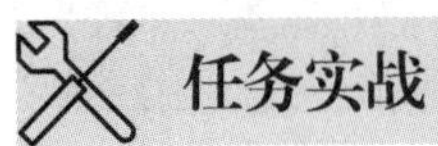

## 任务实战



# 【任务 7-1】以行业常见指标分析一周内电商客户行为

### 【任务描述】

Excel 文件“UserBehavior.xlsx”共有 757565 行、10 列数据，每一行表示一条客户行为，列名称及说明如表 7-1 所示。

表7-1 Excel文件“UserBehavior.xlsx”的列名称及说明

| 序号 | 列名称 | 中文名称 | 说明 |
|---|---|---|---|
| 1 | user_id | 客户 ID | 客户 ID，整型 |
| 2 | goods_ id | 商品 ID | 商品 ID，整型 |
| 3 | category_id | 商品类型 ID | 商品类型 ID，整型 |
| 4 | behavior | 客户行为 | 客户行为，包括 pv（浏览商品详情页）、buy（购买商品）、cart（将商品加入购物车）、fav（收藏商品），枚举类型 |
| 5 | timestamp | 时间戳 | 行为发生的时间戳 |
| 6 | sex | 性别 | 性别：1 表示男性，0 表示女性 |
| 7 | address | 城市 | 所在城市 |
| 8 | device | 访问设备 | 访问设备 |
| 9 | price | 价格 | 商品单价 |
| 10 | amount | 数量 | 商品购买数量 |

针对该数据集完成以下数据分析与可视化操作。

（1）日期维的客户行为分析。
（2）时间段的客户行为分析。
（3）统计与分析每日活跃客户、每日购买客户数及购买客户率。
（4）分析客户活跃天数分布情况。
（5）每日新增客户分析。
（6）客户留存分析。
（7）复购分析。
（8）RFM 模型分析。
（9）转化路径分析（漏斗分析）。

（10）商品销售分析。

说明

PV（Page View）是指页面访问量、浏览量或点击量，客户每一次访问网站中的网页均被记录为一个 PV。客户对同一页面访问多次时，PV 累计，用以衡量网站客户访问的页面数量。

UV（Unique Visitor）是指通过互联网访问、浏览某个网页的独立访客数量，访问网站的一个客户端为一个访客，一天内相同的客户端只被计算一次。

DAU（Daily Active User）是指日活跃客户数。

【任务实现】

在 Jupyter Notebook 开发环境中创建 tc07-01.ipynb，然后在单元格中编写代码并输出对应的结果。



### 1. 导入模块

导入通用模块的代码详见“本书导学”，导入其他模块的代码如下：

```
import datetime
from pyecharts import charts as pyc
import warnings
# 忽略警告
warnings.filterwarnings("ignore")
# 绘图的字体默认设置
fontdict = {'fontsize': 14, 'horizontalalignment': 'center'}
```

### 2. 提取数据

代码如下：

```
columns = ['客户ID', '商品ID', '商品类型ID', '行为类型', '时间戳','性别','城市',
                                        '访问设备','价格','数量']
# 读取数据
df = pd.read_excel(r'data\UserBehavior.xlsx',names=columns,converters={'时
间戳':int} )
data=df.copy()
data.head()
```

输出结果：

| | 客户ID | 商品ID | 商品类型ID | 行为类型 | 时间戳 | 性别 | 城市 | 访问设备 | 价格 | 数量 |
|---|---|---|---|---|---|---|---|---|---|---|
| 0 | 866796 | 5002615 | 2520377 | pv | 1656991385 | 0 | 成都 | Redmi Note8Pro | 0.00 | 0 |
| 1 | 866796 | 2734026 | 4145813 | pv | 1656994184 | 0 | 成都 | Redmi Note8Pro | 0.00 | 0 |
| 2 | 866796 | 5002615 | 2520377 | pv | 1656996273 | 0 | 成都 | Redmi Note8Pro | 0.00 | 0 |
| 3 | 866796 | 3239041 | 2355072 | pv | 1657007663 | 0 | 成都 | Redmi Note8Pro | 0.00 | 0 |
| 4 | 866796 | 4615417 | 4145813 | pv | 1657022864 | 0 | 成都 | Redmi Note8Pro | 0.00 | 0 |

### 3. 数据处理

（1）查看数据集的基本信息

代码如下：

```
data.info()
```

输出结果：

```
<class 'pandas.core.frame.DataFrame'>
RangeIndex: 757565 entries, 0 to 757564
Data columns (total 10 columns):
 #   Column   Non-Null Count   Dtype
---  ------   --------------   -----
 0   客户ID     757565 non-null  int64
 1   商品ID     757565 non-null  int64
 2   商品类型ID  757565 non-null  int64
 3   行为类型    757565 non-null  object
 4   时间戳     757565 non-null  int64
 5   性别      757565 non-null  int64
 6   城市      757565 non-null  object
 7   访问设备    757565 non-null  object
 8   价格      757565 non-null  float64
 9   数量      757565 non-null  int64
dtypes: float64(1), int64(6), object(3)
memory usage: 57.8+ MB
```

（2）数据去重处理

代码如下：

```
data.drop_duplicates(inplace=True)
```

（3）时间戳的转化处理

将时间戳转化为访问网站的具体日期、月、时。

代码如下：

```
data["time1"]=pd.to_datetime(data["时间戳"],unit='s')
data["日期"]=data["time1"].dt.date
#data["月"]=data["time1"].dt.month
data["年_月"] =data["time1"].apply(lambda x : x.strftime('%Y-%m'))
data["时"]=data["time1"].dt.hour
```

以下代码也能实现时间戳的转化处理。

```
data["time1"]=data["时间戳"].apply(lambda x:datetime.datetime.fromtimestamp(x))
data["月"]=data["时间戳"].apply(lambda x:int(datetime.datetime.fromtimestamp(x)
                                                    .strftime("%Y%m")))
data["日期"]=data["时间戳"].apply(lambda x:datetime.datetime.fromtimestamp(x)
                                                  .strftime("%Y-%m-%d"))
data["时"]=data["time1"].apply(lambda x:x.hour)
```

（4）观察有没有缺失值

观察有没有缺失值，有缺失值则对缺失值进行处理。本数据集没有缺失值，不需要进行缺失值处理。

代码如下：

```
data.isnull().sum()
```

（5）观察数据有没有异常值

数据集总共有 757565 条记录，和时间相关的数据都正常，其他字段也无异常值。

生成数据集描述统计信息，总结数据集分布的中心趋势、分散情况和形状。

代码如下：

```
data.describe()
```

### 4. 日期维的客户行为分析

（1）计算各种行为的数量

代码如下：

```
pd.set_option('float_format', lambda x:'%.2f' %x)
type_value = data. 行为类型 .value_counts()
type_value
```

输出结果：

```
pv      679658
cart     42714
fav      20601
buy      14582
Name: 行为类型, dtype: int64
```

（2）计算 7 天内各类客户行为的总计数、每日平均操作计数、每个客户平均操作数

代码如下：

```
# 统计 7 天总客户量
unique_user = data. 客户 ID.nunique()
# 计算 7 天内各类客户行为的总计数、每日平均操作计数、每个客户平均操作数
type_df = pd.DataFrame([type_value, type_value/7, type_value/unique_user],
                    index = ['total','avg_day','avg_user'])
type_df
```

输出结果：

| | pv | cart | fav | buy |
|---|---|---|---|---|
| total | 679658.00 | 42714.00 | 20601.00 | 14582.00 |
| avg_day | 97094.00 | 6102.00 | 2943.00 | 2083.14 |
| avg_user | 63.29 | 3.98 | 1.92 | 1.36 |

从输出结果可以看出：2022-07-04 至 2022-07-10 这 7 天内，客户累计浏览商品详情页 679658 次，累计将商品加入购物车 42714 次，累计收藏商品 20601 次，累计购买商品 14582 次；平均每日浏览商品详情页 97094 次，将商品加入购物车 6102 次，收藏商品 2943 次，购买商品 2083.14 次；总计 757565 名客户在这段时间内使用过该购物平台，平均每人浏览商品详情页 63.29 次，将商品加入购物车 3.98 次，收藏商品 1.92 次，购买商品 1.36 次。

（3）按天分析 pv/uv，观察其访问走势

代码如下：

```
# 按天分析 pv/uv，观察其访问走势
all_puv=pd.pivot_table(data,index=[' 日期 '],values=' 客户 ID',aggfunc='count')
# 计算每天的访问数量
```

```
uv=data[['客户 ID','日期']].drop_duplicates()['日期'].value_counts()
all_puv=all_puv.join(uv)
all_puv.columns=['pv','uv']
all_puv['avg_pv']=all_puv['pv']/all_puv['uv']  #avg_pv 是指按天计算的 pv 与 uv 的值
all_puv
```

输出结果：

| 日期 | pv | uv | avg_pv |
|---|---|---|---|
| 2022-07-04 | 12042 | 1763 | 6.83 |
| 2022-07-05 | 107033 | 7558 | 14.16 |
| 2022-07-06 | 110951 | 7797 | 14.23 |
| 2022-07-07 | 115648 | 7900 | 14.64 |
| 2022-07-08 | 125251 | 8191 | 15.29 |
| 2022-07-09 | 155345 | 10220 | 15.20 |
| 2022-07-10 | 131285 | 9952 | 13.19 |

（4）绘制 pv、uv、avg_pv 折线图

代码如下：

```
x=all_puv.index
fig,axes=plt.subplots(1,3,figsize=(18,3))
axes[0].plot(x,all_puv[ 'pv'],color='b', marker='o')
axes[1].plot(x,all_puv['uv'],color='g', marker='s')
axes[2].plot(x,all_puv['avg_pv'], color='r', marker='d' )
axes[0].set_title('pv')
axes[1].set_title('uv')
axes[2].set_title('avg_pv')
axes[0].set_xticklabels(x, rotation=30)
axes[1].set_xticklabels(x, rotation=30)
axes[2].set_xticklabels(x, rotation=30)
plt.show()
```

输出结果如图 7-1 所示。

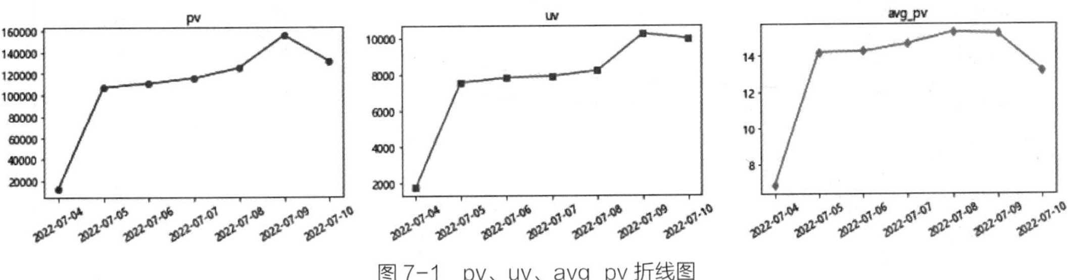


图 7-1　pv、uv、avg_pv 折线图

（5）按天分析 pv/uv，观察每种行为类型的点击量

代码如下：

```
# 按天分析 pv/uv，观察每种行为类型的点击量
pv=pd.pivot_table(data,index=["日期"],columns=["行为类型"],
                                          values="客户 ID",aggfunc="count")
```

```
pv["all"]=pv.sum(axis=1)
pv
```

输出结果：

| 行为类型 | buy | cart | fav | pv | all |
|---|---|---|---|---|---|
| 日期 | | | | | |
| 2022-07-04 | 155 | 645 | 356 | 10886 | 12042 |
| 2022-07-05 | 2238 | 5831 | 2969 | 95995 | 107033 |
| 2022-07-06 | 2338 | 6092 | 3083 | 99438 | 110951 |
| 2022-07-07 | 2336 | 6417 | 3097 | 103798 | 115648 |
| 2022-07-08 | 2226 | 7154 | 3384 | 112487 | 125251 |
| 2022-07-09 | 2845 | 8946 | 4137 | 139417 | 155345 |
| 2022-07-10 | 2444 | 7629 | 3575 | 117637 | 131285 |





（6）绘制每日客户行为分析折线图

代码如下：

```
plt.figure(figsize=(12,5))
plt.plot(pv.index,pv["all"],color="g")
plt.plot(pv.index,pv["pv"],color="r")
plt.plot(pv.index,pv["cart"],color="b")
plt.plot(pv.index,pv["buy"],color="c")
plt.plot(pv.index,pv["fav"],color="y")
plt.xlabel("日期",fontsize=12)
plt.ylabel("数量",fontsize=12)
plt.title("客户行为分析",fontsize=16)
plt.xticks(rotation=30)
plt.legend( ["all","pv","cart","buy","fav"],loc = 'upper left',fontsize=12)
plt.show()
```

输出结果如图 7-2 所示。

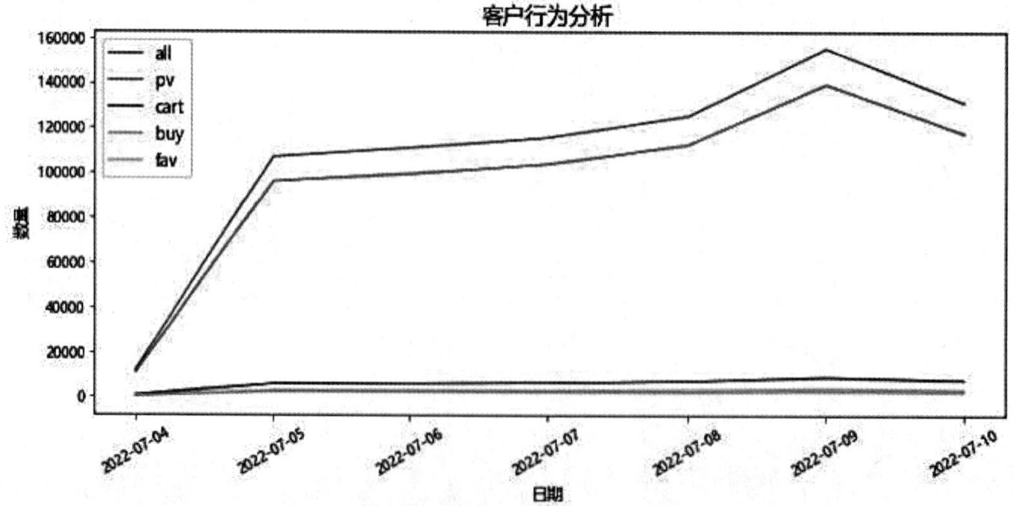


图 7-2　每日客户行为分析折线图之一

从每日客户行为分析折线图可以看出，7 月 5 日不管是浏览商品详情页、收藏商品、将商品加入购物车还是购买商品都有上升。

扫描二维码在线浏览电子活页 7-1“绘制每日客户行为分析折线图方法 2”中的代码及绘制的图形。

在线浏览

电子活页 7-1





### 5. 时间段的客户行为分析

（1）创建数据集 hours_df

代码如下：

```
# 根据时间段分组
groupby_hour = df.groupby(by=' 时 ')
hours = [x for x in range(0,24)]
# 创建数据集
hours_df = pd.DataFrame(data=None, index = hours, columns=['pv','cart','fav','buy'])
# 填充数据
for h in hours:
        hours_df.loc[h] = groupby_hour.get_group(h). 行为类型 .value_counts()
hours_df.head()
```

输出结果：

| | pv | cart | fav | buy |
|---|---|---|---|---|
| 0 | 22625 | 1422 | 710 | 509 |
| 1 | 27557 | 1751 | 911 | 664 |
| 2 | 32577 | 2062 | 1118 | 976 |
| 3 | 32248 | 1982 | 1027 | 856 |
| 4 | 32991 | 2184 | 983 | 917 |

（2）绘制每日不同时间段不同行为客户数折线图

扫描二维码在线浏览电子活页 7-2“绘制每日不同时间段不同行为客户数折线图”中的代码及绘制的图形。

在线浏览

电子活页 7-2

（3）绘制按小时统计客户访问量的柱形图

观察客户每天的访问高峰期。本数据集中，访问高峰期为 0—15 点。

代码如下：

```
hour_pv=data[" 时 "].value_counts()
print(hour_pv)
hour_pv=hour_pv.reset_index().rename(columns={'index':'hour', ' 时 ':'pv'})
plt.figure(figsize=(12,3))
plt.bar(hour_pv["hour"],hour_pv["pv"])
plt.xlabel(" 小时 ",fontsize=12)
plt.ylabel(" 访问量 pv",fontsize=12)
plt.title(" 按小时统计客户访问量 ",fontsize=16)
plt.show()
```

输出结果如图 7-3 所示。

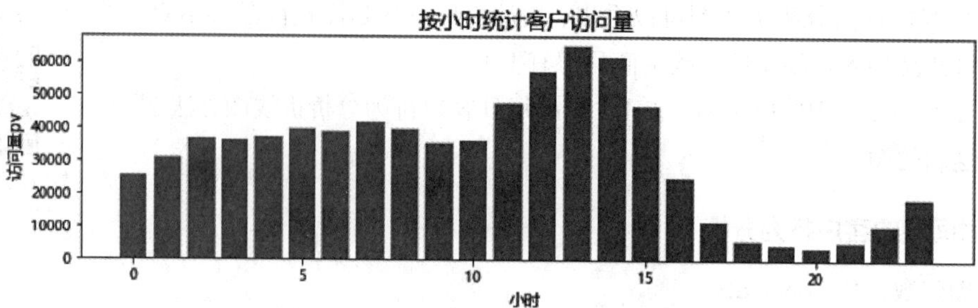


图 7-3　按小时统计客户访问量的柱形图

### 6. 统计与分析每日活跃客户、每日购买客户数及购买客户率

（1）创建数据集 dates_df

代码如下：

```
# 根据日期分组
groupby_date = df.groupby(by=df. 日期 )
dates = sorted(list(dict(df[' 日期 '].value_counts()).keys()))
# 创建数据集
dates_df = pd.DataFrame(data=None, index =dates, columns=['pv','cart','fav','buy'])
# 填充数据
for d in dates:
    dates_df.loc[d] = groupby_date.get_group(d). 行为类型 .value_counts()
# 加上星期数据
dates_df['weekday'] = [datetime.datetime.isoweekday(datetime.date(x.year, x.month,
                                x.day)) for x in dates_df.index]
dates_df
```

输出结果：

| | pv | cart | fav | buy | weekday |
|---|---|---|---|---|---|
| 2022-07-04 | 10886 | 645 | 356 | 155 | 1 |
| 2022-07-05 | 95995 | 5831 | 2969 | 2238 | 2 |
| 2022-07-06 | 99438 | 6092 | 3083 | 2338 | 3 |
| 2022-07-07 | 103798 | 6417 | 3097 | 2336 | 4 |
| 2022-07-08 | 112487 | 7154 | 3384 | 2226 | 5 |
| 2022-07-09 | 139417 | 8946 | 4137 | 2845 | 6 |
| 2022-07-10 | 117637 | 7629 | 3575 | 2444 | 7 |

（2）统计与分析每日活跃客户、每日购买客户数及购买客户率

代码如下：

```
# 定义活跃客户
active_user_standard = 3
# 每日活跃客户 dau
for d in dates:
    dates_df.loc[d,'uv'] = groupby_date.get_group(d). 客户 ID.nunique()
    dates_df.loc[d,'dau'] = (groupby_date.get_group(d) .groupby(by=' 客户 ID').size()>
                        active_user_standard).value_counts()[True]
```

```
# 活跃客户比例 au_rate
dates_df['au_rate'] = dates_df['dau']/dates_df['uv']
# 每日购买客户数 buyer
dates_df['buyer'] = df[df['行为类型']=='buy'].groupby(by=['日期','客户ID'])
                                         .size().count(level=0)
# 每日购买客户数占总客户比例 buyer_rate
dates_df['buyer_rate']=dates_df['buyer']/dates_df['uv']
# 总客户人均单量
dates_df['总客户人均单量'] = dates_df['buy']/dates_df['uv']
# 购买客户人均单量
dates_df['购买客户人均单量'] = dates_df['buy']/dates_df['buyer']
dates_df
```

输出结果：

| | pv | cart | fav | buy | weekday | uv | dau | au_rate | buyer | buyer_rate | 总客户人均单量 | 购买客户人均单量 |
|---|---|---|---|---|---|---|---|---|---|---|---|---|
| 2022-07-04 | 10886 | 645 | 356 | 155 | 1 | 1763.00 | 880.00 | 0.50 | 123 | 0.07 | 0.09 | 1.26 |
| 2022-07-05 | 95995 | 5831 | 2969 | 2238 | 2 | 7558.00 | 5440.00 | 0.72 | 1466 | 0.19 | 0.30 | 1.53 |
| 2022-07-06 | 99438 | 6092 | 3083 | 2338 | 3 | 7797.00 | 5633.00 | 0.72 | 1597 | 0.20 | 0.30 | 1.46 |
| 2022-07-07 | 103798 | 6417 | 3097 | 2336 | 4 | 7900.00 | 5759.00 | 0.73 | 1561 | 0.20 | 0.30 | 1.50 |
| 2022-07-08 | 112487 | 7154 | 3384 | 2226 | 5 | 8191.00 | 6024.00 | 0.74 | 1489 | 0.18 | 0.27 | 1.49 |
| 2022-07-09 | 139417 | 8946 | 4137 | 2845 | 6 | 10220.00 | 7546.00 | 0.74 | 1938 | 0.19 | 0.28 | 1.47 |
| 2022-07-10 | 117637 | 7629 | 3575 | 2444 | 7 | 9952.00 | 6768.00 | 0.68 | 1740 | 0.17 | 0.25 | 1.40 |

不考虑 2022 年 7 月 4 日的情况，可以得出以下结论。

① 每日客户中活跃客户比例保持在 68% 以上，可能是活跃客户的定义要求不够高造成的。

② 总客户人均单量在 0.25 ~ 0.30，可以看到 7 月 8 日开始下降明显，可能是活动吸引来更多的客户，但这些客户购买欲望不强。

③ 购买客户人均单量在 1.40 ~ 1.53，在 7 月 6 日有所下降，单数较少，可能因为有活动所以集中购买。

### 7. 分析客户活跃天数分布情况

（1）获取客户活跃天数分布数据

代码如下：

```
# 客户每日进行多少次操作
user_date_act = df[['客户ID','日期','行为类型']].groupby(by=['客户ID','日期'])
                                                              .count()
user_date_act.columns=['操作次数']
# 每日的操作次数高于 3 次的称为活跃客户，每个客户的活跃天数有多少
user_active_days_df = user_date_act[user_date_act['操作次数 '] > 3].count
                                                        (level=0)
# 每日不同操作次数的活跃客户数量分布
user_act_days_dist = user_active_days_df['操作次数'].value_counts().sort_index()
```

（2）绘制活跃客户每日操作次数分布柱形图

代码如下：

```
#plt.bar(range(len(user_act_days_dist)),user_act_days_dist)
#plt.bar(user_act_days_dist.index,user_act_days_dist)
plt.figure(figsize=(10,5))
```

```
x,y=user_act_days_dist.index,user_act_days_dist
plt.bar(x, y, width=0.6)
for a, b in zip(x, y):
    plt.text(a, b, '%.0f' % b, ha='center', va='bottom', fontsize=10)
plt.xlabel("操作次数",fontsize=12)
plt.ylabel("客户数量",fontsize=12)
plt.title("活跃客户每日操作次数分布",fontsize=12)
plt.show()
```

输出结果如图 7-4 所示。

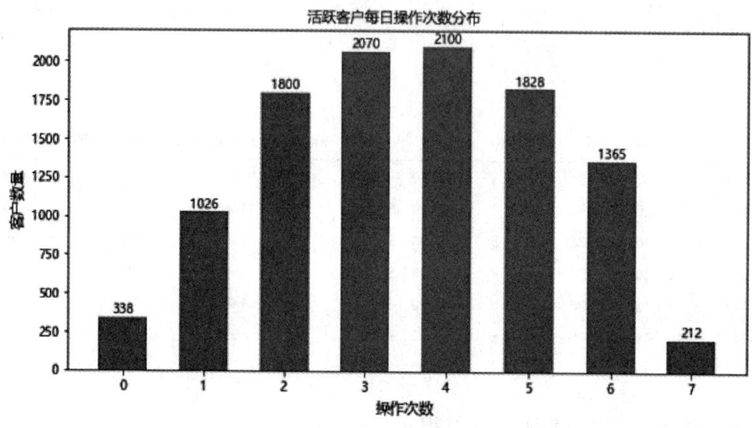


图 7-4　活跃客户每日操作次数分布柱形图

从图 7-4 可以看出：活跃客户每日操作次数分布基本符合正态分布，活跃客户中每日操作次数为 3 ～ 4 次的最多。

### 8. 每日新增客户分析

（1）统计新增客户数量

观察每日新增客户情况（新增客户即第一次访问网站的客户）。

代码如下：

```
new_visitor=data[["客户 ID","日期"]].groupby("客户 ID").min()["日期"]
                              .value_counts().reset_index()
new_visitor.columns=["日期","新客户"]
new_visitor
```

输出结果：

| | 日期 | 新客户 |
|---|---|---|
| 0 | 2022-07-05 | 6074 |
| 1 | 2022-07-04 | 1763 |
| 2 | 2022-07-06 | 1639 |
| 3 | 2022-07-07 | 673 |
| 4 | 2022-07-08 | 358 |
| 5 | 2022-07-09 | 229 |
| 6 | 2022-07-10 | 3 |

（2）绘制每日新增客户数量柱形图

扫描二维码在线浏览电子活页 7-3“绘制每日新增客户数量柱形图”中的代码及绘制的图形。

在线浏览

电子活页 7-3

### 9. 客户留存分析

客户留存的说明如下：假设 1 月 1 日新增客户为 200 人，第 2 天（即 1 月 2 日）这 200 人里面有 100 人活跃，则次日留存率为 100/200 = 50%；第 3 天（即 1 月 3 日）这 200 人里面有 80 人活跃，则 2 日留存率为 80/200=40%；以此类推。

（1）重新复制数据集并获取所需的日期数据

代码如下：

```
df1=df.copy()
df1["time1"]=pd.to_datetime(df1["时间戳"],unit='s')
df1["日期"]=df1["时间戳"].apply(lambda x:datetime.datetime.fromtimestamp(x)
                                                    .strftime("%Y-%m-%d"))
df1["年-月"] =df1["time1"].apply(lambda x : x.strftime('%Y-%m'))
df1["时"]=df1["time1"].apply(lambda x:x.hour)
del df1["time1"]
df1.head()
```

输出结果：

| | 客户ID | 商品ID | 商品类型ID | 行为类型 | 时间戳 | 性别 | 城市 | 访问设备 | 价格 | 数量 | 日期 | 年-月 | 时 |
|---|---|---|---|---|---|---|---|---|---|---|---|---|---|
| 0 | 866796 | 5002615 | 2520377 | pv | 1656991385 | 0 | 成都 | Redmi Note8Pro | 0.00 | 0 | 2022-07-05 | 2022-07 | 3 |
| 1 | 866796 | 2734026 | 4145813 | pv | 1656994184 | 0 | 成都 | Redmi Note8Pro | 0.00 | 0 | 2022-07-05 | 2022-07 | 4 |
| 2 | 866796 | 5002615 | 2520377 | pv | 1656996273 | 0 | 成都 | Redmi Note8Pro | 0.00 | 0 | 2022-07-05 | 2022-07 | 4 |
| 3 | 866796 | 3239041 | 2355072 | pv | 1657007663 | 0 | 成都 | Redmi Note8Pro | 0.00 | 0 | 2022-07-05 | 2022-07 | 7 |
| 4 | 866796 | 4615417 | 4145813 | pv | 1657022864 | 0 | 成都 | Redmi Note8Pro | 0.00 | 0 | 2022-07-05 | 2022-07 | 12 |

（2）定义 n 日留存率计算函数

n 日留存率计算函数 cal_retention() 中的参数 data 传入的为客户 ID 和登录日期，start_date 为起始时间，其格式为 %Y-%m-%d。n 为留存 n 日，不传入 start_date 和 n 时，则表示计算所有留存。

扫描二维码在线浏览电子活页 7-4“定义 n 日留存率计算函数”中的代码及绘制的图形。

在线浏览

电子活页 7-4

（3）调用 cal_retention() 函数计算留存率

例如，计算 2022 年 7 月 5 日的 3 日留存率，其返回结果为：['2022-07-05', '2022-07-08', 7606, 5977, 0.7858]。

代码如下：

```
cal_retention(df1[["客户 ID","日期"]],"2022-07-05",3)
```

输出结果：

```
['2022-07-05', '2022-07-08', 7606, 5977, 0.7858]
```

此数据的含义为：7 月 5 日的新增客户数为 7606，第 3 日的留存客户数为 5977，留存率为 78.58%。

（4）传入数据集调用 cal_retention() 函数计算留存人数和留存率

代码如下：

```
retention=cal_retention(df1[["客户ID","日期"]])
```

（5）展示留存人数

代码如下：

```
pd.pivot_table(retention,index=["开始日期"],columns=["留存日期"],
                            values="留存人数",aggfunc="sum",fill_value=0)
```

输出结果：

| 留存日期<br>开始日期 | 2022-07-05 | 2022-07-06 | 2022-07-07 | 2022-07-08 | 2022-07-09 | 2022-07-10 |
|---|---|---|---|---|---|---|
| 2022-07-05 | 7610 | 6026 | 5967 | 5980 | 7497 | 7486 |
| 2022-07-06 | 0 | 1785 | 1193 | 1269 | 1744 | 1740 |
| 2022-07-07 | 0 | 0 | 714 | 476 | 701 | 697 |
| 2022-07-08 | 0 | 0 | 0 | 372 | 355 | 359 |
| 2022-07-09 | 0 | 0 | 0 | 0 | 255 | 245 |
| 2022-07-10 | 0 | 0 | 0 | 0 | 0 | 3 |





（6）展示留存率

代码如下：

```
pd.pivot_table(retention,index=["开始日期"],columns=["留存日期"],
                            values="留存率",aggfunc="sum",fill_value=0)
```

输出结果：

| 留存日期<br>开始日期 | 2022-07-05 | 2022-07-06 | 2022-07-07 | 2022-07-08 | 2022-07-09 | 2022-07-10 |
|---|---|---|---|---|---|---|
| 2022-07-05 | 1 | 0.79 | 0.78 | 0.79 | 0.99 | 0.98 |
| 2022-07-06 | 0 | 1.00 | 0.67 | 0.71 | 0.98 | 0.97 |
| 2022-07-07 | 0 | 0.00 | 1.00 | 0.67 | 0.98 | 0.98 |
| 2022-07-08 | 0 | 0.00 | 0.00 | 1.00 | 0.95 | 0.97 |
| 2022-07-09 | 0 | 0.00 | 0.00 | 0.00 | 1.00 | 0.96 |
| 2022-07-10 | 0 | 0.00 | 0.00 | 0.00 | 0.00 | 1.00 |

### 10. 复购分析

重复购买率是指在单位时间段内再次购买人数占总购买人数的比率。例如在一个月内，有100个客户完成交易，其中有20个是回头客，则重复购买率为20%。这里的回头客会按天去重，即一个客户一天产生多笔交易，也只算一次购买，只有在统计周期内另外一天也有购买的客户才是回头客。

代码如下：

```
data_buy=df1[df1.行为类型=="buy"][["客户ID","日期"]].drop_duplicates()
                                  ["客户ID"].value_counts().reset_index()
data_buy.columns=["客户ID","购买次数"]
#复购率计算
rebuy_rate=round(len(data_buy[data_buy.购买次数>=2])/len(data_buy),4)
print("复购率为：",round(rebuy_rate*100,2),"%")      #输出结果为：42.06 %
#购买的总人数
buy_user=len(data_buy)
#购买次数的人数分布
buy_freq=data_buy.购买次数.value_counts().reset_index()
buy_freq.columns=[["购买次数","人数"]]
buy_freq["人数占比"]= buy_freq["人数"]/buy_user
buy_freq
```

输出结果：

```
复购率为：42.06 %
```

| | 购买次数 | 人数 | 人数占比 |
|---|---|---|---|
| 0 | 1 | 3540 | 0.58 |
| 1 | 2 | 1714 | 0.28 |
| 2 | 3 | 575 | 0.09 |
| 3 | 4 | 210 | 0.03 |
| 4 | 5 | 57 | 0.01 |
| 5 | 6 | 14 | 0.00 |

从输出结果可以看出，一共有6110个客户有购买行为，购买1次的人数最多，为3540人，占了58%。本数据集的复购率为42.06 %，商家需从商品质量、价格、促销活动、物流等多方面寻找问题，以提高复购率。

微课视频

任务7-1-2

### 11. RFM模型分析

RFM模型由最近一次消费（Recency）、消费频次（Frequency）、消费金额（Monetary）3个要素构成，这3个要素构成了数据分析的一种指标。

RFM模型分析的前提条件为：

- 最近有过交易行为的客户，再次发生交易的可能性高于最近没有交易行为的客户；
- 交易频率较高的客户比交易频率较低的客户，更有可能再次发生交易行为；
- 过去所有交易金额较多的客户，比交易金额较少的客户，更有消费积极性。

（1）计算销售金额

代码如下：

```
df1["金额"]=df1["价格"]*df1["数量"]
```

（2）计算间隔天数、消费频次、消费金额

取数规则为：最近一次消费的时间取最大，消费频次根据次数统计，消费金额求平均值统计。

代码如下：

```
RFM_date=df1[df1.行为类型=="buy"][["客户 ID","日期"]].groupby("客户 ID").max()
RFM_F=df1[df1.行为类型=="buy"][["客户 ID","行为类型"]].groupby("客户 ID").count()
RFM_M=df1[df1.行为类型=="buy"][["客户 ID","金额"]].groupby("客户 ID").mean()
RFM=RFM_date.join(RFM_F).join(RFM_M)
# RFM 模型计算的日期为 2022-07-10
end_date=datetime.datetime.strptime("2022-7-10","%Y-%m-%d")
# 间隔天数计算
RFM["days"]=RFM["日期"].apply(lambda x:(end_date-datetime.datetime
                                   .strptime(x,"%Y-%m-%d")).days)
RFM=RFM[["days","行为类型","金额"]]
RFM.columns=["间隔天数","消费频次","消费金额"]
RFM.head()
```

输出结果：

| | 间隔天数 | 消费频次 | 消费金额 |
|---|---|---|---|
| 客户ID | | | |
| 2 | 1 | 7 | 186.74 |
| 4 | 3 | 4 | 142.60 |
| 16 | 2 | 2 | 84.65 |
| 17 | 2 | 1 | 62.70 |
| 20 | 2 | 1 | 37.90 |

（3）定义根据最近一次交易间隔天数计算得分的函数 recency()

代码如下：

```
def recency(x):
    if x<=2:
        return 5
    elif x==3:
        return 4
    elif x==4:
        return 3
    elif x==5:
        return 2
    elif x>=6:
        return 1
```

（4）定义根据消费次数计算得分的函数 frequency()

代码如下：

```
def frequency(x):
    if x>=8:
        return 5
    elif (x>=6) & (x<8):
        return 4
    elif (x>=4) & (x<6):
        return 3
    elif (x>=2) & (x<4):
        return 2
```

```
    elif (x>=0) & (x<2):
        return 1
```

（5）定义根据消费金额计算得分的函数 monetary()

代码如下：

```
def monetary(x):
    if x>=300:
        return 5
    elif (x>=200) & (x<300):
        return 4
    elif (x>=100) & (x<200):
        return 3
    elif (x>=50) & (x<100):
        return 2
    elif (x>=0) & (x<50):
        return 1
```

（6）根据打分规则对数据进行处理

这里采用 5 分制打分规则。

代码如下：

```
RFM["R_S"]=RFM["间隔天数"].apply(recency)
RFM["F_S"]=RFM["消费频次"].apply(frequency)
RFM["M_S"]=RFM["消费金额"].apply(monetary)
RFM["RFM"]=RFM.apply(lambda x: int(x.R_S*100+x.F_S*10+x.M_S),axis=1)
RFM.head()
```

输出结果：

| | 间隔天数 | 消费频次 | 消费金额 | R_S | F_S | M_S | RFM |
|---|---|---|---|---|---|---|---|
| 客户ID | | | | | | | |
| 2 | 1 | 7 | 186.74 | 5 | 4 | 3 | 543 |
| 4 | 3 | 4 | 142.60 | 4 | 3 | 3 | 433 |
| 16 | 2 | 2 | 84.65 | 5 | 2 | 2 | 522 |
| 17 | 2 | 1 | 62.70 | 5 | 1 | 2 | 512 |
| 20 | 2 | 1 | 37.90 | 5 | 1 | 1 | 511 |

每一个 RFM 代码都对应着一组客户，开展市场营销活动的时候可以从中挑选出若干组进行分析。例如，RFM 代码为 543 的客户，其消费的间隔天数比较短，消费频次和购买力都比较高。

### 12. 转化路径分析（漏斗分析）

转化路径定义为：pv（浏览商品详情页）→ cart（收藏商品和将商品加入购物车）→ buy（购买商品）。

（1）计算转化路径中浏览商品评情页、收藏商品和将商品加入购物车、购买商品环节的人数

代码如下：

```
# 转化分析
data_behavior=df1[df1.行为类型 !="fav"]["行为类型"].value_counts().reset_index()
                                .rename(columns={"index":"环节","行为类型":"人数"})
data_behavior
```

输出结果：

| | 环节 | 人数 |
|---|---|---|
| 0 | pv | 679668 |
| 1 | cart | 42714 |
| 2 | buy | 14582 |

（2）根据各环节的人数绘制各环节转化率的漏斗图

代码如下：

```
count_pv=data_behavior['人数'][0].astype('float')
count_pv_fav=df1[df1.行为类型 =="fav"]["行为类型"].value_counts().loc['fav']
                                                          .astype('float')
count_pv_cart=data_behavior['人数'][1].astype('float')
count_cart_buy=data_behavior['人数'][2].astype('float')
type_data_pair = [('浏览',count_pv),
                  ('收藏和加入购物车',count_pv_fav+count_pv_cart),
                  ('购买', count_cart_buy)]
funnel = (Funnel()
          .add('',
              data_pair = type_data_pair,
              gap = 2,
              label_opts = opts.LabelOpts(position = 'top'),
              tooltip_opts = opts.TooltipOpts(is_show=True))
          .set_global_opts(title_opts = opts.TitleOpts(title='各环节的转化率',
                                          subtitle='浏览-收藏和加入购物车-购买'))
          )
funnel.render_notebook()
```

输出结果如图 7-5 所示。

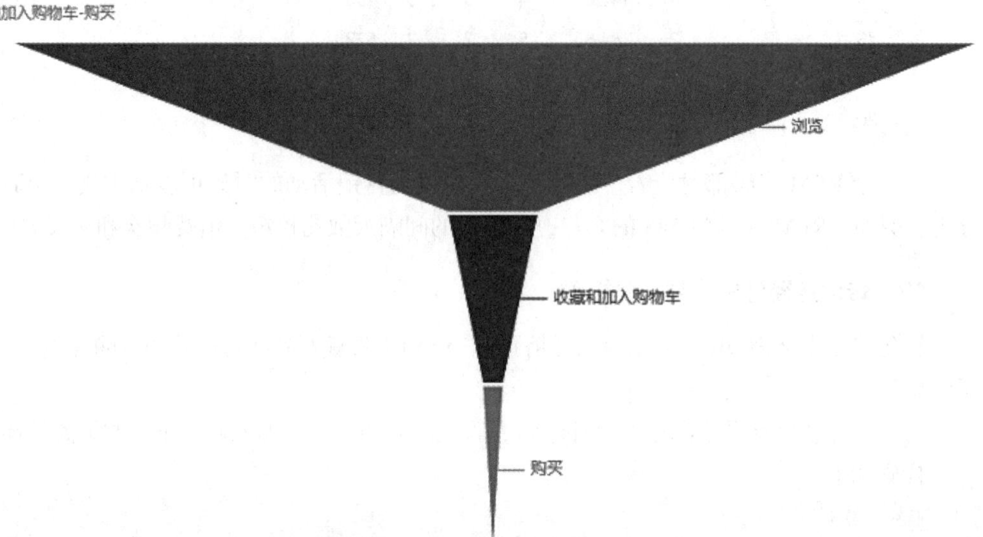


图 7-5　根据各环节的人数绘制各环节转化率的漏斗图

(3) 计算单一环节的转化率

代码如下：

```
cart_ratio = count_pv_cart/count_pv
print('加入购物车转化率为：%.2f%%'%(cart_ratio*100))
buy_ratio = count_cart_buy/count_pv_cart
print('购买转化率为：%.2f%%'%(buy_ratio*100))
```

输出结果：

```
加入购物车转化率为：6.28%
购买转化率为：34.14%
```

(4) 在数据集中添加“单一环节转化率”列

代码如下：

```
temp1 = np.array(data_behavior['人数'][1:])
temp2 = np.array(data_behavior['人数'][0:-1])
print(temp1,temp2)
# 计算单一环节转化率
single_convs = temp1 / temp2
single_convs = list(single_convs)
single_convs.insert(0,1)
data_behavior['单一环节转化率'] = single_convs
data_behavior
```

输出结果：

| | 环节 | 人数 | 单一环节转化率 |
|---|---|---|---|
| 0 | pv | 679668 | 1.00 |
| 1 | cart | 42714 | 0.06 |
| 2 | buy | 14582 | 0.34 |

(5) 绘制单一环节转化率漏斗图

代码如下：

```
attrs=[a+":  "+str(round(b,2))+"%" for a,b in zip(data_behavior['环节'],
                                            data_behavior['单一环节转化率']* 100)]
attr_value=[round(a,2) for a in data_behavior['单一环节转化率']* 100]
funnel = Funnel()
funnel.add("", [list(z) for z in zip(attrs, attr_value)],
                                label_opts=opts.LabelOpts(position="inside"))
funnel.set_global_opts(title_opts=opts.TitleOpts(title="单一环节转化率漏斗分析"))
funnel.render_notebook()
```

输出结果如图 7-6 所示。

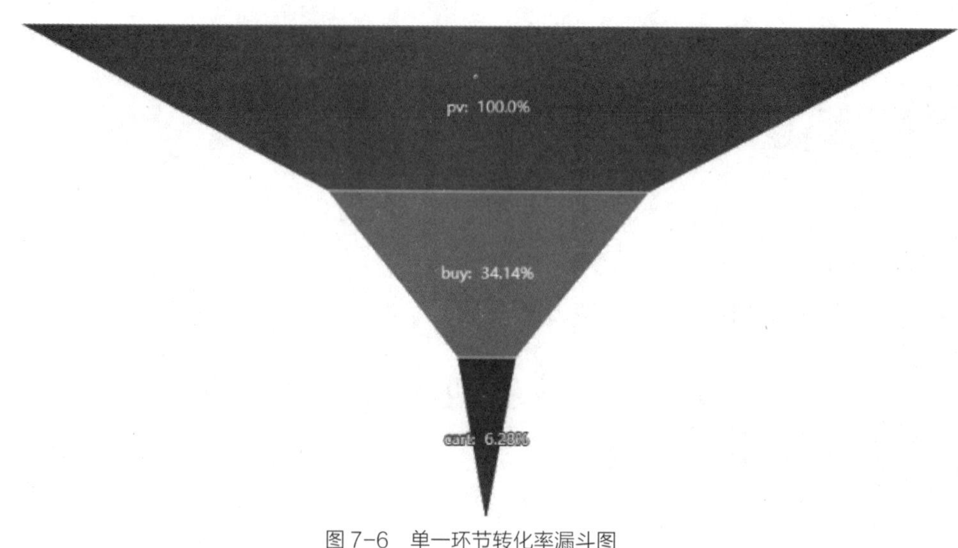


图 7-6　单一环节转化率漏斗图





（6）计算总体转化率

代码如下：

```
flag=data_behavior['人数'][0]
data_behavior['总体转化率'] = data_behavior['人数']/flag
data_behavior
```

输出结果：

| | 环节 | 人数 | 单一环节转化率 | 总体转化率 |
|---|---|---|---|---|
| 0 | pv | 679668 | 1.00 | 1.00 |
| 1 | cart | 42714 | 0.06 | 0.06 |
| 2 | buy | 14582 | 0.34 | 0.02 |

（7）绘制总体转化率漏斗图

代码如下：

```
attrs=[a+":  "+str(round(b,2))+"%" for a,b in zip(data_behavior['环节'],
                                        data_behavior['总体转化率']* 100)]
attr_value=[round(a,2) for a in data_behavior['总体转化率']* 100]
funnel = Funnel()
funnel.add("商品", [list(z) for z in zip(attrs, attr_value)],
                   label_opts=opts.LabelOpts(position="inside"))
funnel.set_global_opts(title_opts=opts.TitleOpts(title="总体转化率漏斗分析"))
funnel.render_notebook()
```

输出结果如图 7-7 所示。

从图 7-7 可以发现客户从浏览商品详情页，然后将商品加入购物车、收藏商品等，最后到购买商品，其中各个环节并没有必然的联系。由上面的计算我们能看到从浏览到收藏和加入购物车，转化率只有 6.28%，而到购买转化率仅有 2.15%，转化率非常低，说明所推荐的商品不是客户喜欢的，或者是客户不想要的商品。接下来，网上商城能够做的就是优化商品的推荐机制，提高客户搜索商品的效率，提升客户从浏览到收藏和加入购物车的转化率，这样才能够最终提升客户购买的比例。

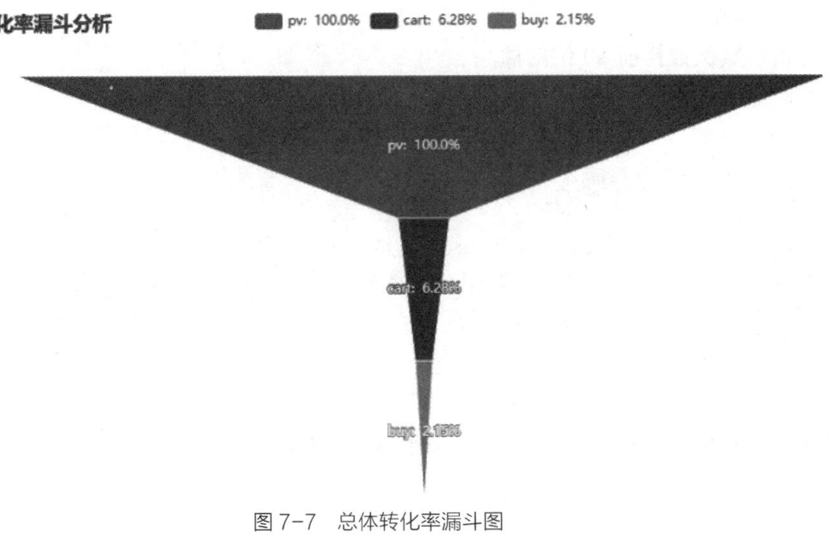

图 7-7　总体转化率漏斗图

### 13. 商品销售分析

（1）分析销售数量排前 10 位的商品

这里取销售数量排前 10 位的商品进行分析。

代码如下：

```
buy_top=df1[df1.行为类型=="buy"]["商品ID"].value_counts().head(10)
bar = Bar()
bar.add_xaxis(buy_top.index.tolist())
bar.add_yaxis("销售数量排前10位的商品",buy_top.values.tolist())
bar.set_global_opts(title_opts=opts.TitleOpts(title="销售数量排前10位的商品"))
bar.render_notebook()
```

输出结果如图 7-8 所示。

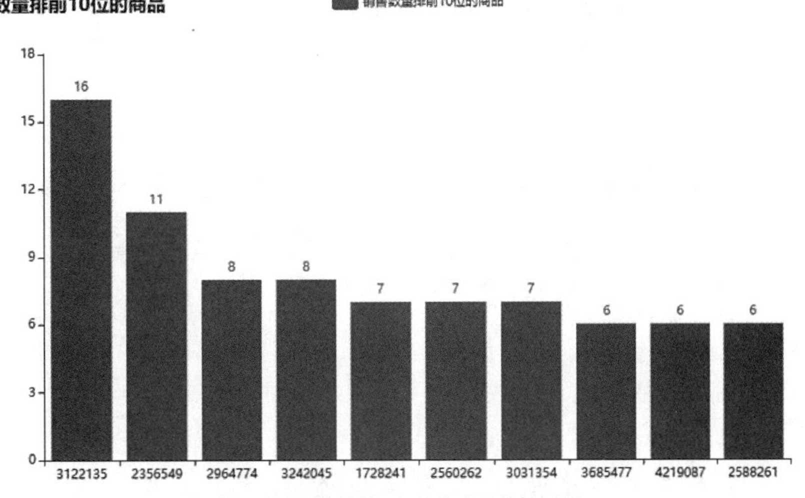

图 7-8　销售数量排前 10 位的商品的柱形图

（2）分析浏览次数排前 10 位的商品

扫描二维码在线浏览电子活页 7-5“绘制浏览次数排名前 10 位的商品柱形图”中的代码及绘制的图形。

在线浏览

电子活页 7-5

（3）分析收藏次数排前 10 位的商品

这里取收藏次数排前 10 位的商品进行分析。

代码如下：

```
fav_top=df1[df1.行为类型=="fav"]["商品ID"].value_counts().head(10)
bar = Bar()
bar.add_xaxis(buy_top.index.tolist())
bar.add_yaxis("收藏次数排名前10位的商品",buy_top.values.tolist())
bar.set_global_opts(title_opts=opts.TitleOpts(title="收藏次数排名前10位的商品"))
bar.render_notebook()
```

输出结果如图 7-9 所示。





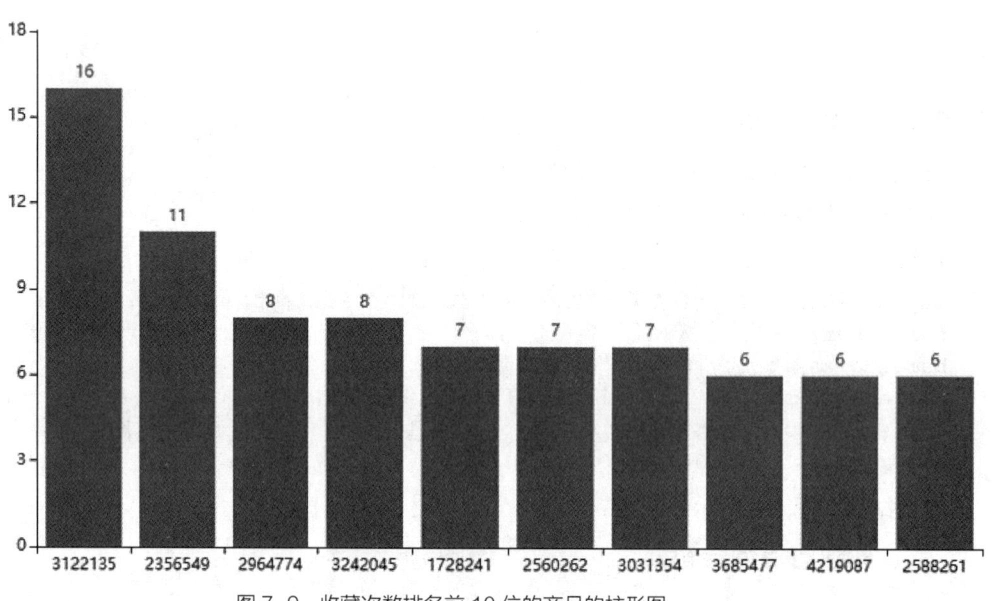


图 7-9　收藏次数排名前 10 位的商品的柱形图

（4）分析城市购买力

代码如下：

```
city_top=df1[df1.行为类型=="buy"][["城市","金额"]].groupby("城市").sum()
                                    .sort_values("金额",ascending=False)
bar = Bar()
bar.add_xaxis(city_top.index.tolist())
bar.add_yaxis("城市购买力",[round(a,2) for a in city_top.金额])
bar.render_notebook()
```

输出结果如图 7-10 所示。

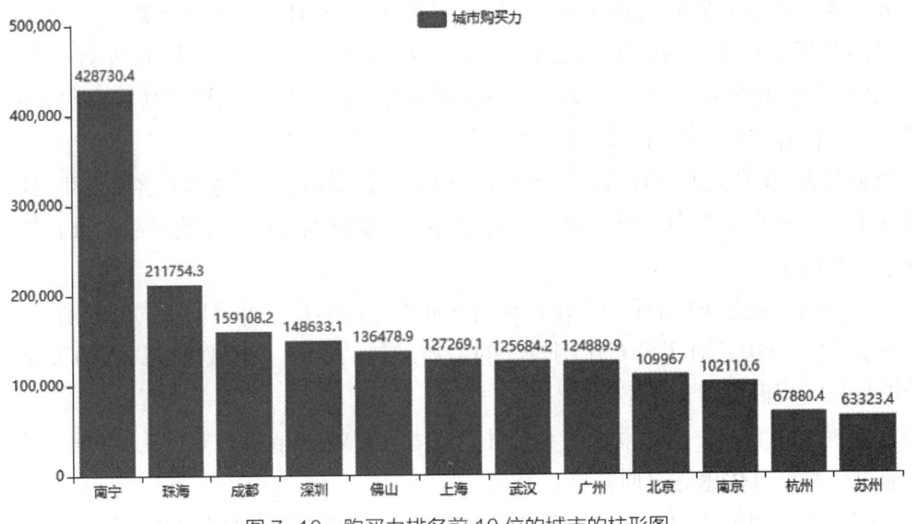

图 7-10　购买力排名前 10 位的城市的柱形图

（5）分析不同性别的购买力情况

扫描二维码在线浏览电子活页 7-6“绘制不同性别购买力饼图”中的代码及绘制的图形。

在线浏览

电子活页 7-6

（6）分析不同商品类型的销售情况

代码如下：

```
cat_top=df1[df1.行为类型=="buy"]["商品类型 ID"].value_counts().head(10)
bar = Bar()
bar.add_xaxis(cat_top.index.tolist())
bar.add_yaxis("销售数量排前 10 位的商品类型",cat_top.values.tolist())
bar.render_notebook()
```

输出结果如图 7-11 所示。

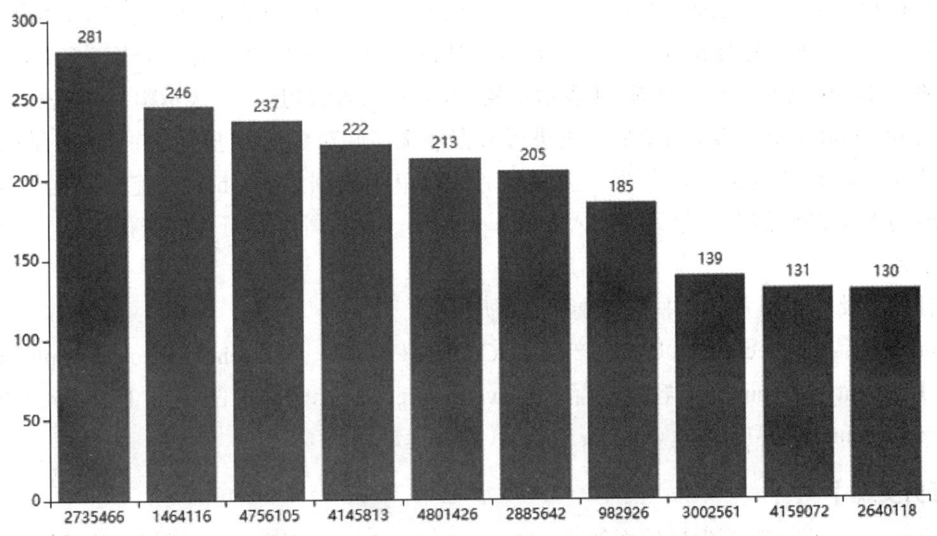

图 7-11　销售数量排前 10 位商品类型的柱形图

本任务从 4 个方面分析客户的行为，并且利用 RFM 模型对客户进行分类。

（1）时间维度：在客户的休闲时间段，例如通勤时间 7—10 点，午饭时间 12—13 点，以及下班时间 18—22 点做促销活动，以及进行一些相关的营销，这样能够提高客户购买的转化率。根据客户留存监控客户的后续行为，防止客户流失。

（2）消费行为：在高流失率环节，给予引导与提示，提高转化率。考虑在客户发生首购行为后，发放特殊优惠，以提高复购率。对于浏览量高的商品，要重点分析，优化商品的推荐机制，让客户做到浏览即想购买。

（3）客户价值：通过 RFM 模型分析得到的不同类型的客户，并采取不同的激励方案。

在多种类型客户中，对于分布比例较大的需要发展的客户（忠诚度较高，购买能力不足），适当给予折扣或实行捆绑销售策略。

对于需要挽留的客户，通过发短信和邮件，或者客户端 App 推送等，让客户重新回来消费，此外可以通过一些节日优惠等召回客户。

对于具有重要价值的客户，需要为其提供 VIP 服务，比如发放某些优惠券等。



（4）商品分析：对于高浏览量商品，可以将重心转移至定价上，实行差异化定价，以提高购买数量；对于高购买率商品，建议提高曝光率，结合多平台宣传，提高浏览量；对于明星商品，建议平台给予侧重，以保证持续的优质。



## 【任务 7-2】京东客户行为分析

### 【任务描述】

现有两个 Excel 文件——“df_short.xlsx”（记录“客户消费信息”）和“df_label.xlsx”（记录“客户偏好特征”），包含京东电子商务网站 74 天的交易数据。其中“df_short.xlsx”文件有 8 列、55148 行数据，所有列都不存在数据缺失情况；“df_label.xlsx”文件有 21 列、49003 行数据，仅有 5 列数据完整，有 16 列数据存在缺失情况。

数据集 df_short 中“type”列即“客户行为类型”列，一共有 5 种客户行为类型，编码分别为 1、2、3、4、5，且 1 的频次最高，为 49149，其次是 4、5、3、2，频次分别为 3180、1188、931、700，可以认定为 1 表示浏览、4 表示收藏、5 表示加入购物车、3 表示购买、2 表示评论。

先对 df_short 和 df_label 两个数据集进行数据清洗，并对数据集进行合并操作，数据集 df_product_buy 中增加“购买数量”列。然后分别针对单个数据集 df_short 和连接数据集 df_key_customers 探析商品的浏览、收藏、加入购物车、购买、评论等客户行为的变化趋势。为什么会有这种趋势？

本任务涉及的商品大类的中英文对照如下所示。

Food（食品）、Electronics（电子产品）、Clothes（服装）、Household Electric Appliance（家用电器）、Beauty Makeup（美容化妆品）、Jewelry Accessories（珠宝配饰）、Furniture（家具）、Mother and Infant（母婴产品）、Outdoor Sports（户外运动用品）。

### 【任务实现】

在 Jupyter Notebook 开发环境中创建 tc07-02initialize.ipynb，然后在单元格中编写代码并输出对应的结果。

### 1. 数据清洗与合并

（1）导入模块

导入通用模块的代码详见“本书导学”。

（2）读取数据

代码如下：

```
path=r'data\df_short.xlsx'
data1 = pd.read_excel(path)
df_short=data1.copy()
df_label = pd.read_excel(r'.\data\JD_labels.xlsx')
```

（3）删除数据集中多余的列

代码如下：

```
df_short.drop(df_short.columns[[0]],axis=1,inplace=True)
df_label.drop(df_label.columns[[0]],axis=1,inplace=True)
```

（4）删除数据集中的重复记录

代码如下：

```
df_short = df_short.drop_duplicates(subset=None, keep='first', inplace=False)
df_label = df_label.drop_duplicates(subset=None, keep='first', inplace=False)
```

（5）将清洗后的数据保存到指定文件中

代码如下：

```
df_short.to_excel(r'data\df_product.xlsx')
df_label.to_excel(r'data\df_consume.xlsx')
```

（6）验证两个数据集中是否为同一时间段、同一批客户的数据

代码如下：

```
print(len(df_product['customer_id'].unique()))
print(df_consume.shape[0])
print(len(df_product['customer_id'].unique()) == df_consume.shape[0])
```

输出结果：

```
49003
49003
True
```

（7）在数据集中添加“购买数量”列

代码如下：

```
buy_cnt=df_product.groupby(['customer_id','product_id']).agg({'date':
'count'})
buy_cnt.rename(columns={'date':'购买数量'},inplace=True)
buy_cnt.reset_index(inplace=True)
buy_cnt.info()
```

输出结果：

```
<class 'pandas.core.frame.DataFrame'>
RangeIndex: 55036 entries, 0 to 55035
Data columns (total 3 columns):
 #   Column       Non-Null Count  Dtype
---  ------       --------------  -----
 0   customer_id  55036 non-null  int64
 1   product_id   55036 non-null  int64
 2   购买数量         55036 non-null  int64
dtypes: int64(3)
memory usage: 1.3 MB
```

（8）合并 buy_cnt 和 df_product1 两个数据集并指定新数据集的列顺序

代码如下：

```
df_product1=df_product.drop_duplicates(subset=['customer_id','product_id'],
                                       keep='first',inplace=False)
df_product_buy=pd.merge(buy_cnt,df_product1,how='left',on=['customer_id',
                                                            'product_id'])
df_product_buy=df_product_buy[['customer_id','product_id','type','shop_category',
                        'category','brand','date','购买数量']]
```

（9）根据“customer_id”列合并 df_product_buy 和 df_label 两个数据集

代码如下：

```
df_product_consume = pd.merge( df_label,df_product_buy, on='customer_id',
                                                         how='right')
```

（10）将合并后的数据集保存到指定的文件中

代码如下：

```
df_product_buy.to_excel(r'data\df_product_buy.xlsx')
df_product_consume.to_excel(r'data\df_product_consume.xlsx')
```

在 Jupyter Notebook 开发环境中创建 tc07-02.ipynb，然后在单元格中编写代码并输出对应的结果。

### 2. 导入模块

导入通用模块的代码详见“本书导学”。导入其他模块的代码如下：

```
import matplotlib.gridspec as gridspec
sns.set(font='FangSong')
```

### 3. 读取数据与数据预处理

（1）读取数据集

读取数据集 df_short 中数据的代码如下：

```
path=r'data\ df_product.xlsx'
data1 = pd.read_excel(path,dtype = {'customer_id':str, 'product_id':str })
data1.info()
```

输出结果：

```
<class 'pandas.core.frame.DataFrame'>
RangeIndex: 55148 entries, 0 to 55147
Data columns (total 8 columns):
 #   Column         Non-Null Count  Dtype
---  ------         --------------  -----
 0   Unnamed: 0     55148 non-null  int64
 1   customer_id    55148 non-null  object
 2   product_id     55148 non-null  object
 3   type           55148 non-null  int64
 4   brand          55148 non-null  object
 5   category       55148 non-null  object
 6   shop_category  55148 non-null  object
 7   date           55148 non-null  datetime64[ns]
dtypes: datetime64[ns](1), int64(2), object(5)
memory usage: 3.4+ MB
```

读取数据集 df_label 中数据的代码如下：

```
data2 = pd.read_excel(r'data\df_consume.xlsx', dtype = {'customer_id':str})
```

（2）删除数据集中多余的列

代码如下：

```
data1=data1.drop('Unnamed: 0',axis=1)
data1.head()
```

输出结果：

| | customer_id | product_id | type | brand | category | shop_category | date |
|---|---|---|---|---|---|---|---|
| 0 | 1174854 | 344088 | 1 | Huawei | Phone | Electronics | 2022-03-07 |
| 1 | 455341 | 130092 | 1 | Other | Coat | Clothes | 2022-03-23 |
| 2 | 478893 | 131477 | 1 | Gree | Air Conditioner | Household Eletric Appliance | 2022-03-18 |
| 3 | 95399 | 310506 | 1 | Apple | Phone | Electronics | 2022-03-30 |
| 4 | 746439 | 296528 | 1 | illuma | Milk Power | Mother and Infant | 2022-02-26 |

```
data2=data2.drop('Unnamed: 0',axis=1)
```

（3）复制数据集

代码如下：

```
df_short=data1.copy()
df_label= data2.copy()
```

（4）删除数据集 df_short 中的重复记录并查看数据集大小

代码如下：

```
df_short = df_short.drop_duplicates(subset=None, keep='first', inplace=False)
df_short.shape
```

输出结果：

```
(55137, 7)
```

（5）删除数据集 df_label 中的重复记录并查看数据集大小

代码如下：

```
df_label = df_label.drop_duplicates(subset=None, keep='first', inplace=False)
df_label.shape
```

输出结果：

```
(49003, 20)
```

（6）查看数据集 df_short 中不重复的客户的数量

代码如下：

```
len(df_short['customer_id'].unique())
```

输出结果：

```
49003
```

### 4. 针对单个数据集的客户行为分析



（1）将表示客户行为类型的数字转换为字符

将表示客户行为类型的数字转换为字符，便于查看，代码如下：

```
action_map = {1:'浏览',2:'评论',3:'购买',4:'收藏',5:'加入购物车'}
df_short['type'] = df_short['type'].map(action_map)
df_short.head()
```

输出结果：

| | customer_id | product_id | type | brand | category | shop_category | date |
|---|---|---|---|---|---|---|---|
| 0 | 1174854 | 344088 | 1 | Huawei | Phone | Electronics | 2022-03-07 |
| 1 | 455341 | 130092 | 1 | Other | Coat | Clothes | 2022-03-23 |
| 2 | 478893 | 131477 | 1 | Gree | Air Conditioner | Electric Appliance | 2022-03-18 |
| 3 | 95399 | 310506 | 1 | Apple | Phone | Electronics | 2022-03-30 |
| 4 | 746439 | 296528 | 1 | illuma | Milk Power | Mother and Infant | 2022-02-26 |

（2）统计各类客户行为的数量

代码如下：

```
df1=df_short.groupby('type')['customer_id'].count().reset_index()
df1.columns=['客户行为类型','数量']
df1 = df1.sort_values(by='数量',ascending=False)
df1
```

输出结果：

| | 客户行为类型 | 数量 |
|---|---|---|
| 2 | 浏览 | 49139 |
| 1 | 收藏 | 3166 |
| 0 | 加入购物车 | 1188 |
| 4 | 购买 | 945 |
| 3 | 评论 | 700 |

（3）绘制各类客户行为数量柱形图

代码如下：

```
plt.figure(figsize=(8,6))
sns.barplot(x=df1. 客户行为类型 ,y=df1. 数量 ).set(title=' 各类客户行为数量 ')
plt.show()
```

输出结果如图 7-12 所示。

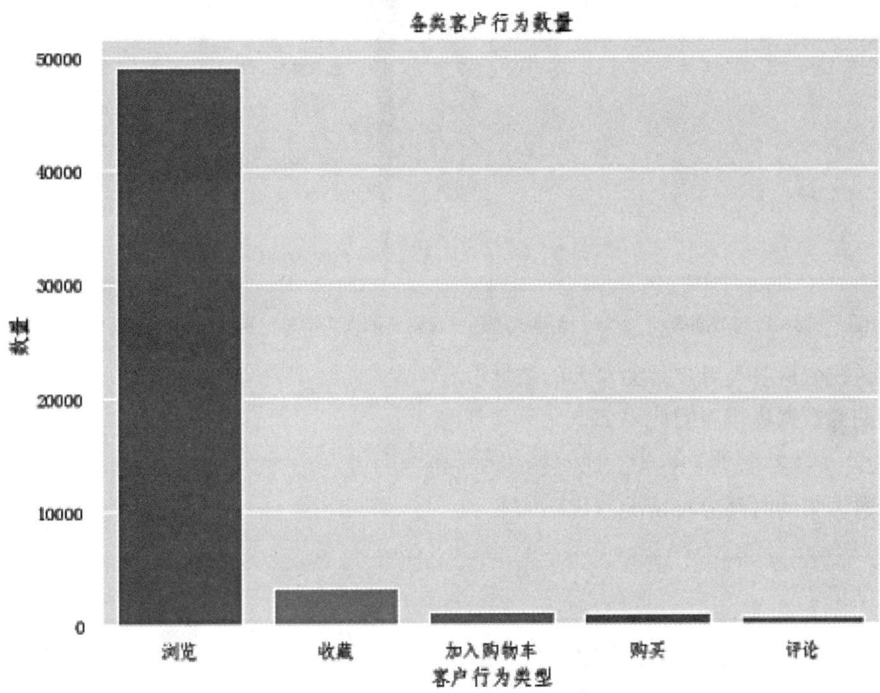


图 7-12　各类客户行为数量柱形图

扫描二维码在线浏览电子活页 7-7“绘制各类客户行为数量柱形图方法 2”中的代码及绘制的图形。

在线浏览

电子活页 7-7

（4）针对数据集 df_short 绘制“浏览 - 收藏 - 加入购物车 - 购买 - 评论”转化率漏斗图

代码如下：

```
funnel = (
    Funnel()
    .add(
        "type",
        [list(z) for z in zip(df_short.type.value_counts().index.tolist(),
                              df_short.type.value_counts().tolist())],
        label_opts=opts.LabelOpts(position="outside",formatter="{b}:{c}({d}%)"),
    )
    .set_global_opts(title_opts=opts.TitleOpts(title=' 各环节的转化率 ',
                                      subtitle=' 浏览 - 收藏 - 加入购物车 - 购买 - 评论 '))
)
funnel.render_notebook()
```

输出结果如图 7-13 所示。

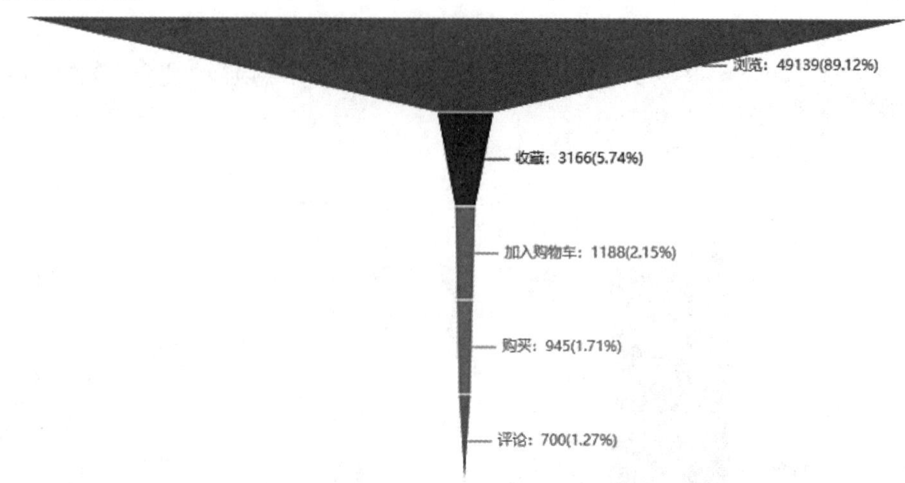


图 7-13　针对数据集 df_short 绘制“浏览 - 收藏 - 加入购物车 - 购买 - 评论”转化率漏斗图





（5）透视分析各类客户行为每天的数量

按日期对数据集排序的代码如下：

```
df_short.sort_values(by='date',ascending=True,inplace=True)
```

查看数据集的时间分布情况的代码如下：

```
short.describe(datetime_is_numeric=True)
```

输出结果：

| | date |
|---|---|
| count | 55138 |
| mean | 2022-03-07 14:56:31.200261120 |
| min | 2022-02-01 00:00:00 |
| 25% | 2022-02-16 00:00:00 |
| 50% | 2022-03-07 00:00:00 |
| 75% | 2022-03-25 00:00:00 |
| max | 2022-04-15 00:00:00 |

透视分析各类客户行为每天的数量的代码如下：

```
short_detail=pd.pivot_table(columns='type',index='date',data=short,values=
                                        'customer_id',aggfunc=np.size)
short_detail.head()
```

输出结果：

| type | 加入购物车 | 收藏 | 浏览 | 评论 | 购买 |
|---|---|---|---|---|---|
| date | | | | | |
| 2022-02-01 | 5.0 | 64.0 | 1094.0 | 12.0 | NaN |
| 2022-02-02 | 11.0 | 48.0 | 950.0 | 9.0 | NaN |
| 2022-02-03 | 13.0 | 77.0 | 1048.0 | 10.0 | 2.0 |
| 2022-02-04 | 13.0 | 68.0 | 1169.0 | 14.0 | NaN |
| 2022-02-05 | 16.0 | 60.0 | 1093.0 | 20.0 | NaN |

（6）分析各类客户行为的日变化趋势

代码如下：

```
plt.figure(figsize=(15,8))
sns.lineplot(data=short_detail)
plt.show()
```

输出结果如图 7-14 所示。

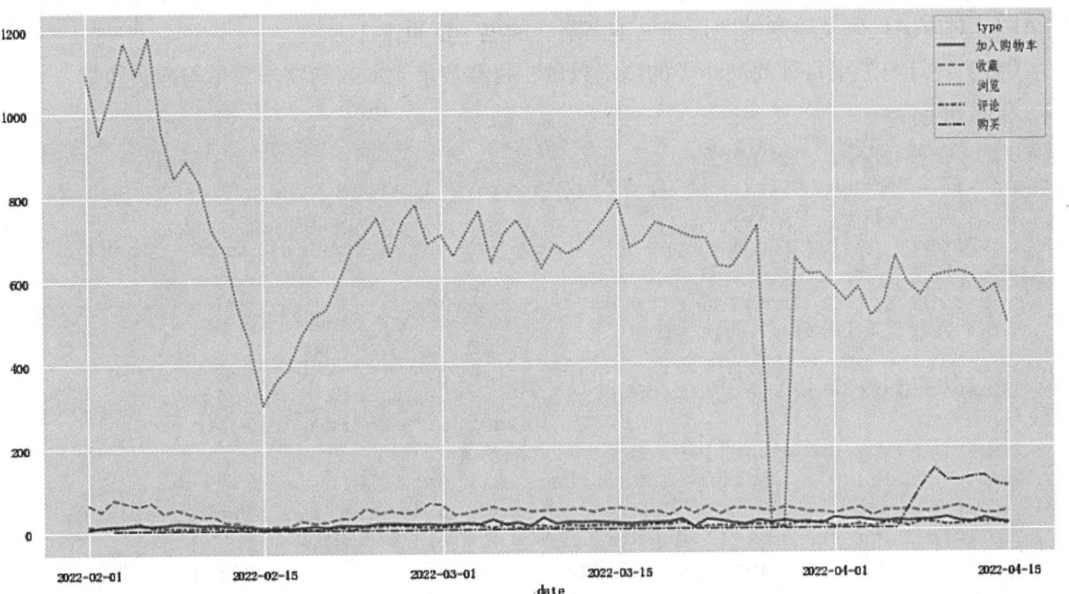


图 7-14　反映各类客户行为的日变化趋势的折线图

（7）查看有“购买”行为的客户 ID

代码如下：

```
usr_buy=df_short[df_short['type']==' 购买 '].groupby(['date','customer_id'])
                                    .count()['type'].reset_index()
usr_buy.head()
```

输出结果：

| | date | customer_id | type |
|---|---|---|---|
| 0 | 2022-02-03 | 121982 | 1 |
| 1 | 2022-02-03 | 1496979 | 1 |
| 2 | 2022-02-22 | 1496979 | 1 |
| 3 | 2022-02-23 | 675346 | 1 |
| 4 | 2022-02-28 | 895001 | 1 |

（8）按客户行为类型提取数据

代码如下：

```
type1 = df_short[df_short['type']==' 浏览 ']    # 浏览
type2 = df_short[df_short['type']==' 评论 ']    # 评论
type3 = df_short[df_short['type']==' 购买 ']    # 购买
type4 = df_short[df_short['type']==' 收藏 ']    # 收藏
```

```
type5 = df_short[df_short['type']=='加入购物车']    # 加入购物车
```

（9）使用多个子图区域分析各类客户行为的时间变化趋势

使用多个子图区域分析各类客户行为的时间变化趋势，对应的代码及绘制的图形详见本书配套的电子活页 7-1。

（10）绘制浏览数量、购买数量、收藏数量与加入购物车数量排前 5 位的商品小类柱形图

绘制浏览数量、购买数量、收藏数量与加入购物车数量排前 5 位的商品小类柱形图，对应的代码及绘制的图形详见本书配套的电子活页 7-2。

电子活页 7-2

（11）统计与汇聚每种商品小类的浏览数量、收藏数量、加入购物车数量与购买数量

代码如下：

```
# 统计每种商品小类的浏览数量
browseData = pd.DataFrame(type1['category'].value_counts().sort_index())
# 统计每种商品小类的购买数量
buyData = pd.DataFrame(type3['category'].value_counts().sort_index())
# 统计每种商品小类的收藏数量
followData = pd.DataFrame(type4['category'].value_counts().sort_index())
# 统计每种商品小类的加入购物车数量
CartData = pd.DataFrame(type5['category'].value_counts().sort_index())
behaviorData = pd.merge(browseData,followData,left_index=True,
                        right_index=True,how='outer')
behaviorData.columns=['浏览数量','收藏数量']
behaviorData = pd.merge(behaviorData,CartData,left_index=True,
                         right_index=True,how='outer')
behaviorData.columns=['浏览数量','收藏数量','加入购物车数量']
behaviorData = pd.merge(behaviorData,buyData,left_index=True,
                         right_index=True,how='outer')
behaviorData.columns=['浏览数量','收藏数量','加入购物车数量','购买数量']
behaviorData.fillna(0,inplace=True)
behaviorData.head()
```

输出结果：

| | 浏览数量 | 收藏数量 | 加入购物车数量 | 购买数量 |
|---|---|---|---|---|
| Air Conditioner | 424 | 74.0 | 17.0 | 10.0 |
| Badminton | 226 | 40.0 | 8.0 | 8.0 |
| Basketball | 146 | 21.0 | 6.0 | 11.0 |
| Basketball Shoes | 23 | 3.0 | 0.0 | 2.0 |
| Bed | 761 | 57.0 | 16.0 | 14.0 |

（12）分析浏览数量、加入购物车数量、收藏数量与购买数量之间的相关关系

代码如下：

```
behaviorData.corr()
```

输出结果：

| | 浏览数量 | 收藏数量 | 加入购物车数量 | 购买数量 |
|---|---|---|---|---|
| 浏览数量 | 1.000000 | 0.312182 | 0.948181 | 0.941891 |
| 收藏数量 | 0.312182 | 1.000000 | 0.464005 | 0.282901 |
| 加入购物车数量 | 0.948181 | 0.464005 | 1.000000 | 0.959180 |
| 购买数量 | 0.941891 | 0.282901 | 0.959180 | 1.000000 |

从输出结果可以看出：加入购物车数量与购买数量的相关系数为 0.959180，表明两者高度相关；浏览数量与购买数量的相关系数为 0.941891，表明两者高度相关；收藏数量与购买数量的相关系数为 0.282901，表明两者低度相关。收藏数量与购买数量的相关关系相对较弱，说明收藏功能不应该作为产品运营的优化重点。

（13）绘制各类客户行为的数量相关关系的热力图

代码如下：

```
plt.figure(figsize = (5,5),dpi=100)
sns.heatmap(behaviorData.corr(), cmap='coolwarm')
plt.show()
```

输出结果如图 7-15 所示。

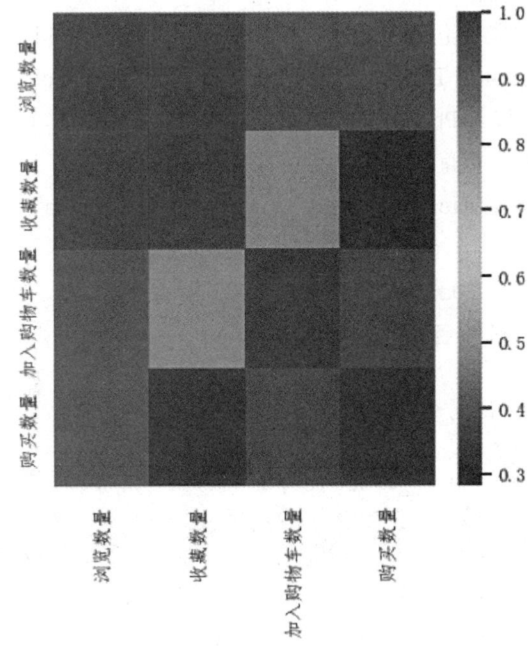


图 7-15　各类客户行为的数量相关关系的热力图

（14）各类客户行为的占比分析

代码如下：

```
type_dis = df_short['type'].value_counts().reset_index()
type_dis['rate'] = (type_dis['type'] / type_dis['type'].sum()).round(3)
type_dis = type_dis.rename(columns={'index':'客户行为类型','type':'累计数量',
'rate':'占比'})
type_dis.style.bar(color='red',subset=['占比'])
```

输出结果：

| | 客户行为类型 | 累计数量 | 占比 |
|---|---|---|---|
| 0 | 浏览 | 49139 | 0.891000 |
| 1 | 收藏 | 3166 | 0.057000 |
| 2 | 加入购物车 | 1188 | 0.022000 |
| 3 | 购买 | 945 | 0.017000 |
| 4 | 评论 | 700 | 0.013000 |

### 5. 查看数据集中各列的数据信息

（1）查看数据集 df_short 中各列的数据信息

代码如下：

```
for column in df_short.columns:
    print("列名", ":",column)
    print("部分列值：", df_short[column].unique()[0:10])
    print("列值数量：", df_short[column].unique().shape[0])
    print("列缺失值情况：", df_short[column].isnull().sum(), "\n")
```

数据集 df_short 中主要包括消费特征关键字段，df_short 数据集关于消费行为的信息中，无缺失字段。

消费特征关键字段及其值如下。

shop_category：商品大类，包含 Electronics、Clothes、Household Electric Appliance、Jewelery Accessories、Mother and Infant、Food、Beauty Makeup、Outdoor Sports、Furniture 等 9 大类。

category：商品小类，包含 Phone、Coat、Air Conditioner、Milk Power、Tablet、Rice Cooker、Refrigerator、Cookie 等 53 小类商品。

brand：商品品牌，包含 Huawei、Other、Gree、Apple、Illuma、Samsung、Supor、Haier 等 71 个品牌。

date：消费日期，分布于 2022 年 2 月 1 日—2022 年 4 月 15 日，约 74 天。

（2）查看数据集 df_label 中各列的数据信息

代码如下：

```
for column in df_label.columns:
    print("列名", ":",column)
    print("部分列值：", df_label[column].unique()[0:8])
    print("列值数量：", df_label[column].unique().shape[0])
    print("列缺失值情况：", df_label[column].isnull().sum(), "\n")
```

数据集 df_label 中包括客户行为主要字段，数据缺失情况严重，其中数据严重缺失的列有：time_Order（45831）、cate_most_Follow（48313）、cate_most_SavedCart（48077）、cate_most_Order（45831）、month_buy（47645）、month_Cart（48077）、week_buy（48658）、week_Cart（48077）、last_SavedCart（48077）、last_Order（45831）、interval_buy（48996）、week_active（29344）、month_active（29344）。这些列的数据缺失严重，无法进行准确的相关分析，可以删除这些列。数据一般缺失的列有：time_browse（5534）、cate_most_browse（5534）、last_browse（5534），这些列可以先不做处理。

消费特征主要字段如下。

browse_not_buy：浏览但未购买，包含是、否这 2 种值。

cart_not_buy：加入购物车但未购买，包含是、否这 2 种值。

buy_again：是否复购，包含未购买、否、是这 3 种值。

month_active：月活跃次数。

week_active：周活跃次数。

## 6. 对两个数据集实施连接操作

（1）从数据集 df_short 中提取关键列，并对时间进行构造处理

代码如下：

```
df_short['date']=pd.to_datetime(df_short['date'])
key_data = pd.DataFrame({
    '客户 ID': df_short['customer_id'],
    '商品大类 ': df_short['shop_category'],
    '商品小类 ': df_short['category'],
    '品牌名称 ': df_short['brand'],
    '行为类型 ': df_short['type'],
    '消费日期 ': df_short['date']
})
key_data['消费月份 '] =key_data['消费日期 '].dt.month
#key_data['消费周次 ']=key_data['消费日期 '].dt.day_name()
key_data['消费周次 ']=key_data['消费日期 '].dt.weekday+1
```

输出结果：

| | 客户ID | 商品大类 | 商品小类 | 品牌名称 | 行为类型 | 消费日期 | 消费月份 | 消费周次 |
|---|---|---|---|---|---|---|---|---|
| 41043 | 13425 | Food | Tea | Lipton | 浏览 | 2022-02-01 | 2 | 2 |
| 44266 | 1193098 | Electronics | Digital Camera | Nikon | 浏览 | 2022-02-01 | 2 | 2 |
| 10452 | 236887 | Clothes | Coat | Other | 收藏 | 2022-02-01 | 2 | 2 |
| 10434 | 1602810 | Electronics | Digital Camera | Sony | 浏览 | 2022-02-01 | 2 | 2 |
| 44309 | 57251 | Electronics | Phone | Huawei | 浏览 | 2022-02-01 | 2 | 2 |

（2）从数据集 df_label 中提取关键列

代码如下：

```
customers = pd.DataFrame({
                '客户 ID': df_label['customer_id'],
                '浏览未购买 ': df_label['browse_not_buy'],
                '加入购物车未购买 ': df_label['cart_not_buy'],
                '是否复购 ': df_label['buy_again'],
                '月活跃度 ': df_label['month_active'],
                '周活跃度 ': df_label['week_active']
})
customers.head()
```

输出结果：

| | 客户ID | 浏览未购买 | 加入购物车未购买 | 是否复购 | 月活跃度 | 周活跃度 |
|---|---|---|---|---|---|---|
| 0 | 1174854 | 是 | 是 | 未购买 | NaN | NaN |
| 1 | 455341 | 是 | 是 | 未购买 | 1.0 | 1.0 |
| 2 | 478893 | 是 | 是 | 未购买 | 1.0 | 1.0 |
| 3 | 95399 | 是 | 是 | 未购买 | 1.0 | 1.0 |
| 4 | 746439 | 是 | 是 | 未购买 | NaN | NaN |

（3）以“客户 ID”作为连接键进行两个数据集的内连接处理

代码如下：

```
df_key_customers = pd.merge(key_data,customers,how='inner',on='客户ID')
df_key_customers.head()
```

输出结果：

| | 客户ID | 商品大类 | 商品小类 | 品牌名称 | 行为类型 | 消费日期 | 消费月份 | 消费周次 | 浏览未购买 | 加入购物车未购买 | 是否复购 | 月活跃度 | 周活跃度 |
|---|---|---|---|---|---|---|---|---|---|---|---|---|---|
| 0 | 13425 | Food | Tea | Lipton | 浏览 | 2022-02-01 | 2 | 2 | 是 | 是 | 未购买 | NaN | NaN |
| 1 | 13425 | Electronics | Phone | Samsung | 浏览 | 2022-02-01 | 2 | 2 | 是 | 是 | 未购买 | NaN | NaN |
| 2 | 1193098 | Electronics | Digital Camera | Nikon | 浏览 | 2022-02-01 | 2 | 2 | 是 | 是 | 未购买 | NaN | NaN |
| 3 | 236887 | Clothes | Coat | Other | 收藏 | 2022-02-01 | 2 | 2 | 否 | 否 | 否 | NaN | NaN |
| 4 | 1602810 | Electronics | Digital Camera | Sony | 浏览 | 2022-02-01 | 2 | 2 | 是 | 是 | 未购买 | NaN | NaN |

## 7. 针对连接数据集的客户行为分析

（1）获取有复购行为的相关数据

代码如下：

```
vip =  df_key_customers.loc[ (df_key_customers['是否复购']=='是') &
                             (df_key_customers['行为类型']=='购买')]
vip[['客户ID','商品大类','商品小类','消费日期','行为类型','是否复购']]
```

输出结果：

| | 客户ID | 商品大类 | 商品小类 | 消费日期 | 行为类型 | 是否复购 |
|---|---|---|---|---|---|---|
| 3173 | 1496979 | Jewellery Accessories | Necklace | 2022-02-03 | 购买 | 是 |
| 3174 | 1496979 | Jewellery Accessories | Necklace | 2022-02-22 | 购买 | 是 |
| 3245 | 121982 | Beauty Makeup | Facial Essence | 2022-02-03 | 购买 | 是 |
| 3246 | 121982 | Beauty Makeup | Facial Essence | 2022-04-06 | 购买 | 是 |
| 11666 | 157619 | Electronics | Phone | 2022-04-09 | 购买 | 是 |
| 11667 | 157619 | Electronics | Phone | 2022-04-13 | 购买 | 是 |
| 19896 | 675346 | Food | Milk | 2022-02-23 | 购买 | 是 |
| 19897 | 675346 | Food | Cookie | 2022-03-09 | 购买 | 是 |
| 24363 | 895001 | Beauty Makeup | Face Cream | 2022-02-28 | 购买 | 是 |
| 24364 | 895001 | Beauty Makeup | Face Cream | 2022-04-12 | 购买 | 是 |
| 31310 | 558952 | Food | Tea | 2022-03-09 | 购买 | 是 |
| 31311 | 558952 | Food | Tea | 2022-03-28 | 购买 | 是 |
| 32452 | 1240926 | Outdoor Sports | Basketball | 2022-03-11 | 购买 | 是 |
| 32453 | 1240926 | Outdoor Sports | Basketball | 2022-04-13 | 购买 | 是 |
| 42045 | 1140839 | Electronics | Tablet | 2022-03-25 | 购买 | 是 |
| 42046 | 1140839 | Electronics | Tablet | 2022-04-10 | 购买 | 是 |
| 44955 | 1197695 | Food | Milk | 2022-04-12 | 购买 | 是 |
| 44956 | 1197695 | Electronics | Tablet | 2022-04-14 | 购买 | 是 |
| 44966 | 118758 | Food | Tea | 2022-03-30 | 购买 | 是 |
| 44967 | 118758 | Clothes | Coat | 2022-04-10 | 购买 | 是 |
| 47909 | 656420 | Electronics | Notebook | 2022-04-09 | 购买 | 是 |
| 47913 | 656420 | Electronics | Phone | 2022-04-10 | 购买 | 是 |
| 50489 | 502169 | Beauty Makeup | Sunscreen Cream | 2022-04-09 | 购买 | 是 |
| 50490 | 502169 | Beauty Makeup | Face Cream | 2022-04-14 | 购买 | 是 |

从输出结果可以看出：有 12 位客户有复购的行为，可以给予其会员福利或者其他满减消费券刺激其再次消费，提高忠诚度；对于剩下的无复购行为的群体，可以有针对性地设立低门槛消费券或大礼包，吸引其进行复购。这样通过定位复购群体，可以提供精细化运营和营销策略。

（2）针对数据集 df_label 计算浏览 - 购买转化率

代码如下：

```
count_pv= customers['客户ID'].count().astype('float')
count_pv_buy= customers.loc[customers['浏览未购买']=='否']['客户ID']
```

```
                                                    .count().astype('float')
count_cart_buy= customers.loc[customers['加入购物车未购买']=='否']['客户ID']
                                        .count().astype('float')
view_p=count_pv_buy/count_pv
print("浏览-购买转化率为",round(100*view_p,4),"%")
```

输出结果：

```
浏览-购买转化率为 11.3013 %
```

（3）针对数据集 df_label 计算加入购物车-购买转化率

代码如下：

```
cart_p=count_cart_buy/count_pv
print("加入购物车-购买转化率为",round(100*cart_p,4),"%")
```

输出结果：

```
加入购物车-购买转化率为 11.2973 %
```

从输出结果可以看出：浏览-购买转化率和加入购物车-购买转化率相近，都偏低，需要采取有力的营销策略来提高购买转化率。

（4）针对数据集 df_label 绘制“浏览-加入购物车-购买”转化率漏斗图

代码如下：

```
type_data_pair = [('浏览',count_pv),
                  ('浏览后购买',count_pv_buy),
                  ('加入购物车后购买', count_cart_buy)]
funnel = (Funnel()
        .add('',
            data_pair = type_data_pair,
            gap = 2,
            label_opts = opts.LabelOpts(position = 'top',formatter="{b}:{c}"),
            tooltip_opts = opts.TooltipOpts(is_show=True))
        .set_global_opts(title_opts = opts.TitleOpts(title='各环节的转化率',
                                subtitle='浏览-浏览后购买-加入购物车后购买'))
        )
funnel.render_notebook()
```

输出结果如图 7-16 所示。

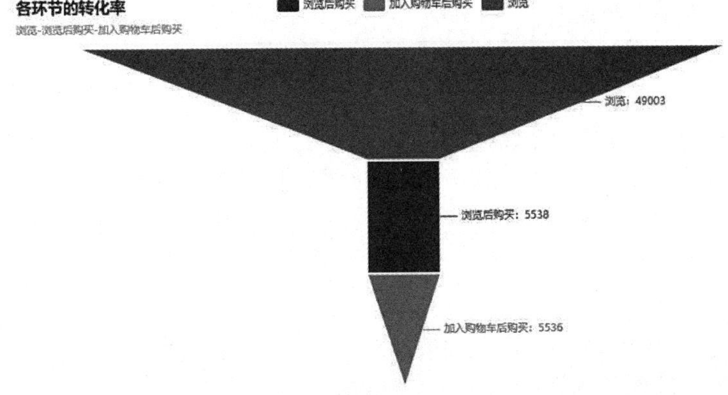


图 7-16 针对数据集 df_label 的“浏览-加入购物车-购买”转化率漏斗图

从图 7-16 可以看出：浏览-购买转化率和加入购物车-购买转化率都较低，需要采取有效的营销策略来提高购买转化率。

# 模块8 电商客户消费偏好特征分析

08

本模块主要针对电商客户的平台消费情况分析客户消费的偏好特征，包括京东客户消费数据预处理与整体消费特征分析、京东电商客户喜好的商品大类及细分类型分析、京东电商客户喜好的商品品牌分析、京东电商客户浏览与下单时间的偏好特征分析、京东电商客户消费行为特征分析与RFM分析，并从时间维度分析京东电商客户浏览、订购等行为的频次特征。

## 方法要点

☑ 使用 read_excel() 函数读取 Excel 文件中的数据以及完成读取数据时的参数设置。
☑ 获取数据集的大小（维度）。
☑ 随机查看数据集的 5 行数据。
☑ 删除无效字段。
☑ 查看数据集中各列数据的数据类型、数据集行数。
☑ 获取重复记录数量与内容。
☑ 从时间数据列提取年、月、日、星期数据。
☑ 删除重复行数据、全为空的数据、异常数据。
☑ 填充缺失数据、转换数据类型。
☑ 取反查看数据集中的数据。
☑ 改正逻辑错误数据。
☑ 按日期列排序并重置索引。
☑ 将表示客户行为类型的数字转换为字符。
☑ 计算总访问量、日均访问量、总访客数和人均访问量等电商指标。
☑ 计算消费客户数、消费客户访问量、消费客户人均访问量和客户跳失率等。
☑ 统计不同购买次数的客户的人数。
☑ 计算复购率。
☑ 统计每个客户的浏览数量、购买数量。
☑ 分解数据集中包含多个类型名称的“商品类型”列数据。
☑ 统计各种商品类型的浏览次数、各个浏览时间段的人数。
☑ 获取浏览次数排前 10 位的商品类型。
☑ 使用 Counter 统计各个时间段的浏览数量与下单数量。

☑ 应用以下方法或函数：concat()、merge()、min()、max()、to_datetime()、copy()、duplicated()、drop_duplicates()、dropna()、drop()、sum()、nunique()、unique()、len()、value_counts()、fillna()、groupby()、count()、append()、sort_index()、reset_index()、zip()、text()、astype()、keys()、tolist()、extend()、split()、isna()、agg() 等。





## 绘图清单

☑ 使用 matplotlib.pyplot 的 pie() 函数绘制饼图。
☑ 使用 matplotlib.pyplot 的 plot() 函数绘制饼图、折线图。
☑ 使用 matplotlib.pyplot 的 bar() 函数绘制柱形图。
☑ 使用 matplotlib.pyplot 的 subplots() 函数设置画布中子图的行列数。
☑ 使用 matplotlib.pyplot 的 vlines() 函数和 scatter() 函数共同绘制棒棒糖图。
☑ 使用 pandas 的 DataFrame.plot() 方法绘制柱形图。
☑ 使用 seaborn 的 barplot() 方法绘制条形图、柱形图。
☑ 使用 seaborn 的 displot() 方法绘制柱形图。
☑ 使用 seaborn 的 lineplot() 方法绘制折线图。
☑ 使用 seaborn 的 pointplot() 方法绘制折线图。
☑ 使用 pyecharts.charts 的 Bar 类绘制柱形图、条形图。
☑ 使用 pyecharts.charts 的 TreeMap 类绘制矩形树形图。
☑ 使用 pyecharts.charts 的 WordCloud 类绘制词云图。
☑ 使用 pyecharts.charts 的 Line 类绘制折线图。
☑ 使用 pyecharts.charts 的 Gauge 类绘制仪表盘图。
☑ 使用 plotly.graph_objs 的 Pie 类绘制饼图。
☑ 使用 plotly.graph_objs 的 Bar 类绘制柱形图。
☑ 使用 pyecharts.charts 的 Pie 类绘制饼图、玫瑰图。

说明

本模块所涉及的“统计数量”是指未明确区分浏览、收藏、加入购物车、订购的数量。

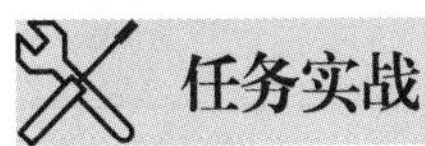

## 任务实战

# 【任务 8-1】京东客户消费数据预处理与整体消费特征分析

**【任务描述】**

现有 3 个 Excel 文件，分别是“df_short.xlsx”（记录“客户消费信息”）、“df_short_buy.xlsx”（记录“客户消费信息”并增加统计数量列）、“df_label.xlsx”（记录“客户偏好特征”），这些数据是京东电子商务网站 74 天的交易数据。其中“df_short.xlsx”文件有 8 列、55148 行数据，所有列都不存在数据缺失情况；“df_label.xlsx”文件有 21 列、49003 行数据，仅有“Unnamed:0”“customer_id”“browse_not_buy”“cart_not_buy”“buy_again”这 5 列无数据缺失情况，有 16 列数据存在缺失情况。其中列名“Unnamed:0”表示临时列名，暂用“Unnamed:0”表示。

Excel 文件“df_short.xlsx”的主要列名称及其说明如表 8-1 所示。

表8-1　Excel文件“df_short.xlsx”的主要列名称及其说明

| 序号 | 列名称 | 中文名称 | 说明 |
|---|---|---|---|
| 1 | customer_id | 客户 ID | 标识不同客户的唯一依据，同一客户的 ID 相同 |
| 2 | product_id | 商品 ID | 标识不同商品的唯一依据，同一商品的 ID 相同 |
| 3 | type | 客户行为类型 | 1 表示浏览、2 表示评论、3 表示购买、4 表示收藏、5 表示加入购物车 |
| 4 | shop_category | 商品大类 | 例如电子产品、服装、家用电器、母婴产品、食品、美容化妆品、户外运动用品、家具等 |
| 5 | category | 商品小类 | 可以理解为商品细分类型，即商品小类，部分商品小类中英文对照如下所示：Tea（茶）、Digital Camera（数码相机）、Coat（外套）、Phone（手机）、Coffee（咖啡）、Notebook（笔记本电脑）、Refrigerator（冰箱）、Air Conditioner（空调）、Foundation Make-up（粉底）、Milk（牛奶）、Cookie（饼干）、Rice Cooker（电饭煲）、Face Cream（面霜）、Lipstick（口红） |
| 6 | brand | 商品品牌 | 例如华为、格力、小米等 |
| 7 | date | 日期 | 客户行为发生的日期 |

Excel 文件“df_label.xlsx”的主要列名称及其说明如表 8-2 所示。

表8-2　Excel文件“df_label.xlsx”的主要列名称及其说明

| 序号 | 列名称 | 中文名称 | 说明 |
|---|---|---|---|
| 1 | customer_id | 客户 ID | 客户的 ID，无空值 |
| 2 | time_browse | 浏览时间段 | 字符串类型，值为“早上”“中午”“晚上”“凌晨”等，空值可使用“NoRec”填充 |
| 3 | time_order | 订购时间段 | |
| 4 | cate_most_browse | 最常浏览的商品类型 | 字符串类型，空值可使用“NoRec”填充 |
| 5 | cate_most_follow | 最常收藏的商品类型 | |
| 6 | cate_most_savedCart | 最常加入购物车的商品类型 | |
| 7 | cate_most_order | 最常订购的商品类型 | |
| 8 | month_buy | 月购买次数 | 浮点型，空值可使用 0 填充 |
| 9 | month_cart | 月加入购物车次数 | |
| 10 | month_active | 月活动次数 | 一月内登录、上线、发言、进行某些操作的次数，浮点型，空值可使用 0 填充 |
| 11 | week_buy | 周购买次数 | 一周内购买次数 |
| 12 | week_cart | 周加入购物车次数 | 一周内加入购物车次数 |
| 13 | week_active | 周活跃次数 | 一周内登录、上线、发言、进行某些操作的次数 |

| 序号 | 列名称 | 中文名称 | 说明 |
|---|---|---|---|
| 14 | last_browse | 上一次浏览距离今天的天数 | 当前客户最近一次浏览距离今天的天数 |
| 15 | last_savedCart | 上一次加入购物车距离今天的天数 | 当前客户最近一次添加商品到购物车距离今天的天数 |
| 16 | last_order | 上一次购买距离今天的天数 | 当前客户最近一次购买距离今天的天数 |
| 17 | interval_buy | 间隔天数 | 当前客户最近两次购买的间隔天数 |
| 18 | browse_not_buy | 是否只浏览未购买 | 值为是、否 |
| 19 | cart_not_buy | 是否只加入购物车未购买 | 值为是、否 |
| 20 | buy_again | 当前客户是否再次购买商品 | 值为未购买（指客户从未购买）、是（指客户再次购买）、否（指客户未复购） |

针对 df_short 和 df_label 两个数据集完成以下主要操作。

（1）查看数据集的相关信息。

（2）对数据集进行数据预处理。

（3）计算客户统计总数量。

（4）计算客户消费主要电商指标。

（5）统计客户浏览数量与购买数量。

**【任务实现】**

在 Jupyter Notebook 开发环境中创建 tc08-01.ipynb，然后在单元格中编写代码并输出对应的结果。

### 1. 导入模块

导入通用模块的代码详见“本书导学”。

### 2. 读取数据

读取客户消费信息数据集的代码如下：

```
data1 = pd.read_excel(r'data\df_short.xlsx',parse_dates=['date'],
                      dtype = {'customer_id':str, 'product_id':str })
df_short=data1.copy()
```

读取客户偏好特征数据集的代码如下：

```
data2 = pd.read_excel(r'.\data\df_label.xlsx',dtype = {'customer_id':str})
df_label=data2
```

### 3. 查看数据集 df_short 的相关信息

（1）查看数据集 df_short 的基本信息

代码如下：

```
df_short.info()
```

输出结果：

```
<class 'pandas.core.frame.DataFrame'>
RangeIndex: 55148 entries, 0 to 55147
Data columns (total 8 columns):
 #   Column         Non-Null Count  Dtype
---  ------         --------------  -----
 0   Unnamed: 0     55148 non-null  int64
 1   customer_id    55148 non-null  object
 2   product_id     55148 non-null  object
 3   type           55148 non-null  int64
 4   brand          55148 non-null  object
 5   category       55148 non-null  object
 6   shop_category  55148 non-null  object
 7   date           55148 non-null  datetime64[ns]
dtypes: datetime64[ns](1), int64(2), object(5)
memory usage: 3.4+ MB
```

（2）查看数据集 df_short 的大小（维度）

代码如下：

```
print('数据集大小：',df_short.shape)
```

输出结果：

```
数据集大小：(55148, 8)
```

（3）查看数据集 df_short 的部分数据

随机查看数据集的 5 行数据的代码如下：

```
df_short.sample(5)
```

输出结果：

| | Unnamed: 0 | customer_id | product_id | type | brand | category | shop_category | date |
|---|---|---|---|---|---|---|---|---|
| 22954 | 142138 | 4517 | 85222 | 1 | Redmi | Phone | Electronics | 2022-03-23 |
| 28654 | 183221 | 1409082 | 148975 | 1 | Sumsung | Phone | Electronics | 2022-03-24 |
| 39686 | 163524 | 820491 | 124330 | 1 | UNIQLO | Coat | Clothes | 2022-02-19 |
| 38093 | 151525 | 1371539 | 206988 | 1 | Innisfree | Face Cream | Beauty Makeup | 2022-04-02 |
| 13307 | 28186 | 983620 | 361609 | 1 | Lipton | Tea | Food | 2022-04-10 |

同时展示前 5 行和后 5 行数据的代码如下：

```
pd.concat([df_short.head(), df_short.tail()])
```

输出结果：

| | Unnamed: 0 | customer_id | product_id | type | brand | category | shop_category | date |
|---|---|---|---|---|---|---|---|---|
| 0 | 155942 | 1174854 | 344088 | 1 | Huawei | Phone | Electronics | 2022-03-07 |
| 1 | 162254 | 455341 | 130092 | 1 | Other | Coat | Clothes | 2022-03-23 |
| 2 | 176833 | 478893 | 131477 | 1 | Gree | Air Conditioner | Household Eletric Appliance | 2022-03-18 |
| 3 | 151802 | 95399 | 310506 | 1 | Apple | Phone | Electronics | 2022-03-30 |
| 4 | 57802 | 746439 | 296528 | 1 | illuma | Milk Power | Mother and Infant | 2022-02-26 |
| 55143 | 21800 | 907477 | 253192 | 1 | Haier | Washing Machine | Household Eletric Appliance | 2022-03-16 |
| 55144 | 65108 | 818997 | 37177 | 1 | Chow Tai Fook | Necklace | Jewellery Accessories | 2022-03-23 |
| 55145 | 69754 | 771488 | 206886 | 1 | Other | Eye Shadow | Beauty Makeup | 2022-03-20 |
| 55146 | 176019 | 739636 | 104908 | 1 | Lipton | Tea | Food | 2022-03-24 |
| 55147 | 58807 | 506427 | 303014 | 4 | Estee Lauder | Foundation Make-up | Beauty Makeup | 2022-02-23 |

（4）查看“date”列的基本信息

代码如下：

```
df_short['date'].describe(datetime_is_numeric=True)
```

输出结果：

```
count                              55148
mean     2022-03-07 14:57:14.713861120
min                2022-02-01 00:00:00
25%                2022-02-16 00:00:00
50%                2022-03-07 00:00:00
75%                2022-03-25 00:00:00
max                2022-04-15 00:00:00
Name: date, dtype: object
```

（5）查看时间范围，并输出起始日期、结束日期及日期相差

代码如下：

```
minDate=df_short['date'].min()
print('起始日期：',minDate)
maxDate=df_short['date'].max()
print('结束日期：',maxDate)
diffData=maxDate-minDate
print('日期相差：',diffData,'天')
print('时间范围为：{}到{}'.format(min(data1.date),max(data1.date)))
```

输出结果：

```
起始日期：2022-02-01 00:00:00
结束日期：2022-04-15 00:00:00
日期相差：74 days 00:00:00 天
时间范围为：2022-02-01 00:00:00 到 2022-04-15 00:00:00
```

从输出结果可以看出：时间上无异常值。

（6）删除无效字段

删除“Unnamed: 0”列的代码如下：

```
df_short.drop(df_short.columns[[0]], axis=1, inplace=True)
```

以下代码也能实现删除“Unnamed: 0”列的功能：

```
short_df.drop(labels='Unnamed: 0', axis=1, inplace=True)
df_short = df_short.drop('Unnamed: 0', axis=1)
del df_short['Unnamed: 0']
```

（7）查看数据集中各列数据的数据类型

代码如下：

```
df_short.dtypes
```

输出结果：

```
customer_id             object
product_id              object
type                     int64
brand                   object
category                object
shop_category           object
date            datetime64[ns]
dtype: object
```

（8）查看是否存在重复记录

查看重复记录数量的代码如下：

```
print('数据集中含有%d行重复数据'%(df_short.duplicated().sum()))
```

输出结果：

```
数据集中含有10行重复数据
```

查看重复记录内容的代码如下：

```
df_short[df_short.duplicated()]
```

输出结果：

| | customer_id | product_id | type | brand | category | shop_category | date |
|---|---|---|---|---|---|---|---|
| **14549** | 587314 | 34308 | 1 | Sumsung | Phone | Electronics | 2022-02-03 |
| **26774** | 878681 | 198759 | 1 | Other | Phone | Electronics | 2022-02-28 |
| **36861** | 271879 | 39954 | 1 | Estee Lauder | Lipstick | Beauty Makeup | 2022-03-26 |
| **37632** | 634672 | 145661 | 1 | Nestle | Coffee | Food | 2022-04-08 |
| **44106** | 480586 | 64473 | 1 | Apple | Phone | Electronics | 2022-03-12 |
| **46470** | 138835 | 159496 | 1 | Apple | Phone | Electronics | 2022-03-15 |
| **49501** | 95107 | 248051 | 1 | Huawei | Phone | Electronics | 2022-02-09 |
| **49603** | 725670 | 264831 | 1 | Lays | Potatio Chips | Food | 2022-04-01 |
| **52587** | 45430 | 257980 | 1 | Other | Facial Moisturizer | Beauty Makeup | 2022-03-09 |
| **53472** | 963142 | 126304 | 1 | Other | Phone | Electronics | 2022-04-15 |

查看客户 ID 为“587314”的购买记录，代码如下：

```
df_short[df_short.customer_id=='587314']
```

输出结果：

| | customer_id | product_id | type | brand | category | shop_category | date |
|---|---|---|---|---|---|---|---|
| **11385** | 587314 | 26236 | 1 | Huawei | Phone | Electronics | 2022-02-02 |
| **14296** | 587314 | 34308 | 1 | Sumsung | Phone | Electronics | 2022-02-03 |
| **14549** | 587314 | 34308 | 1 | Sumsung | Phone | Electronics | 2022-02-03 |

观察输出结果可以发现：可能存在同一个产品客户下单购买多件的情况，可以考虑新增一列“购买数量”。

由于 df_short 数据集中的数据为客户消费信息数据，可以将重复数据看作同日重复购买，不做删除处理。

（9）查看数据集行数

代码如下：

```
df_short['customer_id'].count()
```

输出结果：

```
55148
```

（10）查看有无缺失数据

代码如下：

```
df_short.isnull().sum()
```

输出结果：

```
customer_id      0
product_id       0
type             0
brand            0
category         0
shop_category    0
date             0
dtype: int64
```

从输出结果可以看出：该数据集没有数据缺失，不需要进行数据清洗。

（11）查看数据集中各列数据去重后的数量

```
print('数据集中“customer_id”列去重后的数据数量为：',df_short['customer_id'].nunique())
print('数据集中“product_id”列去重后的数据数量为：',df_short['product_id'].nunique())
print('数据集中“type”列去重后的数据数量为：',df_short['type'].nunique())
print('数据集中“brand”列去重后的数据数量为：',df_short['brand'].nunique())
print('数据集中“category”列去重后的数据数量为：',df_short['category'].nunique())
print('数据集中“shop_category”列去重后的数据数量为：',
                                    df_short['shop_category'].nunique())
print('数据集中“date”列去重后的数据数量为：',df_short['date'].nunique())
```

输出结果：

```
数据集中“customer_id”列去重后的数据数量为： 49003
数据集中“product_id”列去重后的数据数量为： 25061
数据集中“type”列去重后的数据数量为： 5
数据集中“brand”列去重后的数据数量为： 71
数据集中“category”列去重后的数据数量为： 53
数据集中“shop_category”列去重后的数据数量为： 9
数据集中“date”列去重后的数据数量为： 74
```

从输出结果可以看出：列“customer_id”即“客户 ID”，去重后的数据数量为 49003，说明数据中有 6145 条重复的客户 ID；列“product_id”即“商品 ID”，去重后的数据数量为 25061，说明相关商品的数量为 25061；列“type”即“客户行为类型”，一共有 5 种客户行为类型，编码分别为 1、2、3、4、5，且 1 的频次最高，其次是 4、5、3、2，可以认定 1 表示浏览、4 表示收藏、5 表示加入购物车、3 表示购买、2 表示评论；“brand”即“商品品牌”，一共有 71 个；“category”即“商品小类”，一共有 53 种；“shop_category”即“商品大类”，一共有 9 种；“date”即“日期”，一共 74 天（2 月 1 日—4 月 15 日）。

以下代码也能实现查看“customer_id”列去重后的数据数量的功能：

```
len(df_short['customer_id'].unique())
df_short['customer_id'].unique().shape[0]
```

输出结果仍为：49003

（12）查看无重复数据的部分内容

代码如下：

```
print(df_short['type'].unique())
print('-'*75)
print(df_short['brand'].unique()[0:10])
print('-'*75)
print(df_short['category'].unique()[0:10])
print('-'*75)
print(df_short['shop_category'].unique())
```

输出结果：

```
[1 4 5 2 3]
---------------------------------------------------------------------------
['Huawei' 'Other' 'Gree' 'Apple' 'illuma' 'Sumsung' 'Supor' 'Haier' 'Vivo'
 'Joyoung']
---------------------------------------------------------------------------
['Phone' 'Coat' 'Air Conditioner' 'Milk Power' 'Tablet' 'Rice Cooker'
 'Refrigerator' 'Cookie' 'Induction Cooker' 'Television']
---------------------------------------------------------------------------
['Electronics' 'Clothes' 'Household Electric Appliance' 'Mother and Infant'
 'Food' 'Beauty Makeup' 'Outdoor Sports' 'Furniture'
 'Jewellery Accessories']
```

（13）提取时间数据

代码如下：

```
df_short['datetime'] = pd.to_datetime(df_short['date'])
df_short['year'] = df_short['datetime'].dt.year.astype('int')
df_short['month'] = df_short['datetime'].dt.month.astype('int')
df_short['weekday'] = df_short['datetime'].dt.weekday.astype('int')  #Monday是0
df_short['day'] = df_short['datetime'].dt.day.astype('int')
#df_short.drop(['date'], axis=1, inplace=True)
```

（14）查看时间数据

代码如下：

```
print('年份：')
print(df_short['year'].value_counts())
print('月份：')
print(df_short['month'].value_counts())
print('星期：')
print(df_short['weekday'].value_counts())
print('总天数：')
print(len(df_short['datetime'].unique()))
print('时间数据特征：')
print(df_short['datetime'].describe(datetime_is_numeric=True))
```

## 4. 针对数据集 df_short 的数据预处理

（1）删除重复行数据

代码如下：

```
df_short = df_short.drop_duplicates(subset=None, keep='first', inplace=False)
df_short.shape
```

输出结果：

```
(55138, 7)
```

（2）删除全为空的数据

代码如下：

```
df_short = df_short.dropna(how='all')
```

（3）填充缺失数据

将缺失数据使用 np.nan 填充，代码如下：

```
df_short = df_short.fillna(np.nan)
```

（4）转换数据类型

以下代码都可以将“date”列的数据转换为“datetime64”类型：

```
df_short['date'] = pd.to_datetime(df_short['date'])
df_short['date'] = df_short.date.apply(lambda x: pd.to_datetime(x))
```

## 5. 查看数据集 df_label 的相关信息

（1）查看数据集 df_label 的基本信息

代码如下：

```
df_label.info()
```

扫描二维码在线浏览电子活页 8-1 查看代码的输出结果。

在线浏览

电子活页 8-1

（2）查看数据集 df_label 的大小

代码如下：

```
print('数据集大小：')
print(df_label.shape)
```

输出结果：

```
数据集大小：
(49003, 21)
```

（3）查看数据集 df_label 的行数

代码如下：

```
df_label.shape[0]
```

输出结果：

```
49003
```

以下代码也可以查看数据集的行数：

```
len(df_label['customer_id'])
```

（4）查看数据集 df_label 各列数据的数据类型

代码如下：

```
print('数据类型：')
df_label.dtypes
```

（5）查看数据集 df_label 的基本统计情况

代码如下：

```
df_label.describe()
```

（6）查看数据集 df_label 是否存在重复数据

代码如下：

```
print('数据重复：')
df_label.duplicated().sum()
```

输出结果：

```
数据重复：
0
```





（7）查看数据集 df_label 有无缺失数据

代码如下：

```
df_label.isnull().sum()
```

（8）查看数据集 df_label 中缺失数据的占比

代码如下：

```
allNum=df_label['customer_id'].count()
(df_label.isnull().sum()/allNum*100).round(2)
```

（9）查看购买的时间间隔

代码如下：

```
df_label['interval_buy'].value_counts()
```

输出结果：

```
19.0    2
33.0    1
11.0    1
5.0      1
62.0    1
14.0    1
Name: interval_buy, dtype: int64
```

（10）取反查看

代码如下：

```
df_label[~df_label["interval_buy"].isnull()]
```

（11）检查数据逻辑错误与评估数据质量

代码如下：

```
# 检查数据逻辑错误
# 未购买无下单时间，符合逻辑
df_label[df_label['buy_again'] == '未购买']['time_order'].value_counts()
# “browse_not_buy”列中的“否”与“buy_again”列中的“未购买”矛盾，逻辑错误
df_label[df_label['buy_again'] == '未购买']['browse_not_buy'].value_counts()
```

```
# “cart_not_buy”列中的“否”与“buy_again”列中的“未购买”矛盾，逻辑错误
df_label[df_label['buy_again'] == '未购买']['cart_not_buy'].value_counts()
# 判断 buy_again 是否合理，找出下单时间为空但是再次购买的矛盾数据
contradict = df_label[(df_label['buy_again'] == '是') & \
            (df_label['interval_buy'] != df_label['interval_buy'])]
```

### 6. 针对数据集 df_label 的数据预处理

（1）填充缺失数据

代码如下：

```
# 将 none、nan 用 nan 替换
df_label = df_label.fillna(np.nan)
# 对空值进行填充
df_label[['time_browse','time_order','cate_most_browse','cate_most_order']] =
                          df_label[['time_browse','time_order','cate_most_browse',
                                'cate_most_order']].fillna('NoRec')
df_label[['month_buy', 'month_cart','month_active','week_buy', 'week_cart',
        'week_active','last_order','last_browse']] = df_label[['month_buy',
        'month_cart','month_active','week_buy', 'week_cart',
        'week_active','last_order','last_browse']].fillna(0)
# 用 0 补齐部分缺失数据，表示客户没有该行为
for i in ['month_buy', 'month_cart', 'month_active','week_buy', 'week_cart',
'week_active']:
    df_label[i].fillna(0, inplace=True)
```

（2）删除缺失值较多的列

df_label 数据集的缺失值较多，“interval_buy”列数据仅有 7 条，“cate_most_follow”“cate_most_savedCart”“month_cart”“week_buy”“week_cart”“last_savedCart”等列仅有不足 1000 条数据，可以考虑将其删除。“week_active”和“month_active”是完全相同的两列，可以将“week_active”列删除。其他缺失值较多的列根据实际需要进行删除或者填充即可。

代码如下：

```
df_label = df_label.drop('Unnamed:0',axis=1)
df_label.drop(columns=['cate_most_follow','cate_most_savedCart','last_savedCart'],
                                                              inplace=False)
df_label[df_label['buy_again']=='是'].dropna(axis=1)
```

（3）删除重复数据

代码如下：

```
df_label = df_label.drop_duplicates(subset=None, keep='first', inplace=False)
```

（4）删除全为空的数据

代码如下：

```
df_label = df_label.dropna(how='all')
df_label.dropna(axis=0,subset=['cate_most_browse'],how='all',inplace=True)
```

（5）删除异常数据

```
# 删除异常数据
delete_index = contradict.index.values.tolist()
```

```
df_label = df_label.drop(delete_index, axis='index')
```

（6）改正逻辑错误数据

代码如下：

```
# 改正逻辑错误数据
df_label['browse_not_buy'] = np.where(df_label['buy_again'] == '未购买', '是', '否')
df_label['cart_not_buy'] = np.where(df_label['buy_again'] == '未购买', '是', '否')
```

（7）查看客户复购情况

代码如下：

```
# buy_again 用于表示复购
# "未购买"指客户从未购买，"否"指客户未复购，"是"指客户复购
pd.unique(df_label["buy_again"].values)
```

输出结果：

```
array(['未购买', '否', '是'], dtype=object)
df_label['buy_again'].value_counts()
```

输出结果：

```
未购买    45826
否          3165
是             7
Name: buy_again, dtype: int64
```

### 7. 计算客户统计总数量

（1）读取数据

代码如下：

```
path=r'data\df_short_buy.xlsx'
short_buy_df = pd.read_excel(path)
```

（2）转换数据类型与提取日期信息

代码如下：

```
short_buy_df['date']=pd.to_datetime(short_buy_df['date'])
short_buy_df['date'].max(), short_buy_df['date'].min()
```

（3）提取时间数据

代码如下：

```
short_buy_df['年']=short_buy_df['date'].dt.year
short_buy_df['月']=short_buy_df['date'].dt.month
short_buy_df['日']=short_buy_df['date'].dt.day
short_buy_df['周']=short_buy_df['date'].dt.weekday
```

（4）删除数据集中多余列与查看数据集前 5 行数据

代码如下：

```
short_buy_df=short_buy_df.drop('Unnamed: 0',axis=1)
short_buy_df.head()
```

输出结果：

| | customer_id | product_id | type | brand | category | shop_category | date | 统计数量 | 年 | 月 | 日 | 周 |
|---|---|---|---|---|---|---|---|---|---|---|---|---|
| 0 | 1000073 | 58838 | 1 | Apple | Tablet | Electronics | 2022-02-03 | 1 | 2022 | 2 | 3 | 3 |
| 1 | 1000116 | 143525 | 1 | Other | Coat | Clothes | 2022-03-25 | 1 | 2022 | 3 | 25 | 4 |
| 2 | 1000121 | 13683 | 1 | HP | Notebook | Electronics | 2022-03-06 | 1 | 2022 | 3 | 6 | 6 |
| 3 | 1000121 | 93536 | 1 | DELL | Notebook | Electronics | 2022-04-03 | 1 | 2022 | 4 | 3 | 6 |
| 4 | 1000165 | 184843 | 1 | Acer | Notebook | Electronics | 2022-03-06 | 1 | 2022 | 3 | 6 | 6 |

（5）按日期列排序并重置索引

代码如下：

```
short_buy_df.sort_values(by='date',ascending=True,inplace=True)
short_buy_df.reset_index(drop=True,inplace=True)
```

（6）输出客户统计总数量

代码如下：

```
print('客户统计总数量：',short_buy_df['统计数量'].sum(),'件')
```

输出结果：

```
客户统计总数量：55138 件
```

### 8. 计算客户消费主要电商指标

（1）将表示客户行为类型的数字转换为字符

将表示客户行为类型的数字转换为字符，便于查看，代码如下：

```
action_map = {1:'浏览',2:'评论',3:'购买',4:'收藏',5:'加入购物车'}
df_short['type'] = df_short['type'].map(action_map)
df_short.head()
```

输出结果：

| | customer_id | product_id | type | brand | category | shop_category | date | datetime | year | month | weekday | day |
|---|---|---|---|---|---|---|---|---|---|---|---|---|
| 0 | 1174854 | 344088 | 浏览 | Huawei | Phone | Electronics | 2022-03-07 | 2022-03-07 | 2022 | 3 | 0 | 7 |
| 1 | 455341 | 130092 | 浏览 | Other | Coat | Clothes | 2022-03-23 | 2022-03-23 | 2022 | 3 | 2 | 23 |
| 2 | 478893 | 131477 | 浏览 | Gree | Air Conditioner | Household Electric Appliance | 2022-03-18 | 2022-03-18 | 2022 | 3 | 4 | 18 |
| 3 | 95399 | 310506 | 浏览 | Apple | Phone | Electronics | 2022-03-30 | 2022-03-30 | 2022 | 3 | 2 | 30 |
| 4 | 746439 | 296528 | 浏览 | illuma | Milk Power | Mother and Infant | 2022-02-26 | 2022-02-26 | 2022 | 2 | 5 | 26 |

（2）计算总访问量、日均访问量、总访客数和人均访问量等

代码如下：

```
pv = df_short[df_short['type'] == '浏览']['customer_id'].count()    #总访问量
uv = len(df_short['customer_id'].unique())                          #总访客数
pv_per_user = pv / uv                                               #人均访问量
pv_per_day = pv / len(df_short['date'])                             #日均访问量
print('总访问量为：%i' % pv)
print('日均访问量为：%.3f' % pv_per_day)
print('总访客数为：%i' % uv)
print('人均访问量为：%.3f' % pv_per_user)
```

输出结果：

```
总访问量为：49139
日均访问量为：0.891
总访客数为：49003
人均访问量为：1.003
```

（3）计算消费客户数、消费客户访问量、消费客户人均访问量和客户跳失率等

代码如下：

```
user_pay = df_short[df_short['type'] == '购买'].['customer_id'].unique()
                                                    #消费客户数
user_pay_rate = len(user_pay) / uv                  #消费客户数占比
#消费客户访问量
pv_pay = df_short[df_short['customer_id'].isin(user_pay)]['type'].value_
counts()['浏览']
pv_pay_rate = pv_pay / pv                           #消费客户访问量占比
pv_per_buy_user = pv_pay / len(user_pay)            #消费客户人均访问量
leave_rate = sum(df_short.groupby('customer_id')['type'].count() == 1) /
               (df_short['customer_id'].nunique())
print('消费客户数为：%i' %len(user_pay))
print('消费客户数占比为：%.3f%%' % (user_pay_rate * 100))
print('消费客户访问量为：%i' % pv_pay)
print('消费客户访问量占比为：%.3f%%' % (pv_pay_rate * 100))
print('消费客户人均访问量为：%.3f' % pv_per_buy_user)
print('客户跳失率为：%.3f%%' % (leave_rate * 100))
```

输出结果：

```
消费客户数为：933
消费客户数占比为：1.904%
消费客户访问量为：199
消费客户访问量占比为：0.405%
消费客户人均访问量为：0.213
客户跳失率为：91.415%
```

（4）针对数据集 df_short 查看购买次数为 1 次以上的客户

代码如下：

```
# 客户购买次数
sku_num = (df_short[df_short['type'] == '购买'].groupby('customer_id')['type']
    .count().to_frame().rename(columns={'type':'购买次数小计'}).reset_index())
# 购买次数为 1 次以上的客户
topsku = sku_num[sku_num['购买次数小计']>1]
                          .sort_values(by='customer_id',ascending=False)
num=topsku['购买次数小计'].count()
print('购买次数为 1 次以上的客户的数量为：',num)
topsku.head(num)
```

输出结果：

购买次数为1次以上的客户的数量为：12

| | customer_id | 购买次数小计 |
|---|---|---|
| 863 | 895001 | 2 |
| 704 | 675346 | 2 |
| 689 | 656420 | 2 |
| 629 | 558952 | 2 |
| 601 | 502169 | 2 |
| 349 | 157619 | 2 |
| 301 | 1496979 | 2 |
| 139 | 1240926 | 2 |
| 128 | 121982 | 2 |
| 113 | 1197695 | 2 |
| 108 | 118758 | 2 |
| 83 | 1140839 | 2 |





（5）针对数据集 df_consume 查看有复购行为的客户

代码如下：

```
df_consume = pd.read_excel(r'.\data\df_consume.xlsx',dtype = {'customer_id':str})
vip1 =  df_consume.loc[df_consume['buy_again']=='是']
                                    .sort_values(by='customer_id',ascending=False)
num=df_consume[df_consume['buy_again']=='是']['buy_again'].count()
print('有复购行为的客户的数量为：',num)
vip1[['customer_id','buy_again']]
```

输出结果：

有复购行为的客户的数量为： 12

| | customer_id | buy_again |
|---|---|---|
| 8571 | 895001 | 是 |
| 27587 | 675346 | 是 |
| 5758 | 656420 | 是 |
| 18018 | 558952 | 是 |
| 5700 | 502169 | 是 |
| 14813 | 157619 | 是 |
| 8910 | 1496979 | 是 |
| 1909 | 1240926 | 是 |
| 25939 | 121982 | 是 |
| 22034 | 1197695 | 是 |
| 4970 | 118758 | 是 |
| 25422 | 1140839 | 是 |

（6）统计不同购买次数的客户的人数

代码如下：

```
total_buy_count = (df_short[df_short['type']=='购买'].groupby(['customer_id'])['type']
                           .ount().to_frame().rename(columns={'type':'购买次数小计'}))
```

```
total_buy_count['购买次数小计'].value_counts()
```

输出结果：

```
1    921
2      12
Name: 购买次数小计, dtype: int64
```

（7）计算复购率

代码如下：

```
re_buy_rate = total_buy_count[total_buy_count['购买次数小计']>=2].count()/
                                    total_buy_count.count()
print('复购率为：%.2f%%' % (re_buy_rate * 100))
```

输出结果：

```
复购率为：1.29%
```

平台的复购率较低。由于时间跨度较小，消费者短期内再次购买的动机不强，这符合客观规律。平台应该将营销重点放在没有购买的消费者身上，这样不仅能节约资源，也能提高平台的客户转化率。





### 9. 统计客户浏览数量与购买数量

（1）统计每个客户的浏览数量

代码如下：

```
# 客户的浏览数量
sku_num = (short_buy_df[short_buy_df['type'] == 1].groupby('customer_id')['type']
            .count().to_frame().rename(columns={'type':'total'}).reset_index())
# 浏览数量排前 5 位的客户
topsku = sku_num.sort_values(by='total',ascending=False)
topsku.head()
```

输出结果：

| | customer_id | total |
|---|---|---|
| 13030 | 480586 | 17 |
| 35144 | 1298059 | 16 |
| 19960 | 734657 | 15 |
| 2444 | 86807 | 13 |
| 33865 | 1252123 | 12 |

（2）统计每个客户的购买数量

代码如下：

```
# 客户的购买数量
sku_num = (short_buy_df[short_buy_df['type'] == 3].groupby('customer_id')['type']
            .count().to_frame().rename(columns={'type':'total'}).reset_index())
# 购买数量排前 5 位的客户
topsku = sku_num.sort_values(by='total',ascending=False)
topsku.head()
```

输出结果：

| | customer_id | total |
|---|---|---|
| 295 | 502169 | 2 |
| 858 | 1496979 | 2 |
| 664 | 1140839 | 2 |
| 86 | 157619 | 2 |
| 385 | 675346 | 2 |

浏览数量较多的商品不一定是被购买较多的商品，这表明将商品推荐给客户，客户评估后觉得商品并不符合自己的购物预期，即在选择推荐商品或者说客户需求确定方面仍有问题待解决。





# 【任务 8-2】京东电商客户喜好的商品大类及细分类型分析

## 【任务描述】

现有 3 个 Excel 文件，分别是“df_product.xlsx”“df_product_buy.xlsx”和“df_consume.xlsx”，“df_product.xlsx”文件中有 8 列、55148 行数据，“df_consume.xlsx”文件中有 21 列、49003 行数据，Excel 文件“df_product.xlsx”的主要列名称及说明可参见表 8-1，Excel 文件“df_consume.xlsx”的主要列名称及说明可参见表 8-2。针对 df_product、df_product_buy 和 df_consume 3 个数据集完成以下操作。

（1）针对数据集 df_product 分析京东电商客户喜好的商品大类。

（2）针对数据集 df_product 分析京东电商客户喜好的商品小类。

（3）数据集 df_product_buy 中增加了“购买数量”列，针对数据集 df_product_buy 分析京东电商客户喜好的商品小类。

（4）针对数据集 df_consume 分析京东电商客户喜好的商品小类。

## 【任务实现】

### 1. 针对数据集 df_product 分析京东电商客户喜好的商品大类

在 Jupyter Notebook 开发环境中创建 tc08-02-01.ipynb，然后在单元格中编写代码并输出对应的结果。

（1）导入模块

导入通用模块的代码详见“本书导学”，导入其他模块的代码如下：

```
import math
import plotly as py
import matplotlib as mpl
import matplotlib.gridspec as gridspec
import plotly.graph_objs as go
from plotly.graph_objs import Scatter
from pyecharts.globals import ThemeType
```

```
from pyecharts.faker import Faker
from datetime import datetime
sns.set(font='FangSong')
pyplot=py.offline.iplot
```

本任务后面各操作需导入的模块类似，不再重复列出代码。

（2）读取数据与预处理

代码如下：

```
path=r'data\df_product.xlsx'
data1 = pd.read_excel(path,parse_dates=['date'],dtype = {'customer_id':str,
                                                         'product_id':str })
data1 = data1.drop('Unnamed: 0',axis=1)
df_short=data1.copy()
```

（3）查看商品大类与统计商品大类已购商品的数量

了解目前商品大类有哪些，并统计商品大类已购商品的数量。





查看商品大类的代码如下：

```
df_short.shop_category.unique()
```

输出结果：

```
array(['Electronics', 'Clothes', 'Household Electric Appliance',
       'Mother and Infant', 'Food', 'Beauty Makeup', 'Outdoor Sports',
       'Furniture', 'Jewellery Accessories'], dtype=object)
```

统计每一个商品大类已购商品的数量的代码如下：

```
shopCategoryCounts = df_short.shop_category.value_counts()
#shop_category=data_short['shop_category'].value_counts()
shopCategoryCounts
```

输出结果：

```
Electronics                     21739
Clothes                          9106
Beauty Makeup                    8835
Food                             7471
Household Electric Appliance     3076
Furniture                        1746
Jewellery Accessories            1560
Outdoor Sports                   1184
Mother and Infant                 421
Name: shop_category, dtype: int64
```

客户访问的商品大类中排前 5 位的是电子产品、服装、美容化妆品、食品、家用电器。

（4）绘制饼图分析京东电商客户喜好的商品大类

可以通过多种方法绘制饼图分析京东电商客户喜好的商品大类。

方法 1 的代码如下：

```
trace=[go.Pie(labels=shopCategoryCounts.index.tolist(),values=shopCategory
              Counts.values.tolist(),textfont=dict(size=12,color='white'))]
layout=go.Layout(title=' 商品大类占比 ')
fig=go.Figure(data=trace,layout=layout)
pyplot(fig)
```

输出结果如图 8-1 所示。

商品大类占比

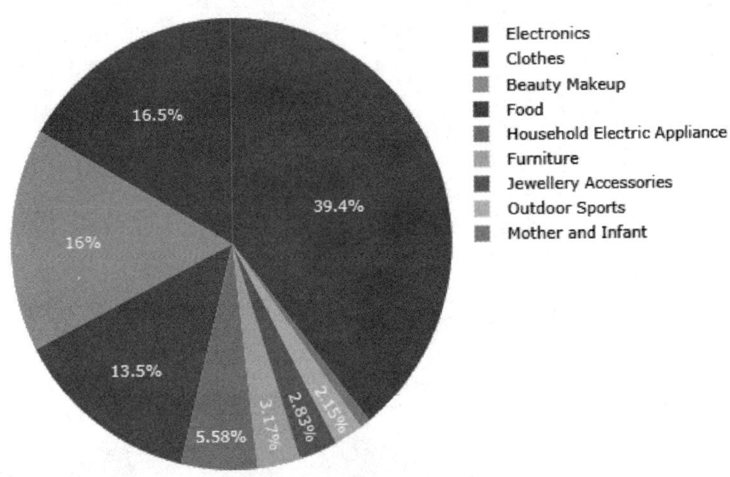


图 8-1　商品大类占比饼图

从图 8-1 可以看出：京东电商平台中最受消费者喜爱的商品大类包括电子产品、服装、美容化妆品、食品等。其中电子产品统计数量的占比较高，将近四成，说明京东电商平台的电子产品较受欢迎，可以在该商品类型领域进行巩固和优化，从而进一步提升自己的品牌地位。占比依次递减的商品大类有：服装、美容化妆品、食品等。这 4 类约占总体的 4/5，服装、美容化妆品的占比较为接近，居第 2、3 位，反映出消费者们对“衣食住行”中的衣以及自身颜值有更多的关注。这也说明京东电商平台以电器、服饰、美妆等为主要销售品类。

扫描二维码在线浏览电子活页 8-2“绘制饼图分析京东电商客户喜好的商品大类方法 2”中的代码及绘制的图形。

扫描二维码在线浏览电子活页 8-3“绘制饼图分析京东电商客户喜好的商品大类方法 3”中的代码及绘制的图形。

扫描二维码在线浏览电子活页 8-4“绘制饼图分析京东电商客户喜好的商品大类方法 4”中的代码及绘制的图形。

在线浏览

电子活页 8-2

在线浏览

电子活页 8-3

在线浏览

电子活页 8-4

（5）绘制饼图分析特定的商品大类、商品小类与商品品牌的统计数量

可以通过多种方法绘制饼图分析特定的商品大类、商品小类与商品品牌的统计数量。

获取数量最多的商品大类 Electronics 的数据，以及相关的细分类型，代码如下：

```
electronicsData = df_short[df_short['shop_category'] == 'Electronics']
phoneCategoryCounts = electronicsData.category.value_counts()
data_pair_categoryCounts = [list(i) for i in zip(phoneCategoryCounts.keys()
                                      ,phoneCategoryCounts.values.tolist())]

# 绘制饼图
phoneCategoryCountsPie = (
    Pie()
    .add("商品小类",data_pair_categoryCounts)
    .set_global_opts(
        title_opts=opts.TitleOpts(title="Electronics 大类的各细分种类的统计数量分布"
                                      ,subtitle='2022/02/01-2022/04/15'),
```

```
            tooltip_opts=opts.TooltipOpts(trigger="axis",is_show=True,
                                   trigger_on="click",axis_pointer_type="cross",
                                   border_color="#FF0000",border_width=5),
            legend_opts=opts.LegendOpts(type_="plain",is_show=True,
                                   orient="vertical",pos_left='right'),
        )
        .set_series_opts(label_opts=opts.LabelOpts(formatter="{b}: {c}"))
        .render_notebook()
    )
    phoneCategoryCountsPie
```

输出结果如图 8-2 所示。

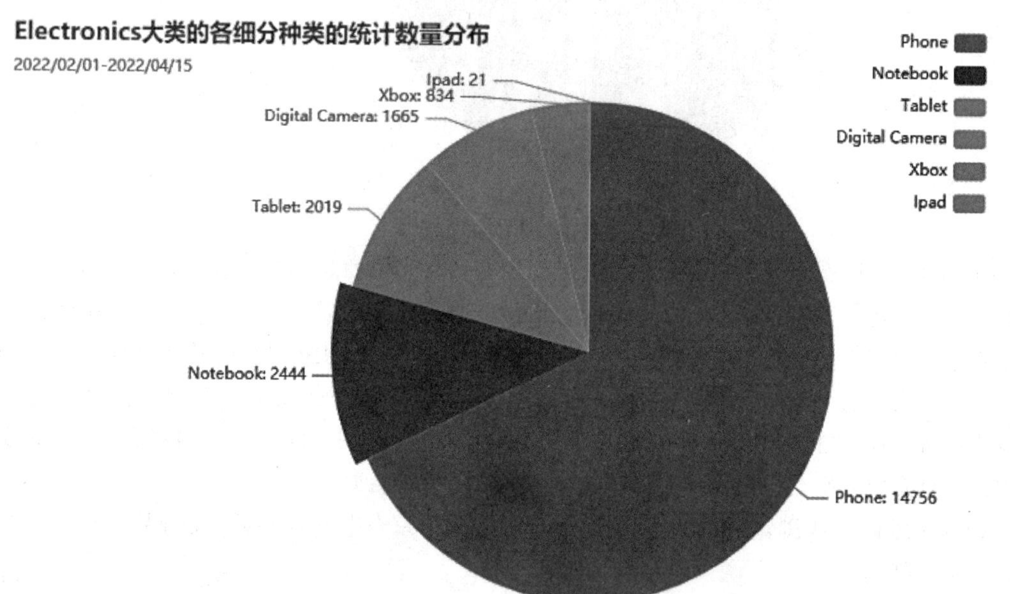


图 8-2　Electronics 大类的各细分种类的统计数量分布饼图





从图 8-2 可以看出：手机的订单数在电子产品中是最多的，约占总体的 2/3。

扫描二维码在线浏览电子活页 8-5“针对特定商品大类 Clothes 分析其细分种类的分布”中的代码及绘制的图形。

在线浏览

电子活页 8-5

接下来分析 Electronics 大类下 Phone 小类中受欢迎商品品牌的统计数量分布情况。

首先绘制各商品大类统计数量占比饼图，代码如下：

```
df_1 = df_short.groupby('shop_category')['customer_id'].count().reset_index()
        .sort_values('customer_id',ascending=False).reset_index(drop=True)
num=df_1['customer_id'].values
labels = [ x for x in df_1['shop_category']]
explode = [0.02,0.01,0,0,0,0,0,0,0]
plt.figure(figsize=(12,8))
plt.pie(num,
        labels=labels,
        explode=explode,
        autopct='%.2f%%',
        pctdistance=0.8,
```

```
        labeldistance=1.15,
        startangle=180,
        textprops={'fontsize':12})
plt.title('各商品大类的统计数量的占比')
plt.show()
```

输出结果如图 8-3 所示。

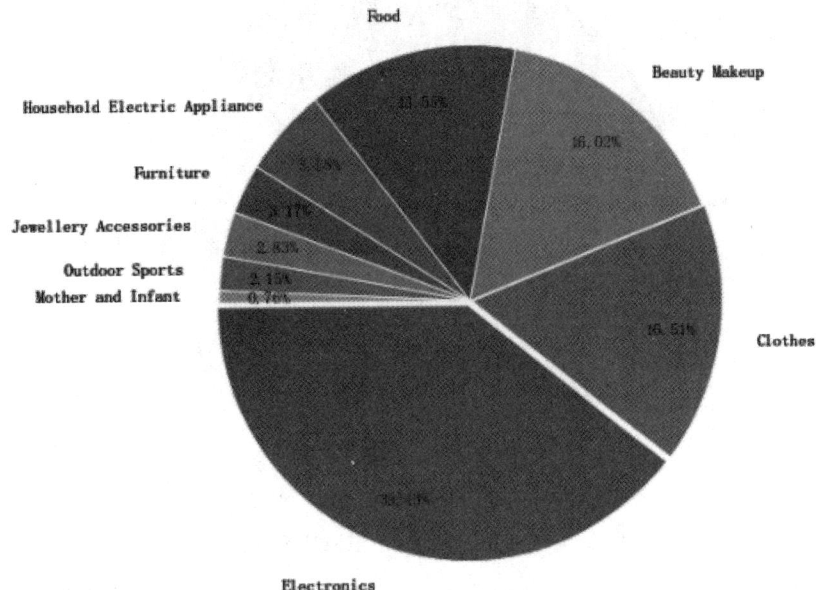


图 8-3　各商品大类统计数量占比饼图

扫描二维码在线浏览电子活页 8-6“分析 Electronics 大类中各商品小类的统计数量分布情况”中的代码及绘制的图形。

在线浏览

电子活页 8-6

分析 Phone 小类中受欢迎的品牌的统计数量分布情况，其代码如下：

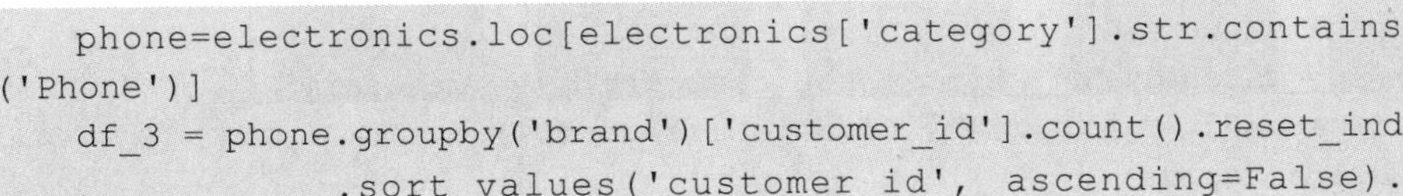

```
phone=electronics.loc[electronics['category'].str.contains
('Phone')]
df_3 = phone.groupby('brand')['customer_id'].count().reset_index()
           .sort_values('customer_id', ascending=False).reset_index
(drop=True)
num=df_3['customer_id'].values
labels = [ x for x in df_3['brand']]
explode = [0.02,0.01,0,0,0,0,0]
plt.subplots(figsize=(12,8))
plt.pie(num,
    labels=labels,
    explode=explode,
    autopct='%.2f%%',
    pctdistance=0.8,
    labeldistance=1.15,
    startangle=180,
    textprops={'fontsize':12})
```

```
plt.title('受欢迎手机品牌的统计数量分布')
plt.show()
```

输出结果如图 8-4 所示。

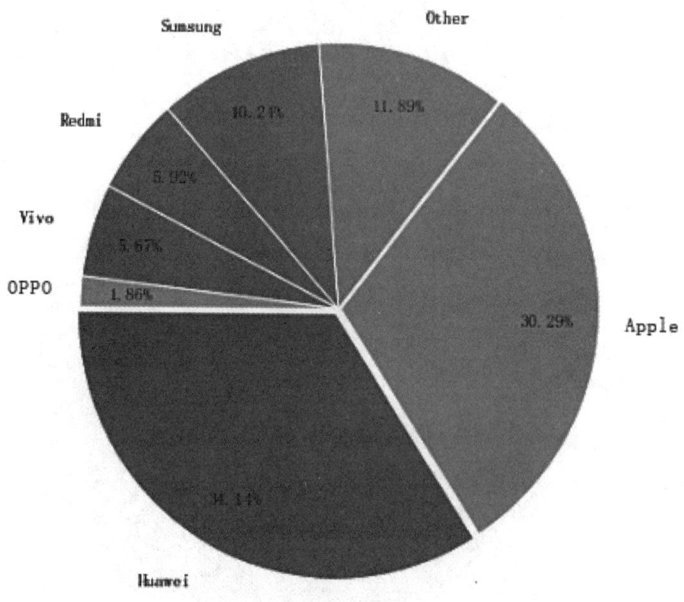


图 8-4　受欢迎手机品牌的统计数量分布饼图

（6）绘制饼图分析 Household Electric Appliance 大类的商品小类、商品品牌、分月统计、每周按天统计的数量分布

代码如下：

```
df_short["month"]=df_short["date"].dt.month
df_short["weekday"]=df_short["date"].dt.weekday
#定义分析函数 shop_cate()
def shop_cate(category):
    data_1 = df_short[df_short['shop_category'] == category]
    print(category+'类的统计数量：',data_1.shape[0])
    plt.figure(figsize=(16,10))
    plt.subplot(2, 2, 1)
    data_1['category'].value_counts().plot(kind='pie',autopct='%.1f%%',label='')
    plt.subplot(2, 2, 2)
    data_1['brand'].value_counts().plot(kind='pie',autopct='%.1f%%',label='')
    plt.subplot(2, 2, 3)
    data_1['month'].value_counts().plot(kind='pie',autopct='%.1f%%',label='')
    plt.subplot(2, 2, 4)
    data_1['weekday'].value_counts().plot(kind='pie',autopct='%.1f%%',label='')
    plt.show()
#家用电器类
shop_cate('Household Electric Appliance')
```

输出结果如图 8-5 所示。

Household Electric Appliance类的统计数量： 3076

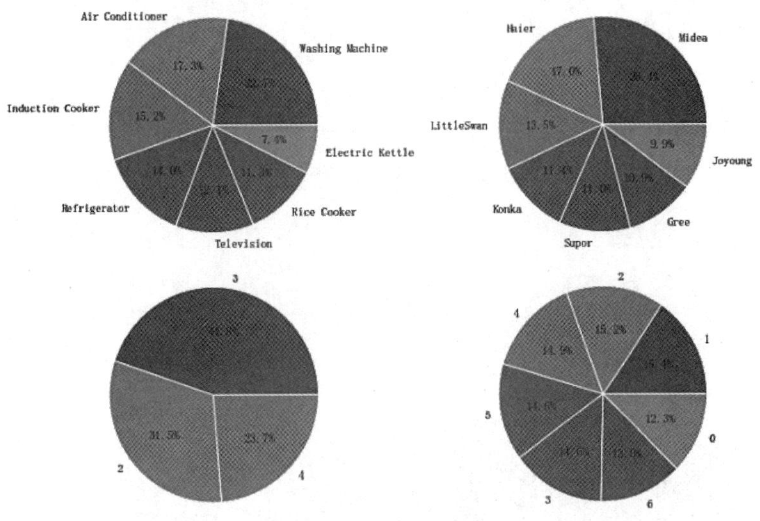


图 8-5　Household Electric Appliance 大类的商品小类、商品品牌、分月统计、每周按天统计的数量分布饼图

（7）绘制条形图分析京东电商客户喜好的商品大类

代码如下：

```
df=df_short['shop_category'].value_counts().to_frame()
x_name=df.index
y_count=df.shop_category
plt.figure(figsize=(10,6))
sns.barplot(y=x_name,x=y_count.values).set(title=' 商品大类的统计数量分布 ')
plt.show()
```

输出结果如图 8-6 所示。

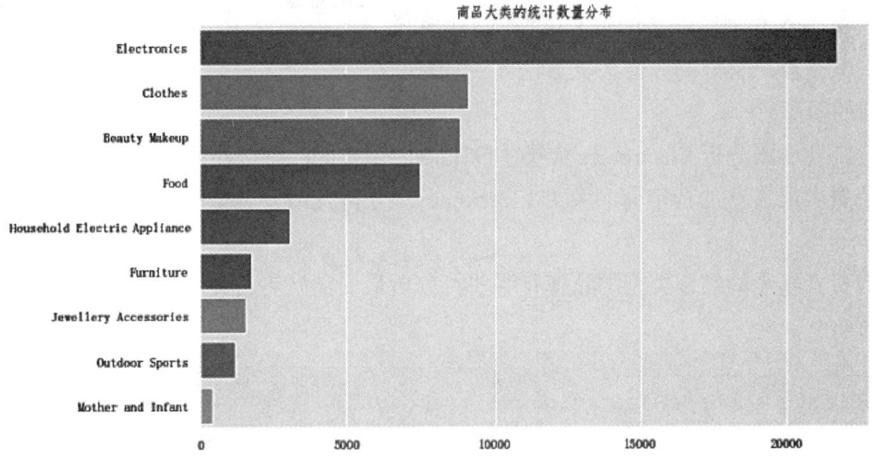


图 8-6　京东电商客户喜好的商品大类条形图

（8）绘制柱形图分析京东电商客户喜好的商品大类

可以通过多种方法绘制柱形图分析京东电商客户喜好的商品大类。

方法 1 的代码如下：

```
trace_basic=go.Bar(x=x_name.tolist(),y=y_count.values.tolist())
```

```
layout=go.Layout(title='商品大类的受欢迎程度')
figure_basic=go.Figure(data=trace_basic,layout=layout)
pyplot(figure_basic)
```

输出结果如图 8-7 所示。

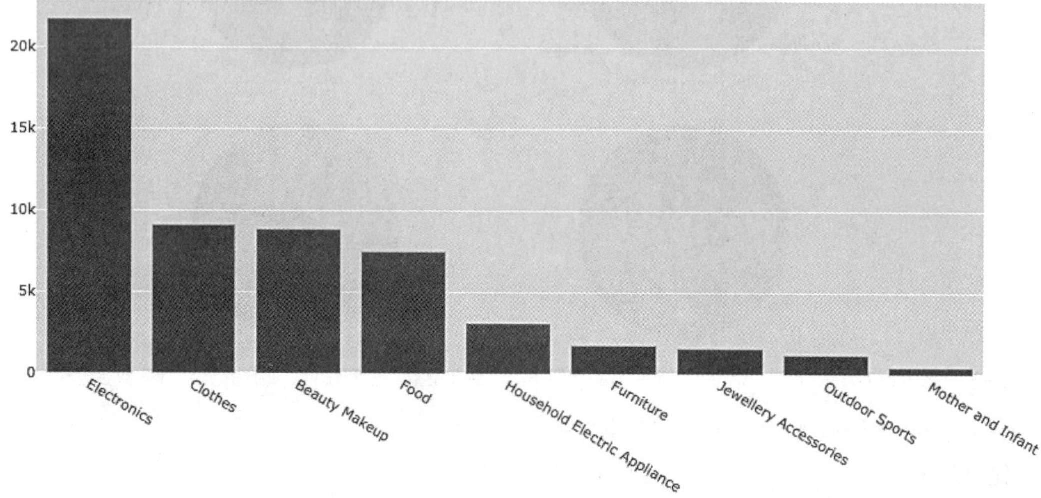


图 8-7　京东电商客户喜好的商品大类柱形图

扫描二维码在线浏览电子活页 8-7“绘制柱形图分析京东电商客户喜好的商品大类方法 2”中的代码及绘制的图形。

扫描二维码在线浏览电子活页 8-8“绘制柱形图分析京东电商客户喜好的商品大类方法 3”中的代码及绘制的图形。

扫描二维码在线浏览电子活页 8-9“绘制柱形图分析京东电商客户喜好的商品大类方法 4”中的代码及绘制的图形。

（9）绘制柱形图分析 Electronics 大类中的 Phone 小类的品牌分布情况

针对消费者最喜欢的特定商品大类 Electronics，分析其细分类型的品牌分布，例如 Phone 小类的品牌分布等。

最受消费者喜爱的细分类型的品牌有哪些？分析最受消费者喜爱的细分类型对应品牌的销售情况，代码如下：

```
phoneData = df_short.query('category == "Phone" and shop_category == "Electronics"')
brandCounts = phoneData.brand.value_counts()
brandCountsBar = (
    Bar()
    .add_xaxis(brandCounts.keys().tolist())
    .add_yaxis('统计数量',brandCounts.values.tolist())
    .set_global_opts(
         title_opts=opts.TitleOpts(title="各品牌手机的统计数量分布",
                              subtitle='2022/02/01-2022/04/15'),
         tooltip_opts=opts.TooltipOpts(trigger="axis",is_show=True,
```

```
                              trigger_on="click",axis_pointer_type="cross",
                              border_color="#FF0000",border_width=5),
        legend_opts=opts.LegendOpts(type_="plain",is_show=True,
                                    orient="vertical",pos_left='right'),
    )
    .set_series_opts(label_opts=opts.LabelOpts(formatter="{b}: {c}"))
    .render_notebook()
)
brandCountsBar
```

输出结果如图 8-8 所示。

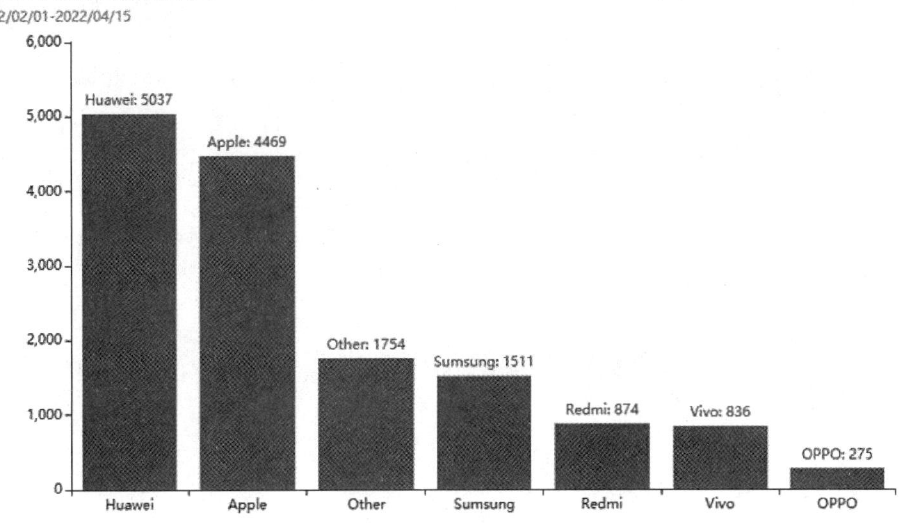


图 8-8　各品牌手机的统计数量分布柱形图

从图 8-8 可以看出：Phone 小类中最受消费者喜爱的品牌为华为，其次是苹果。

（10）绘制矩形树形图分析京东电商客户喜好的各商品大类产品的购买情况

代码如下：

```
path=r'data\df_product_buy.xlsx'
df_product_buy = pd.read_excel(path)
df = df_product_buy.groupby(['shop_category','category','brand']).agg({'购
买数量':'sum'})
df.reset_index(inplace=True)
tdata = []
for i in df.shop_category.unique():
    df_child1 = []
    for j in df[(df['shop_category'] == i)].category.unique():
        df_child2 = []
        for k in range(0,df[(df['shop_category'] == i) & (df['category'] == j)]
                                                                .shape[0]):
        df_child2.append({
            "value": df[(df['shop_category'] == i) & (df['category'] == j)]
                                                    .购买数量.tolist()[k],
            "name": df[(df['shop_category'] == i) & (df['category'] == j)]
                                                        .brand.tolist()[k]
```

```
            })
        df_child1.append({
            "value": df[(df['shop_category'] == i) & (df['category'] == j)]
                                                        .购买数量 .sum(),
            "name": j,
            "children": df_child2,
        })

    tdata.append({
        "value":df[df['shop_category'] == i].购买数量 .sum() ,
        "name": i,
        "children": df_child1,
    })
treemap = (
    TreeMap(init_opts=opts.InitOpts(width="900px", height="600px"))
    .add(
        series_name="商品大类",
        data=tdata,
        leaf_depth=1,
        label_opts=opts.LabelOpts(position="inside",formatter='{b}:{c}'),
    )
    .set_global_opts(
        title_opts=opts.TitleOpts(
            title="各商品大类产品的购买情况"
        ),
    )
)
treemap.render_notebook()
```





输出结果如图 8-9 所示。

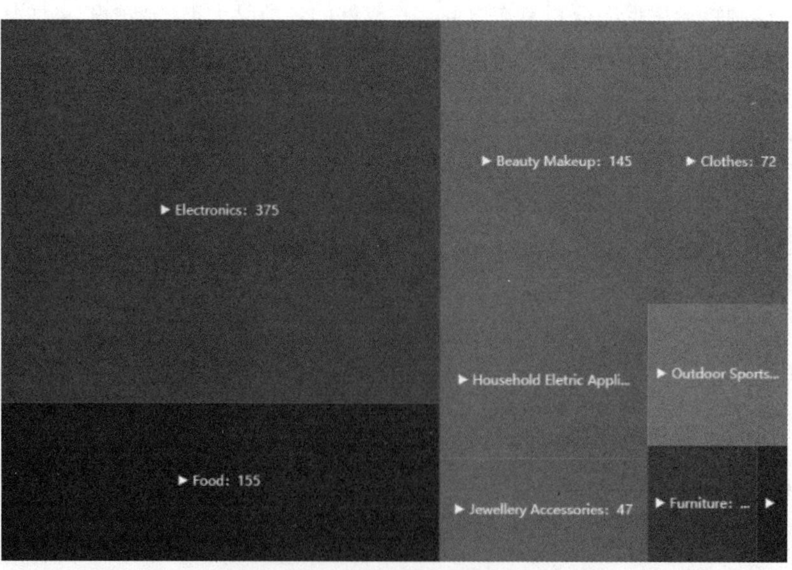


图 8-9　京东电商客户喜好的各商品大类产品的购买情况矩形树形图

从图 8-9 可以看出：共有 9 种一级分类，即 9 个商品大类，其中 Electronics 大类的购买数量远超其他大类的。

（11）绘制自定义样式柱形图分析京东电商客户喜好的商品大类

绘制自定义样式柱形图分析京东电商客户喜好的商品大类，对应的代码及绘制的图形详见本书配套的电子活页 8-1。

电子活页 8-1

### 2. 针对数据集 df_product 分析京东电商客户喜好的商品小类

在 Jupyter Notebook 开发环境中创建 tc08-02-02.ipynb，然后在单元格中编写代码并输出对应的结果。

（1）导入模块

导入通用模块的代码详见“本书导学”，其他模块导入的代码详见“1. 针对数据集 df_product 分析京东电商客户喜好的商品大类”。

（2）读取数据与预处理

代码如下：

```
path=r'data\df_product.xlsx'
data1 = pd.read_excel(path,parse_dates=['date'],dtype = {'customer_id':str, 'product_id':str })
data1 = data1.drop('Unnamed: 0',axis=1)
df_short=data1
```

（3）查看商品小类与统计商品小类的数量

代码如下：

```
category10=df_short['category'].value_counts().head(10)
category10
```

输出结果：

```
Phone                   14756
Coat                    8529
Tea                     3059
Notebook                2444
Tablet                  2019
Digital Camera          1665
Face Cream              1592
Foundation Make-up      1334
Facial Essence          1317
Candy                   1177
Name: category, dtype: int64
```

从输出结果可以看出：统计数量排前 5 位的商品小类有 Phone、Coat、Tea、Notebook、Tablet。

（4）绘制饼图分析京东电商客户喜好的商品小类

可以通过多种方法绘制饼图分析京东电商客户喜好的商品小类。

方法 1 的代码如下：

```
pyplot=py.offline.iplot
trace=[go.Pie(labels=category10.index.tolist(),values=category10.values
                        .tolist(),textfont=dict(size=12,color='white'))]
```

```
layout=go.Layout(title='统计数量排前 10 位的商品小类的数量占比情况')
fig=go.Figure(data=trace,layout=layout)
pyplot(fig)
```

输出结果如图 8-10 所示。

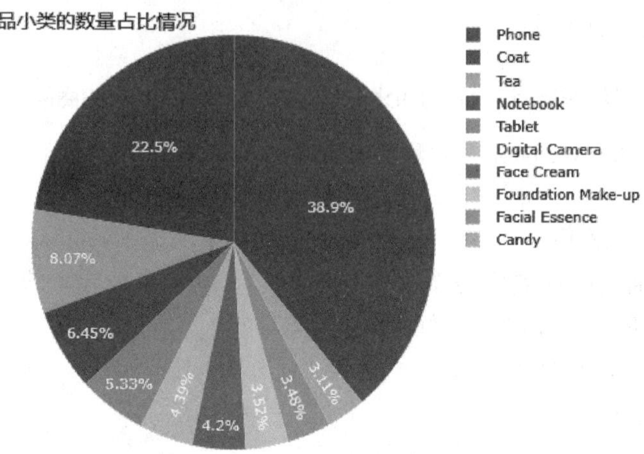


图 8-10　统计数量排前 10 位的商品小类的数量占比饼图

扫描二维码在线浏览电子活页 8-10“绘制饼图分析京东电商客户喜好的商品小类方法 2”中的代码及绘制的图形。

在线浏览

电子活页 8-10

（5）绘制条形图分析京东电商客户喜好的商品小类

代码如下：

```
plt.figure(figsize=(10,6))
sns.barplot(y=category10.index,x=category10.values)
                                        .set(title='统计数量排前 10 位的商品小类')
plt.show()
```

输出结果如图 8-11 所示。

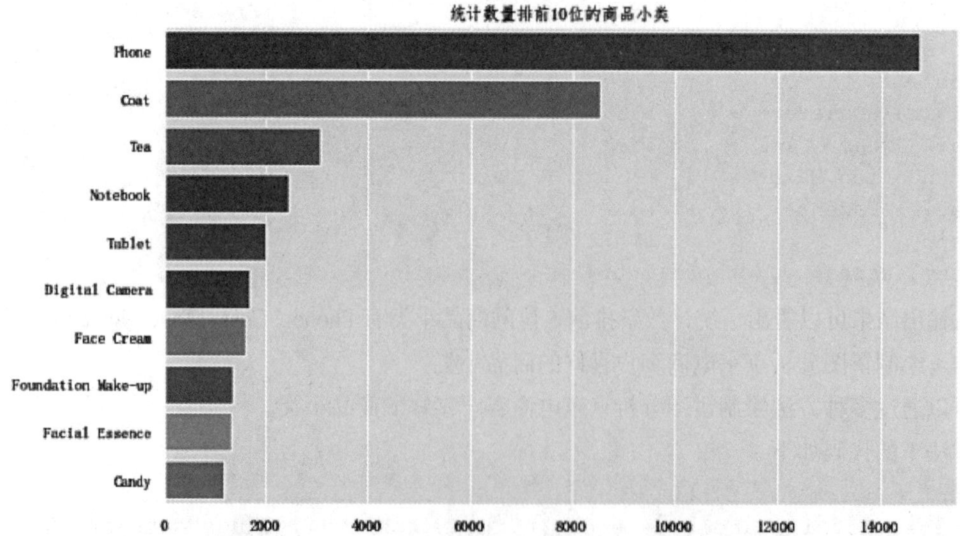


图 8-11　京东电商客户喜好的商品小类条形图

（6）绘制柱形图分析京东电商客户喜好的商品小类

可以通过多种方法绘制柱形图分析京东电商客户喜好的商品小类。

方法 1 的代码如下：

```
plt.figure(figsize = (10, 6), dpi = 80)
plt.bar(x = category10.index, height = category10.values, width = 0.5)
for x, y in zip(category10.index, category10.values):
    plt.text(x, y, '{0}'.format(y), ha='center', va='bottom')
plt.xlabel(' 产品小类 ')
plt.ylabel(' 统计数量 ')
plt.title(' 统计数量排前 10 位的商品小类 ')
plt.xticks(rotation=30)
plt.show()
```

输出结果如图 8-12 所示。

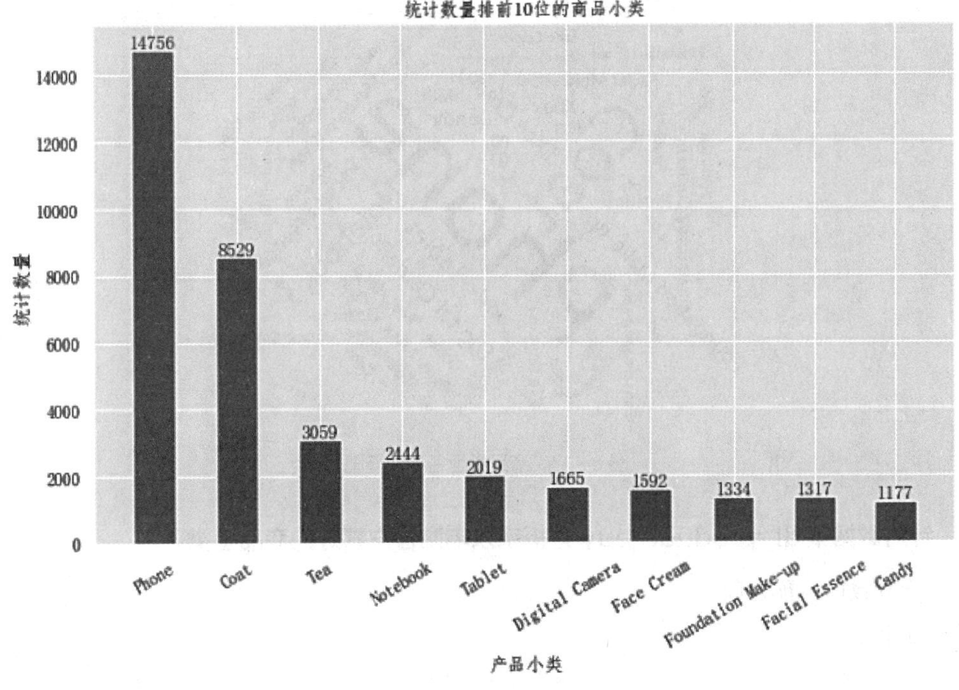


图 8-12　京东电商客户喜好的商品小类柱形图

扫描二维码在线浏览电子活页 8-11“绘制柱形图分析京东电商客户喜好的商品小类方法 2”中的代码及绘制的图形。

扫描二维码在线浏览电子活页 8-12“绘制柱形图分析京东电商客户喜好的商品小类方法 3”中的代码及绘制的图形。

扫描二维码在线浏览电子活页 8-13“绘制柱形图分析京东电商客户喜好的商品小类方法 4”中的代码及绘制的图形。

（7）绘制棒棒糖图分析京东电商客户喜好的商品小类

扫描二维码在线浏览电子活页 8-14“绘制棒棒糖图分析京东电商客户喜好的商品小类”中的代码及绘制的图形。

（8）绘制商品类型名称词云图

代码如下：

```
cloud1_name = df_short.groupby(['category']).count().sort_values(by='customer_
                   id',ascending=False) ['customer_id'].index.to_list()
cloud1_num = df_short.groupby(['category']).count().sort_values(by='customer_
                   id',ascending=False)['customer_id'].to_list()
cloud1 = WordCloud(init_opts=opts.InitOpts(width='600px',height='400px'))
cloud1.add('',[list(z) for z in zip(cloud1_name,cloud1_num)],word_size_range=[10,80])
cloud1.set_global_opts(title_opts=opts.TitleOpts(title=" 商品类型名称词云 ",
                                          pos_left='center',pos_top='2%'))
cloud1.render_notebook()
```

输出结果如图 8-13 所示。

图 8-13　商品类型名称词云图

### 3. 针对数据集 df_product_buy 分析京东电商客户喜好的商品小类

（1）读取数据与预处理

代码如下：

```
path=r'data\df_product_buy.xlsx'
df_product_buy = pd.read_excel(path)
df_product_buy=df_product_buy.drop('Unnamed: 0',axis=1)
df_product_buy.head()
```

输出结果：

| | customer_id | product_id | type | shop_category | category | brand | date | 购买数量 |
|---|---|---|---|---|---|---|---|---|
| 0 | 3269 | 238240 | 3 | Electronics | Tablet | Huawei | 2022-04-09 | 1 |
| 1 | 4838 | 280448 | 3 | Jewellery Accessories | Ring | LukFook | 2022-04-08 | 1 |
| 2 | 6837 | 200240 | 3 | Electronics | Notebook | DELL | 2022-04-09 | 1 |
| 3 | 7019 | 334168 | 3 | Clothes | Coat | Other | 2022-04-13 | 1 |
| 4 | 12022 | 87107 | 3 | Food | Tea | Lipton | 2022-04-09 | 1 |

（2）查看数据集中所有商品小类的总购买数量

代码如下：

```
df_product_buy['购买数量'].sum()
```

输出结果：

```
945
```

（3）统计购买数量排前 10 位的商品小类的购买数量

代码如下：

```
cate_sale=df_product_buy.groupby('category').agg({'购买数量':'sum'})
cate_sale.rename(columns={'购买数量':'购买数量'},inplace=True)
cate_sale.sort_values(by='购买数量',inplace=True,ascending=False)
cate_sale.reset_index(inplace=True)
cate_sale=cate_sale.head(10)
cate_sale
```

输出结果：

| | category | 购买数量 |
|---|---|---|
| 0 | Phone | 222 |
| 1 | Tea | 78 |
| 2 | Coat | 69 |
| 3 | Tablet | 63 |
| 4 | Notebook | 52 |
| 5 | Necklace | 30 |
| 6 | Facial Essence | 28 |
| 7 | Face Cream | 24 |
| 8 | Candy | 24 |
| 9 | Digital Camera | 20 |

（4）查看数据集中购买数量排前 10 位的商品小类的总购买数量

代码如下：

```
cate_sale['购买数量'].sum()
```

输出结果：

```
610
```

（5）绘制自定义样式条形图分析购买数量排前 10 位的商品小类

绘制自定义样式条形图分析购买数量排前 10 位的商品小类，对应的代码及绘制的图形详见本书配套的电子活页 8-2。

电子活页 8-2

（6）绘制自定义样式玫瑰图分析购买数量排前 10 位的商品小类

绘制自定义样式玫瑰图分析购买数量排前 10 位的商品小类，对应的代码及绘制的图形详见本书配套的电子活页 8-3。

电子活页 8-3

### 4. 针对数据集 df_consume 分析京东电商客户喜好的商品小类

在 Jupyter Notebook 开发环境中创建 tc08-02-03.ipynb，然后在单元格中编写代码并输出对应的结果。

（1）导入模块

导入通用模块的代码详见“本书导学”，其他模块导入的代码详见“1. 针对数据集 df_product 分析京东电商客户喜好的商品大类”。

（2）读取数据与预处理

代码如下：

```
data2 = pd.read_excel(r'.\data\df_consume.xlsx',dtype = {'customer_id':str})
df_label=data2.copy()
cate_most=df_label[['customer_id','cate_most_browse','cate_most_follow',
                'cate_most_savedCart','cate_most_order']].copy()
most_browse=cate_most.copy()
most_browse.dropna(axis=0,subset=['cate_most_browse'],how='all',inplace=
                                                                   True)
most_browse.reset_index(drop=True,inplace=True)
cate_most_browse = pd.DataFrame(cate_most[cate_most['cate_most_browse']!=
                     'NoRec']['cate_most_browse].value_counts())
cate_most_browse.head()
```

输出结果：

| | cate_most_browse |
|---|---|
| Phone | 11748 |
| Coat | 5888 |
| Tea | 2111 |
| Notebook | 1925 |
| Tablet | 1675 |

这里由于没有考虑“cate_most_browse”列可能会包含使用“,”分隔的多种商品类型，统计出的各种商品类型的数量有误差，下一步编写代码将数据集“商品类型”列中包含的多个类型名称进行分解，精确统计各种商品类型的数量。

（3）对数据集“商品类型”列中包含的多个类型名称进行分解

代码如下：

```
cate_most_browse1=[]
for i in range(most_browse.shape[0]):
    browse=most_browse['cate_most_browse'].loc[i].split(',')
    for j in range(len(browse)):
        cate=browse[j]
        cate_most_browse1.append(cate)
cate_most_browse1=pd.DataFrame(cate_most_browse1)
cate_most_browse1['浏览次数']=1
cate_most_browse1.rename(columns={0:'商品类型'},inplace=True)
cate_most_browse1
```

输出结果：

| | 商品类型 | 浏览次数 |
|---|---|---|
| 0 | Phone | 1 |
| 1 | Coat | 1 |
| 2 | Air Conditioner | 1 |
| 3 | Phone | 1 |
| 4 | Milk Power | 1 |
| ... | ... | ... |
| 45923 | Candy | 1 |
| 45924 | Washing Machine | 1 |
| 45925 | Necklace | 1 |
| 45926 | Eye Shadow | 1 |
| 45927 | Tea | 1 |

45928 rows × 2 columns

（4）统计各种商品类型的浏览次数

代码如下：

```
cate_most_browse2=cate_most_browse1.groupby('商品类型').count()
cate_most_browse2.sort_values(by=['浏览次数'],ascending=False,inplace=True)
```

（5）获取浏览次数排前 10 位的商品类型

以下多种方法都可以用来获取浏览次数排前 10 位的商品类型。

方法 1 的代码如下：

```
cate_most_browse3=cate_most_browse2.head(10).copy()
cate_most_browse3.reset_index(inplace=True)
cate_most_browse3
```

输出结果：

| | 商品类型 | 浏览次数 |
|---|---|---|
| 0 | Phone | 13038 |
| 1 | Coat | 6752 |
| 2 | Tea | 2341 |
| 3 | Notebook | 2188 |
| 4 | Tablet | 1858 |
| 5 | Digital Camera | 1493 |
| 6 | Face Cream | 1340 |
| 7 | Foundation Make-up | 1110 |
| 8 | Facial Essence | 1072 |
| 9 | Candy | 967 |

方法 2 的代码如下：

```
cate_category10 = cate_most_browse1['商品类型'].value_counts().head(10)
```

方法 3 的代码如下：

```
cate_most_browse10=cate_most_browse2.head(10)
cate_most_browse10
```

输出结果：

| 商品类型 | 浏览次数 |
|---|---|
| Phone | 13038 |
| Coat | 6752 |
| Tea | 2341 |
| Notebook | 2188 |
| Tablet | 1858 |
| Digital Camera | 1493 |
| Face Cream | 1340 |
| Foundation Make-up | 1110 |
| Facial Essence | 1072 |
| Candy | 967 |

（6）绘制条形图分析京东电商客户浏览次数排前 10 位的商品类型

代码如下：

```
plt.figure(figsize=(10,8))
sns.barplot(y=cate_category10.index,x=cate_category10.values)
                                .set(title='京东电商客户浏览次数排前 10 位的商品类型')
plt.show()
```





输出结果如图 8-14 所示。

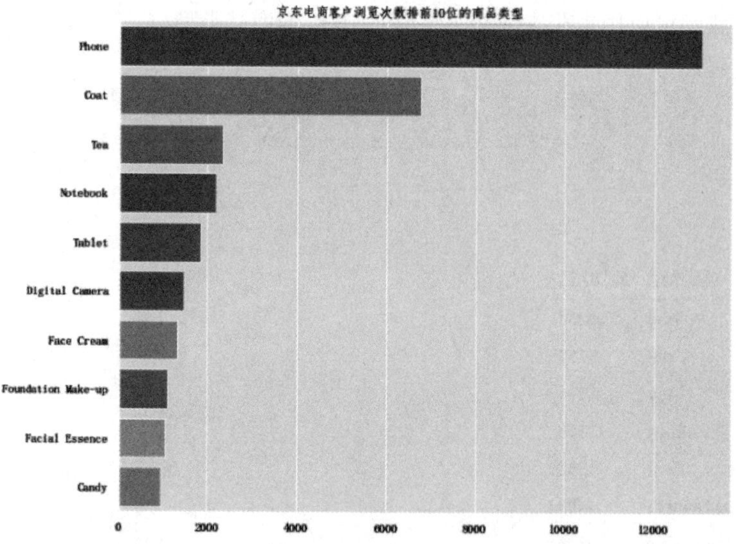


图 8-14　京东电商客户浏览次数排前 10 位的商品类型

（7）绘制柱形图分析京东电商客户浏览次数排前 10 位的商品类型

可以通过多种方法绘制柱形图分析京东电商客户浏览次数排前 10 位的商品类型。

方法 1 的代码如下：

```
bar1=(
    Bar()
    .add_xaxis(cate_most_browse3['商品类型'].to_list())
    .add_yaxis('商品类型',cate_most_browse3['浏览次数'].to_list())
    .set_global_opts(xaxis_opts=opts.AxisOpts(axislabel_opts=opts.
LabelOpts(rotate=-15)),
```

```
                        title_opts=opts.TitleOpts(title=" 浏览次数 ")
                        )
    )
bar1.render_notebook()
```

输出结果如图 8-15 所示。

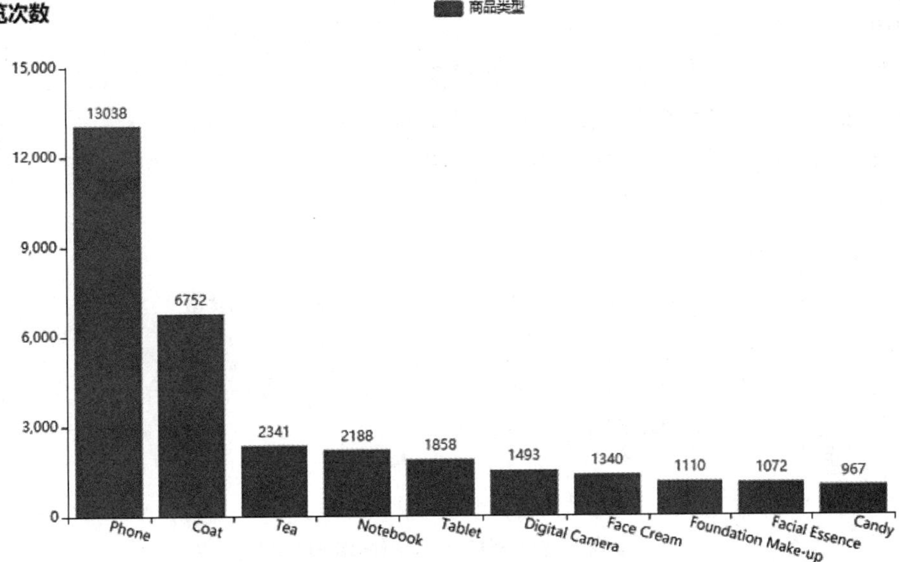


图 8-15 京东电商客户浏览次数排前 10 位的商品类型柱形图

从图 8-15 可以看出：京东电商客户浏览次数最多的 5 种商品类型分别为手机、外套、茶、笔记本电脑、平板电脑。

扫描二维码在线浏览电子活页 8-15“绘制柱形图分析京东电商客户浏览次数排前 10 位的商品类型方法 2”中的代码及绘制的图形。

扫描二维码在线浏览电子活页 8-16“绘制柱形图分析京东电商客户浏览次数排前 10 位的商品类型方法 3”中的代码及绘制的图形。

（8）定义拆分数据集“商品类型”列中包含的多个类型名称的函数

代码如下：

```
def decompose(cate_most_name,name):
    most_x=cate_most.copy()
    most_x.dropna(axis=0,subset=[cate_most_name],how='all',inplace=True)
    most_x.reset_index(drop=True,inplace=True)
    cate_most_type=[]
    for i in range(most_x.shape[0]):
        category=most_x[cate_most_name].loc[i].split(',')
        for j in range(len(category)):
            cate=category[j]
            cate_most_type.append(cate)
    cate_most_category=pd.DataFrame(cate_most_type)
    cate_most_category[name]=1
```

```
    cate_most_category.rename(columns={0:'商品类型'},inplace=True)
    return cate_most_category
```

（9）绘制柱形图分析京东电商客户加入购物车次数排前 10 位的商品类型

扫描二维码在线浏览电子活页 8-17“绘制柱形图分析京东电商客户加入购物车次数排前 10 位的商品类型”中的代码及绘制的图形。

在线浏览

电子活页 8-17

扫描二维码在线浏览电子活页 8-18“绘制柱形图分析京东电商客户加入购物车次数排前 10 位的商品类型方法 2”中的代码及绘制的图形。

在线浏览

电子活页 8-18

（10）绘制柱形图分析京东电商客户订购次数排前 10 位的商品类型

可以通过多种方法绘制柱形图分析京东电商客户订购次数排前 10 位的商品类型。

方法 1 的代码如下：

```
cate_most_order1=decompose('cate_most_order','订购次数')['商品类型']
                                            .value_counts().head(10)
cate_most_order1.plot(kind='bar',color=['b','g','m'],figsize=(10,6))
plt.title('京东电商客户订购次数排前 10 位的商品类型',size=15)
plt.xticks(rotation=45)
plt.show()
```

输出结果如图 8-16 所示。

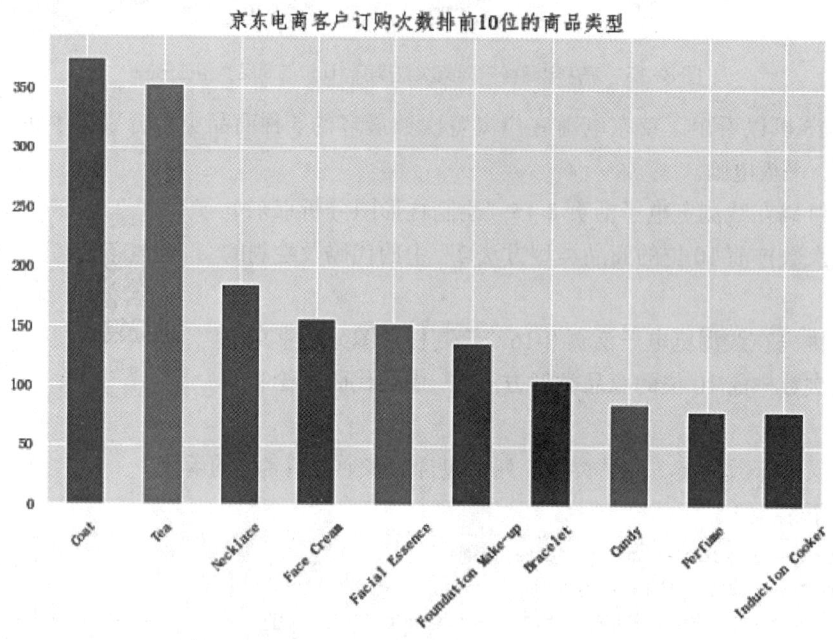


图 8-16　京东电商客户订购次数排前 10 位的商品类型柱形图

（11）绘制柱形图分析实际购买数量较多的京东电商客户

数据集中“time_order”列的值不为空，则表示实际购买。获取客户实际购物数据的代码如下：

```
actual_buy_data = df_label[df_label.time_order.isnull() == False]
actual_buy_data_counts = actual_buy_data.cate_most_order.value_counts()
actual_buy_data_counts = actual_buy_data_counts[actual_buy_data_counts > 150]
```

分析实际购买数量较多的京东电商客户，绘制其实际购买数量柱形图的代码如下：

```
actual_buy_data_countsBar = Bar()
actual_buy_data_countsBar.add_xaxis(actual_buy_data_counts.keys().tolist())
actual_buy_data_countsBar.add_yaxis(" 购买数量 ",actual_buy_data_counts.values.tolist())
actual_buy_data_countsBar.set_global_opts(
    title_opts=opts.TitleOpts(title=" 京东电商客户购买数量较多的商品 "),
    xaxis_opts=opts.AxisOpts(axislabel_opts=opts.LabelOpts(rotate=-15)),
    tooltip_opts=opts.TooltipOpts(trigger="axis",is_show=True,
                                  trigger_on="click",axis_pointer_type="cross",
                                  border_color="#FF0000",border_width=5),
    legend_opts=opts.LegendOpts(type_="plain",is_show=True,
                                orient="vertical",pos_left='right'),
)
actual_buy_data_countsBar.set_series_opts(label_opts=
                            opts.LabelOpts(formatter="{b}: {c}"))
actual_buy_data_countsBar.render_notebook()
```

输出结果如图 8-17 所示。

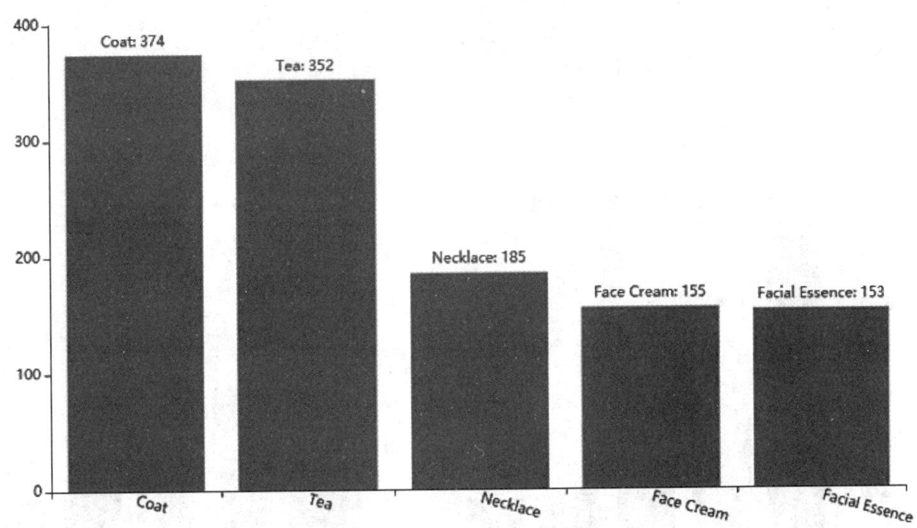


图 8-17　京东电商客户实际购买数量柱形图

（12）在同一区域绘制多张柱形图分析浏览次数、收藏次数、加入购物车次数和订购次数排前 5 位的客户

提供所需数据的代码如下：

```
n=5    # 取前 5 位
df1 = decompose('cate_most_browse',' 浏览次数 ')[' 商品类型 '].value_counts()
                                                        .to_frame().head(n)
df1.rename(columns={' 商品类型 ':' 浏览次数 '},inplace=True)
df2 = decompose('cate_most_follow',' 收藏次数 ')[' 商品类型 '].value_counts()
                                                        .to_frame().head(n)
df2.rename(columns={' 商品类型 ':' 收藏次数 '},inplace=True)
df3 = decompose('cate_most_savedCart',' 加入购物车次数 ')[' 商品类型 '].value_counts()
                                                        .to_frame().head(n)
```

```
df3.rename(columns={'商品类型':'加入购物车次数'},inplace=True)
df4 = decompose('cate_most_order','订购次数')['商品类型'].value_counts()
                                                            .to_frame().head(5)
df4.rename(columns={'商品类型':'订购次数'},inplace=True)
```

绘制多张柱形图的代码如下：

```
plt.figure(figsize=(10,8),dpi=80)
#plt.figure(1)
li=[df1,df2,df3,df4]
title=['浏览','收藏','加入购物车','订购']
for i in range(0,4):
    ax = plt.subplot(2,2,i+1)
    plt.title('{}次数排前{}位的商品类型'.format((title[i]),n))
    plt.bar(li[i].index,li[i].iloc[:,0])
    for a,b in enumerate(li[i].iloc[:,0]):
            plt.text(a, b+0.02, '%.0f' % b, ha='center', va= 'bottom',
                                                          fontsize=10)
    #ax.axis('off')
   # 设置不显示边框
    ax.spines['top'].set_visible(False)
    ax.spines['right'].set_visible(False)
    #ax.spines['bottom'].set_visible(False)
    #ax.spines['left'].set_visible(False)
plt.show()
```

输出结果如图 8-18 所示。

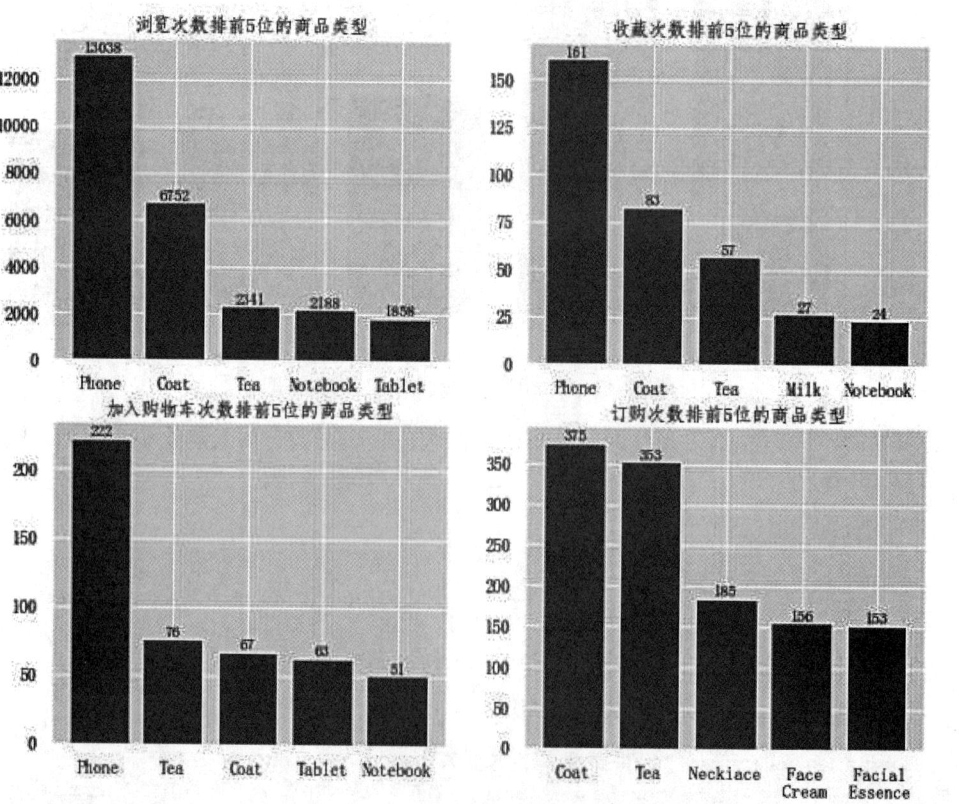


图 8-18 同一区域绘制的多张柱形图

从图 8-18 可以看出：京东电商客户浏览次数最多的 5 种类型分别为手机、外套、茶、笔记本电脑、平板电脑；客户收藏次数最多的 5 种类型分别为手机、外套、茶、牛奶、笔记本电脑；客户加入购物车次数最多的 5 种类型分别为手机、茶、外套、平板电脑、笔记本电脑；客户订购次数最多的 5 种类型分别为外套、茶、项链、面霜、面部精华。

手机在浏览、收藏、加入购物车次数排名中都是第 1 位，但购买数量不大，购买转化率不高。相比之下，外套在各行为次数排名中都是前 3 位，并且在购买行为次数排名中是第 1 位，表现稳定。





# 【任务 8-3】京东电商客户喜好的商品品牌分析

## 【任务描述】

现有 Excel 文件“df_product.xlsx”，“df_product.xlsx”文件中有 8 列、55148 行数据，Excel 文件“df_product.xlsx”的主要列名称及说明可参见表 8-1。

数据集 df_product_buy 在数据集 df_product 的基础上增加“购买数量”列，其他列与数据集 df_product 类似。针对 df_product 和 df_product_buy 两个数据集完成以下操作。

（1）针对数据集 df_product 分析京东电商客户喜好的商品品牌。

（2）针对数据集 df_product_buy 分析京东电商客户喜好的商品品牌。

## 【任务实现】

在 Jupyter Notebook 开发环境中创建 tc08-03.ipynb，然后在单元格中编写代码并输出对应的结果。

### 1. 针对数据集 df_product 分析京东电商客户喜好的商品品牌

（1）导入模块

导入通用模块的代码详见“本书导学”，其他模块导入的代码详见【任务 8-2】的“1. 针对数据集 df_product 分析京东电商客户喜好的商品大类”。

（2）读取数据与预处理

代码如下：

```
path=r'data\df_product.xlsx'
data1 = pd.read_excel(path,parse_dates=['date'],dtype = {'customer_id':str,
'product_id':str })
data1 = data1.drop('Unnamed: 0',axis=1)
df_short=data1
brand10=df_short['brand'].value_counts()[1:11]
brand10
```

输出结果：

```
Huawei    5913
Apple     5633
Lipton    3059
Sumsung   1511
Innisfree 1261
```

```
Olay      1036
DELL      1014
Sony       991
Li-Ning    878
Redmi      874
Name: brand, dtype: int64
```

（3）绘制饼图分析京东电商客户喜好的品牌

代码如下：

```
plt.figure(figsize=(12,8))
plt.pie(brand10,
        labels=brand10.index,
        autopct='%.2f%%',
        pctdistance=0.8,
        labeldistance=1.15,
        startangle=180,
        textprops={'fontsize':12})
plt.title('各品牌统计数量的占比情况')
plt.show()
```

输出结果如图 8-19 所示。

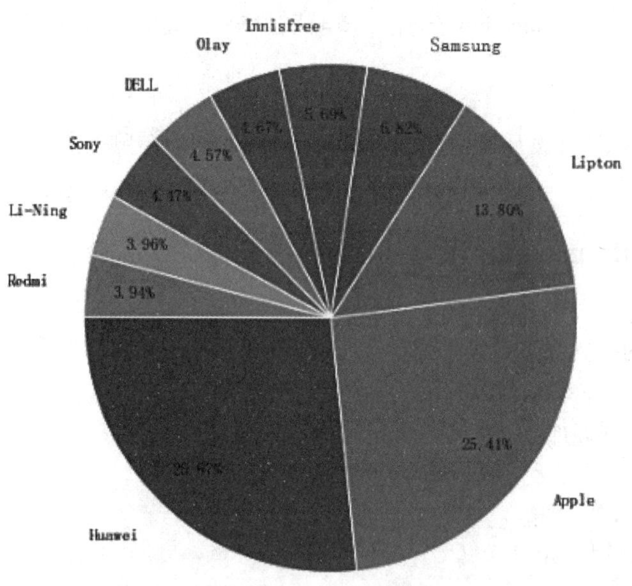


图 8-19　京东电商客户喜好的品牌占比饼图

从图 8-19 可以看出：华为、苹果、立顿、三星、悦诗风吟、玉兰油、戴尔、索尼等品牌统计数量的占比较大。统计数量排前 10 位的品牌中，华为、苹果、立顿的购买数量位居前 3，且显著高于其他品牌；排前 10 位的品牌类型不一，但主要集中在电子产品、美容化妆品、食品和服装等大类的品牌；电子产品品牌中，前 3 的品牌为华为、苹果和三星，一定程度上反映电子产品市场分布格局；美容化妆品品牌中，悦诗风吟和玉兰油进入前 10；服装品牌中李宁的购买数量最高，食品品牌中立顿购买数量最高。

（4）绘制条形图分析京东电商客户喜好的品牌

代码如下：

```
    plt.figure(figsize=(12,8))
    sns.barplot(y=brand10.index,x=brand10.values).set(title='统计数量排前 10 位的
商品品牌')
    plt.show()
```

输出结果如图 8-20 所示。

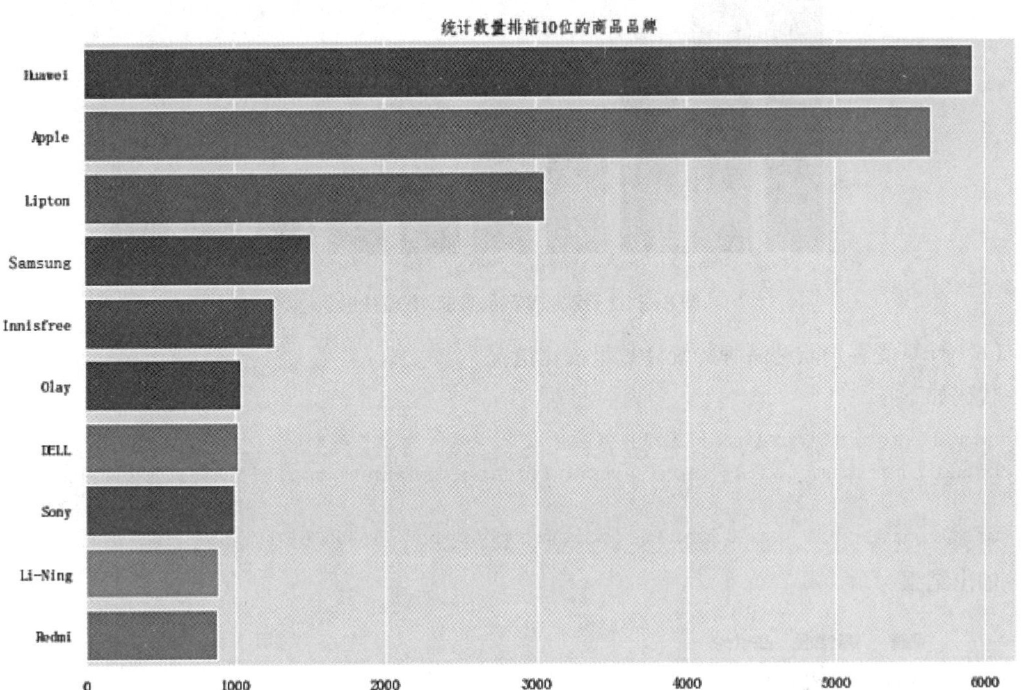


图 8-20　京东电商客户喜好的品牌条形图

（5）绘制柱形图分析京东电商客户喜好的品牌

获取客户喜好品牌的代码如下：

```
    brand_ordernum=df_short[['brand','customer_id']].groupby('brand').count()
                              .sort_values(by=['customer_id'],ascending=False)
    brand_ordernum.reset_index(inplace=True)
    brand_ordernum.rename(columns={'brand':'商品品牌',
                                   'customer_id':'统计数量'},inplace=True)
    brand_ordernum_top10=brand_ordernum.iloc[1:11].copy()
```

绘制受欢迎商品品牌前 10 位柱形图的代码如下

```
    bar1=(
        Bar()
        .add_xaxis(brand_ordernum_top10['商品品牌'].to_list())
        .add_yaxis("受欢迎商品品牌的前 10 位",
                                 brand_ordernum_top10['统计数量'].to_list())
        .set_global_opts(xaxis_opts=opts.AxisOpts(axislabel_opts=opts.
LabelOpts(rotate=-15)),
                          title_opts=opts.TitleOpts(title="受欢迎商品品牌的前 10 位"))
        )
    bar1.render_notebook()
```

输出结果如图 8-21 所示。

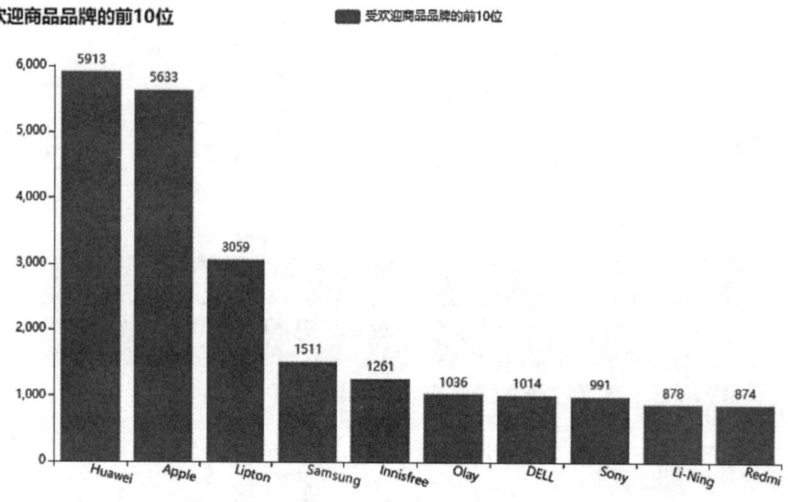


图 8-21　受欢迎商品品牌前 10 位柱形图

（6）计算受客户欢迎品牌的统计数量占比情况

代码如下：

```
num=df_short['customer_id'].size
brand_ordernum_top10['perc']=round(brand_ordernum_top10['统计数量']/num*100,2)
                                                           .astype(str)+'%'
brand_ordernum_top10.rename(columns={'perc':'占比(%)'})
```

输出结果：

| | 品牌 | 统计数量 | 占比(%) |
|---|---|---|---|
| 1 | Huawei | 5913 | 10.72% |
| 2 | Apple | 5633 | 10.22% |
| 3 | Lipton | 3059 | 5.55% |
| 4 | Samsung | 1511 | 2.74% |
| 5 | Innisfree | 1261 | 2.29% |
| 6 | Olay | 1036 | 1.88% |
| 7 | DELL | 1014 | 1.84% |
| 8 | Sony | 991 | 1.8% |
| 9 | Li-Ning | 878 | 1.59% |
| 10 | Redmi | 874 | 1.59% |

（7）绘制自定义样式时序条形图分析京东电商客户每月统计数量排前 10 位的商品品牌的动态变化趋势

绘制自定义样式时序条形图分析京东电商客户每月统计数量排前 10 位的商品品牌的动态变化趋势对应的代码及绘制的图形详见本书配套的电子活页 8-4。

电子活页 8-4

### 2. 针对数据集 df_product_buy 分析京东电商客户喜好的商品品牌

（1）读取数据与预处理

代码如下：

```
path=r'data\df_product_buy.xlsx'
```

```
df_product_buy = pd.read_excel(path)
brand_sale=df_product_buy.groupby('brand').agg({'购买数量':'sum'})
brand_sale.rename(columns={'购买数量':'购买数量'},inplace=True)
brand_sale.sort_values(by='购买数量',inplace=True,ascending=False)
brand_sale.reset_index(inplace=True)
brand_sale=brand_sale.iloc[1:11]
brand_sale
```

输出结果：

| | 品牌 | 购买数量 |
|---|---|---|
| 1 | Huawei | 109 |
| 2 | Apple | 88 |
| 3 | Lipton | 78 |
| 4 | Redmi | 39 |
| 5 | Li-Ning | 35 |
| 6 | Innisfree | 26 |
| 7 | Midea | 23 |
| 8 | LukFook | 20 |
| 9 | DELL | 18 |
| 10 | Haier | 18 |

（2）绘制自定义样式条形图分析京东电商客户喜好商品品牌的购买数量

绘制自定义样式条形图分析京东电商客户喜好商品品牌的购买数量，对应的代码及绘制的图形详见本书配套的电子活页 8-5。

电子活页 8-5

# 【任务 8-4】从时间维度分析京东电商客户浏览、订购等行为的频次特征

## 【任务描述】

现有两个 Excel 文件，分别为“df_product.xlsx”和“df_consume.xlsx”，“df_product.xlsx”文件中有 8 列、55148 行数据，“df_consume.xlsx”文件中有 21 列、49003 行数据，Excel 文件“df_product.xlsx”的主要列名称及说明可参见表 8-1，Excel 文件“df_consume.xlsx”的主要列名称及说明可参见表 8-2。数据集 df_product_buy 在数据集 df_product 的基础上增加了“购买数量”列，其他列与数据集 df_product 类似。

针对 df_product、df_product_buy 和 df_consume 这 3 个数据集完成以下操作。

（1）针对数据集 df_short 以月、半月和周为时间段分析统计数量的变化趋势。

（2）针对数据集 df_short 分析平台活跃度的时间趋势。

（3）针对数据集 df_short 按天分析统计数量的变化趋势。

（4）针对数据集 df_short_buy 分析每天加入购物车数量的变化趋势。

（5）针对数据集 df_short 分析 2022 年 4 月客户活跃情况与交易情况。

（6）针对数据集 df_short 统计各月与一周内各天的交易行为发生次数占比。

（7）针对数据集 df_short 分析一周内各天统计数量的变化趋势。

（8）针对数据集 df_short 比较一月内一周 7 天的访问量。

（9）针对数据集 df_short_buy 分析 2—4 月一周 7 天的统计数量与周几的关系。

（10）针对数据集 df_short 分析客户活跃频次分布与活跃客户的购买次数分布。

（11）针对数据集 df_label 分析客户的月活跃度和周活跃度。

**【任务实现】**

在 Jupyter Notebook 开发环境中创建 tc08-04.ipynb，然后在单元格中编写代码并输出对应的结果。

### 1. 导入模块

导入通用模块的代码详见“本书导学”，其他模块导入的代码详见【任务 8-2】的“1. 针对数据集 df_product 分析京东电商客户喜好的商品大类”。

### 2. 读取数据与预处理

代码如下：

```
path=r'data\df_product.xlsx'
data1 = pd.read_excel(path,parse_dates=['date'],dtype = {'customer_id':str,
                                                        'product_id':str })
data1=data1.drop('Unnamed: 0',axis=1)
df_short=data1.copy()
# 提取时间数据
df_short['datetime'] = pd.to_datetime(df_short['date'])
df_short['year'] = df_short['datetime'].dt.year.astype('int')
df_short['month'] = df_short['datetime'].dt.month.astype('int')
df_short['day'] = df_short['datetime'].dt.day.astype('int')
df_short['weekday'] = df_short['datetime'].dt.weekday.astype('int') #Monday 是 0
# 将客户行为数字转换为汉字，便于查看
action_map = {1:'浏览', 2:'评论',3:'购买',4:'收藏',5:'加入购物车'}
df_short['type'] = df_short['type'].map(action_map)
df_short
```

输出结果：

| | customer_id | product_id | type | brand | category | shop_category | date | datetime | year | month | day | weekday |
|---|---|---|---|---|---|---|---|---|---|---|---|---|
| **0** | 1174854 | 344088 | 浏览 | Huawei | Phone | Electronics | 2022-03-07 | 2022-03-07 | 2022 | 3 | 7 | 0 |
| **1** | 455341 | 130092 | 浏览 | Other | Coat | Clothes | 2022-03-23 | 2022-03-23 | 2022 | 3 | 23 | 2 |
| **2** | 478893 | 131477 | 浏览 | Gree | Air Conditioner | Household Eletric Appliance | 2022-03-18 | 2022-03-18 | 2022 | 3 | 18 | 4 |
| **3** | 95399 | 310506 | 浏览 | Apple | Phone | Electronics | 2022-03-30 | 2022-03-30 | 2022 | 3 | 30 | 2 |
| **4** | 746439 | 296528 | 浏览 | illuma | Milk Power | Mother and Infant | 2022-02-26 | 2022-02-26 | 2022 | 2 | 26 | 5 |
| **...** | ... | ... | ... | ... | ... | ... | ... | ... | ... | ... | ... | ... |
| **55133** | 907477 | 253192 | 浏览 | Haier | Washing Machine | Household Eletric Appliance | 2022-03-16 | 2022-03-16 | 2022 | 3 | 16 | 2 |
| **55134** | 818997 | 37177 | 浏览 | Chow Tai Fook | Necklace | Jewellery Accessories | 2022-03-23 | 2022-03-23 | 2022 | 3 | 23 | 2 |
| **55135** | 771488 | 206886 | 浏览 | Other | Eye Shadow | Beauty Makeup | 2022-03-20 | 2022-03-20 | 2022 | 3 | 20 | 6 |
| **55136** | 739636 | 104908 | 浏览 | Lipton | Tea | Food | 2022-03-24 | 2022-03-24 | 2022 | 3 | 24 | 3 |
| **55137** | 506427 | 303014 | 收藏 | Estee Lauder | Foundation Make-up | Beauty Makeup | 2022-02-23 | 2022-02-23 | 2022 | 2 | 23 | 2 |

55138 rows × 12 columns

### 3. 针对数据集 df_short 以月、半月和周为时间段分析统计数量的变化趋势

（1）按月分析统计数量的变化趋势

代码如下：

```
by_month=df_short[['month','customer_id']].groupby(['month']).count()
                            .sort_values(by=['month'],ascending=True)
by_month.reset_index(inplace=True)
line = (
    Line()
    .add_xaxis(['2 月 ','3 月 ','4 月 '])
    .add_yaxis(" 统计数量 ", by_month['customer_id'])
    .set_global_opts(title_opts=opts.TitleOpts(title=" 每月统计数量的变化趋势 "))
)
line.render_notebook()
```

输出结果如图 8-22 所示。

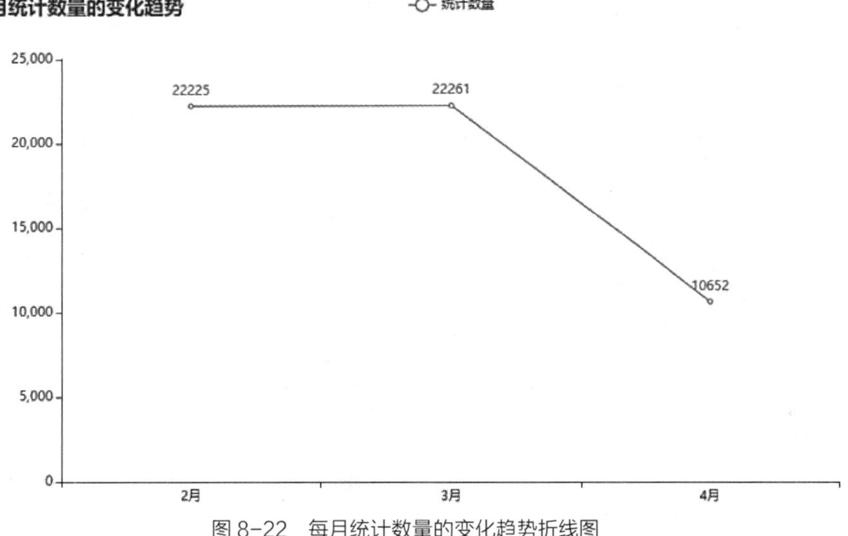


图 8-22　每月统计数量的变化趋势折线图

从图 8-22 可以看出：2 月的统计数量比较稳定，3 月的统计数量整体呈现下降趋势。

（2）按半月分析统计数量的变化趋势

将交易时间按照上、下半月进行分段的代码如下：

```
def time_divide(time_buy):
    if time_buy >= datetime(2022,2,1) and time_buy <= datetime(2022,2,15):
        time_result = '2 月上半月 '
        return time_result
    elif time_buy >= datetime(2022,2,16) and time_buy <= datetime(2022,2,28):
        time_result = '2 月下半月 '
        return time_result
    elif time_buy >= datetime(2022,3,1) and time_buy <= datetime(2022,3,15):
        time_result = '3 月上半月 '
        return time_result
    elif time_buy >= datetime(2022,3,16) and time_buy <= datetime(2022,3,31):
        time_result = '3 月下半月 '
        return time_result
```

```
    elif time_buy >= datetime(2022,4,1) and time_buy <= datetime(2022,4,15):
        time_result = '4月上半月'
        return time_result
df_short['时间分段'] = df_short.apply(lambda x: time_divide(x.date), axis = 1)
```

按半月进行数量统计的代码如下：

```
df = df_short.groupby(['时间分段'])['customer_id'].count()
finish = pd.DataFrame(df)
finish.columns=['分段统计数量']
finish.head()
```

输出结果：

| 时间分段 | 分段统计数量 |
|---|---|
| 2月上半月 | 13696 |
| 2月下半月 | 8529 |
| 3月上半月 | 11646 |
| 3月下半月 | 10615 |
| 4月上半月 | 10652 |





绘制按半月分段统计数量柱形图的代码如下：

```
list_time = finish.index
list_amount = finish['分段统计数量']
fig,ax = plt.subplots(1,1,figsize=(8,6))
ax.bar(list_time, list_amount, width=0.4)
ax.set_title('按半月分段统计数量柱形图')
ax.set_xlabel("半月分段")
ax.set_ylabel("统计数量")
for x, y in zip(list_time, list_amount):
    plt.text(x, y, '{0}'.format(y), ha='center', va='bottom')
```

输出结果如图 8-23 所示。

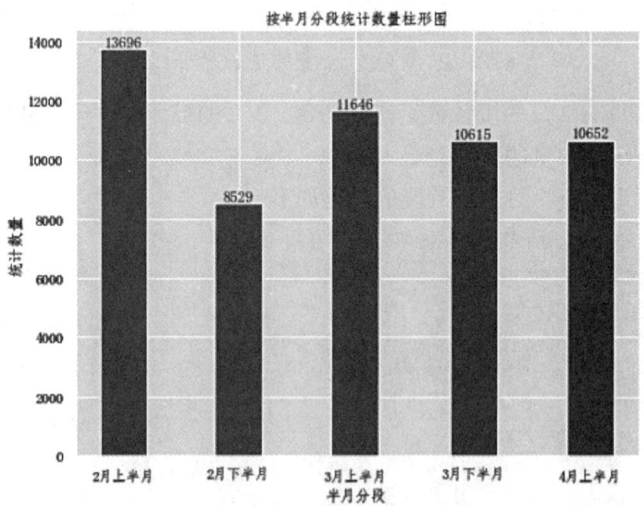


图 8-23　按半月分段统计数量柱形图

通过以上分析可以得出以下结论：2 月上半月的统计数量最大，2 月、3 月上半月比下半月客户的统计数量大，说明客户更愿意在上半月消费。

（3）按周分析统计数据的变化趋势

绘制每周统计数量的变化趋势折线图的代码如下：

```
df_short['weekofyear'] = pd.to_datetime(df_short['date']).dt.isocalendar().week
by_week=df_short[['weekofyear','customer_id']].groupby(['weekofyear']).count()
                              .sort_values(by=['weekofyear'],ascending=True)
by_week.reset_index(inplace=True)
line = (
    Line()
    .add_xaxis(['第1周','第2周','第3周','第4周','第5周','第6周','第7周',
                '第8周','第9周','第10周','第11周'])
    .add_yaxis("统计数量", by_week['customer_id'])
    .set_global_opts(title_opts=opts.TitleOpts(title="每周统计数量的变化趋势"))

)
line.render_notebook()
```

输出结果如图 8-24 所示。

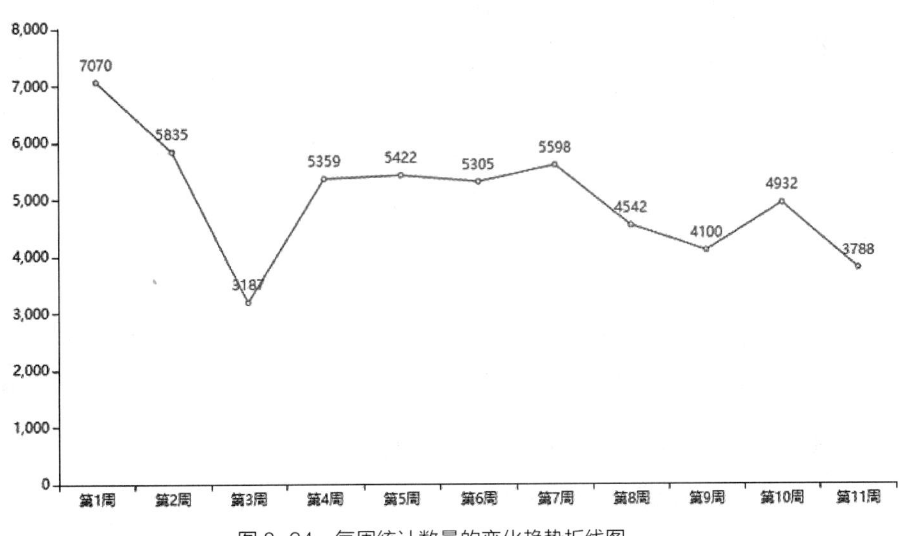


图 8-24　每周统计数量的变化趋势折线图

从图 8-24 可以看出：第 3 周、第 9 周及第 11 周的时候统计数量出现明显下降。

### 4. 针对数据集 df_short 分析平台活跃度的时间趋势

（1）2022 年 2 月 1 日—4 月 15 日平台活跃度的时间趋势分析

代码如下：

```
customer_day = df_short.date.value_counts().sort_index()
customer_day.columns=['date']
plt.figure(figsize=(10,8))
sns.lineplot(data=customer_day)
plt.xlabel('交易时间')
plt.ylabel('活跃人数')
plt.title('2022年2月1日至4月15日平台活跃人数分布')
plt.xticks(rotation=45)
```

输出结果如图 8-25 所示。

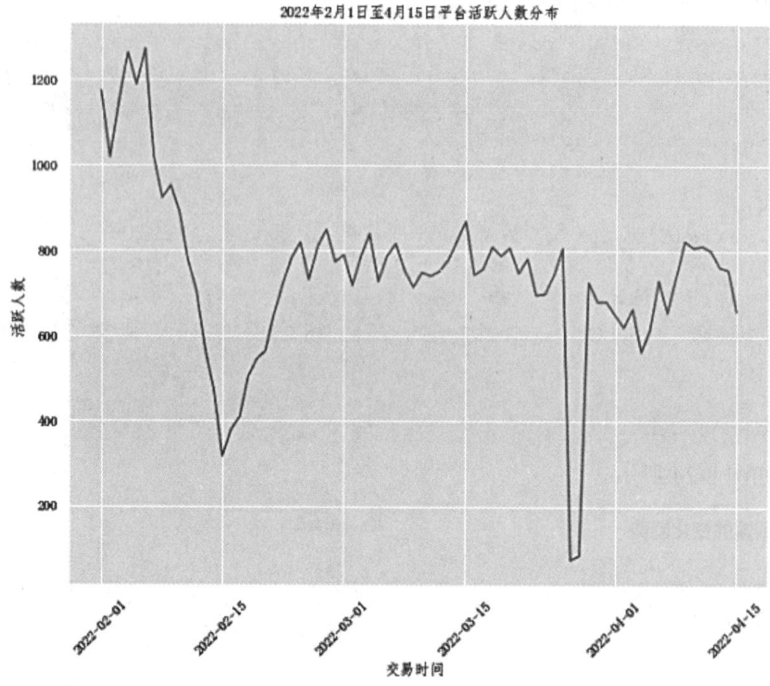


图 8-25　2022 年 2 月 1 日—4 月 15 日平台活跃人数分布折线图

从图 8-25 可以看出：2 月的活跃人数下滑后回升，波动较大，2 月下半旬之后，客户的活跃人数较为稳定。

（2）按时间顺序对第 1 季度的平台活跃度进行分析

扫描二维码在线浏览电子活页 8-19“按时间顺序对第 1 季度的平台活跃度进行分析”中的代码及绘制的图形。

在线浏览

电子活页 8-19

### 5. 针对数据集 df_short 按天分析统计数量的变化趋势

（1）按天分析统计数量的整体变化趋势

代码如下：

```
date_order_nums = df_short.date.value_counts().sort_index()
print(date_order_nums.head())
dates = np.array(date_order_nums.keys().astype(str))
date_order_numsLine = (
    Line()
    .add_xaxis(dates)
    .add_yaxis(' 统计数量 ',date_order_nums.values.tolist(),is_symbol_show=True,
        label_opts=opts.LabelOpts(is_show=False))
    .set_global_opts(
        title_opts=opts.TitleOpts(title=" 每天的统计数量变化趋势 ",
                                   subtitle='2022/02/01-2022/04/15'),
        tooltip_opts=opts.TooltipOpts(is_show=True),
        xaxis_opts=opts.AxisOpts(type_="category",
                                  axislabel_opts=opts.LabelOpts(rotate=-15)),
```

```
        legend_opts=opts.LegendOpts(type_="plain",is_show=True,orient=
"vertical"),
        )
    )
    date_order_numsLine.render_notebook()
```

输出结果如图 8-26 所示。

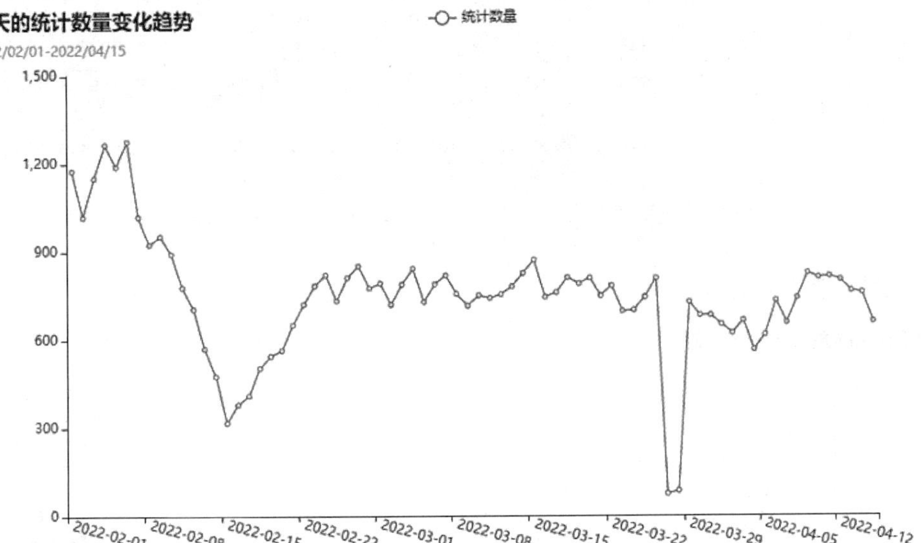


图 8-26　每天统计数量的整体变化趋势折线图

从图 8-26 可以看出：按天去看可以发现 2022-02-06—2022-02-15 的统计数量出现明显下跌，并在 2022-02-15 达到最低值。紧接着在 2022-03-26 统计数量出现断崖式下跌。这说明消费者在春节期间有较高的购买力，统计数量在春节后有明显下降，之后逐渐趋于平稳。

整体来看，3 月、4 月上旬统计数量比较稳定，2 月的统计数量受春节影响较大。

（2）绘制 2 月与 3 月统计数量按天小计柱形图

绘制 2 月与 3 月统计数量按天小计柱形图，对应的代码及绘制的图形详见本书配套的电子活页 8-6。

电子活页 8-6

（3）分析 3 个月内每日统计数量的变化趋势

分析 3 个月内每日统计数量变化趋势，对应的代码及绘制的图形详见本书配套的电子活页 8-7。

电子活页 8-7

（4）绘制京东客户端日访问量折线图

绘制京东客户端日访问量折线图，对应的代码及绘制的图形详见本书配套的电子活页 8-8。

（5）分析不同商品大类每天的统计数量

电子活页 8-8

代码如下：

```
    clothes_date_order_numsLine = Line()
    clothes_date_order_numsLine.add_xaxis(dates)
    clothes_date_order_numsLine.set_global_opts(
        title_opts=opts.TitleOpts(title="不同商品大类每天的统计数量",
                                subtitle='2022/02/01-2022/04/15'),
        tooltip_opts=opts.TooltipOpts(is_show=True),
```

```
            xaxis_opts=opts.AxisOpts(type_="category"),
            yaxis_opts=opts.AxisOpts(
                type_="value",
                axistick_opts=opts.AxisTickOpts(is_show=True),
                splitline_opts=opts.SplitLineOpts(is_show=True),
            ),
            legend_opts=opts.LegendOpts(type_="plain",is_show=True,
                                        orient="vertical",pos_left='right'))
    for i in list(df_short.shop_category.unique()):
        clothes_date_order_numsLine.add_yaxis(i,df_short[df_short['shop_
category'] == i]
                              .date.value_counts().sort_index().values.tolist(),is_
symbol_show=True,
                label_opts=opts.LabelOpts(is_show=False))
    clothes_date_order_numsLine.render_notebook()
```

输出结果如图 8-27 所示。

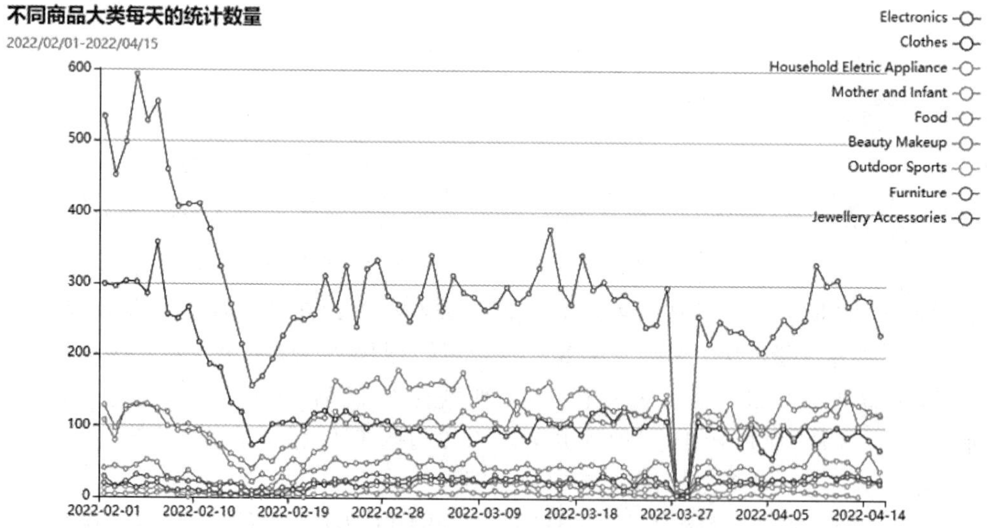

图 8-27 不同商品大类每天的统计数量折线图

从图 8-27 可以看出：当从冬季跨越到春季之后（换季期间），服装的统计数量高于除电子产品外的其他的大类；春节期间，服装的统计数量相对比较靠前，但是春节一过，美容化妆品和食品的统计数量便赶上来，逐渐与服装的统计数量持平。

（6）比较两种手机品牌每天的统计数量

扫描二维码在线浏览电子活页 8-20“比较两种手机品牌每天的统计数量”中的代码及绘制的图形。

在线浏览

电子活页 8-20

## 6. 针对数据集 df_short_buy 分析每天加入购物车数量的变化趋势

（1）读取数据

代码如下：

```
path=r'data\df_short_buy.xlsx'
df_short_buy = pd.read_excel(path)
```

（2）绘制 2022-2-1—2022-4-15 每天加入购物车数量折线图

扫描二维码在线浏览电子活页 8-21“绘制 2022-2-1—2022-4-15 每天加入购物车数量折线图”中的代码及绘制的图形。

在线浏览

电子活页 8-21

### 7. 针对数据集 df_short 分析 2022 年 4 月上半月客户活跃情况与交易情况

（1）提取 4 月客户交易数据

代码如下：

```
df_short4=df_short[df_short['month'] ==4]
```

（2）统计 4 月上半月日活跃人数

定义有一次操作的客户为活跃客户，统计 4 月上半月日活跃人数的代码如下：

```
daily_active_user = df_short4.groupby('date')['customer_id'].nunique()
```

（3）统计 4 月上半月日消费人数

代码如下：

```
daily_buy_user = df_short4[df_short4['type'] == '购买'].groupby('date')
                                        ['customer_id'].nunique()
```

（4）计算 4 月上半月日消费人数占比

代码如下：

```
proportion_of_buyer = daily_buy_user / daily_active_user
print('4 月上半月日消费人数占比：',proportion_of_buyer.round(2))
```

（5）计算 4 月上半月日消费总次数

代码如下：

```
daily_buy_count = df_short4[df_short4['type'] == '购买'].groupby('date')['date'].count()
```

（6）计算 4 月上半月消费客户日人均消费次数

代码如下：

```
consumption_per_buyer = daily_buy_count / daily_buy_user
print('1:',daily_buy_user)
print('2:',daily_buy_count)
print('4 月上半月消费客户日人均消费次数：',consumption_per_buyer.round(4))
```

（7）绘制 4 月上半月每日浏览量折线图

代码如下：

```
df_short4['date'] = df_short4['date'].dt.date
pv_daily = df_short4[df_short4['type'] =='浏览'].groupby('date')['customer_
id'].count()
fig, ax = plt.subplots(figsize=[10,6])
sns.pointplot(x=pv_daily.index, y=pv_daily.values,markers='D', linestyles='--',
                                        color='dodgerblue')
plt.title('4 月上半月每日浏览量')
plt.xticks(rotation=45)
plt.show()
```

输出结果如图 8-28 所示。

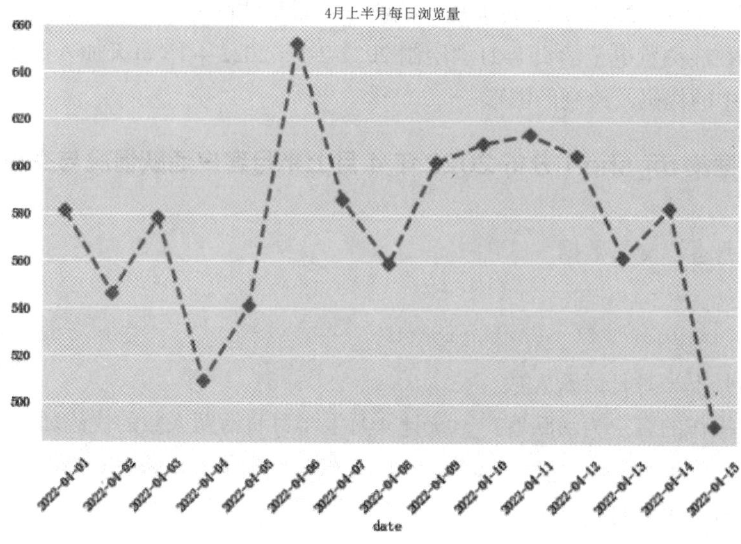


图 8-28　4 月上半月每日浏览量折线图





（8）绘制 4 月上半月每日访客数量折线图

扫描二维码在线浏览电子活页 8-22“绘制 4 月上半月每日访客数量折线图”中的代码及绘制的图形。

## 8. 针对数据集 df_short 统计各月与一周内各天的交易行为发生次数占比

代码如下：

```
plt.figure(figsize=(10,10))
plt.subplot(1, 2, 1)
df_short['month'].value_counts().plot(kind='pie',autopct='%.2f%%')
plt.subplot(1, 2, 2)
df_short['weekday'].value_counts().plot(kind='pie',autopct='%.2f%%')
plt.show()
```

输出结果如图 8-29 所示。图中的“month”表示“月”，“weekday”表示“星期”。

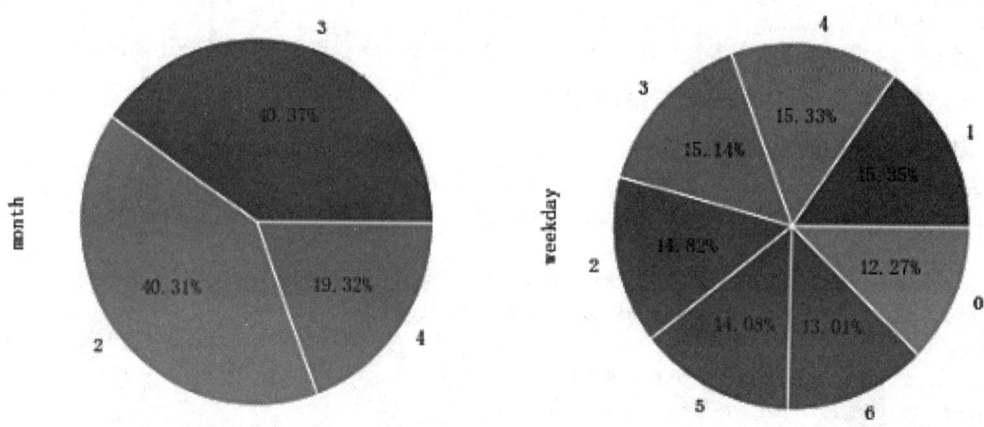


图 8-29　各月与一周内各天的交易行为发生次数占比饼图

## 9. 针对数据集 df_short 分析一周内各天统计数量的变化趋势

（1）绘制一周内各天统计数量小计饼图

代码如下：

```
x = ['星期一', '星期二', '星期三', '星期四', '星期五', '星期六','星期日']
pie = (
    Pie()
    .add(
        "week",
        [list(z) for z in zip(x,df_short.groupby(['weekday'])['date'].count().
tolist())],
        radius=["30%", "55%"],
        center=["50%", "50%"],
        rosetype="radius",
        label_opts=opts.LabelOpts(formatter="{b}:{c}({d}%)"),
    )
    .set_series_opts(legend_opts=opts.LegendOpts(is_show=False))
)
pie.render_notebook()
```

输出结果如图 8-30 所示。

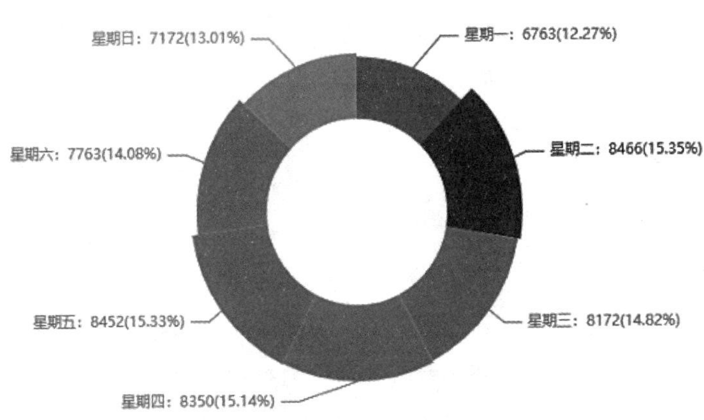


图 8-30　一周内各天统计数量小计饼图

（2）绘制一周内各天统计数量小计折线图

扫描二维码在线浏览电子活页 8-23“绘制一周内各天统计数量小计折线图”中的代码及绘制的图形。

（3）绘制不同月份一周 7 天统计数量小计折线图

代码如下：

```
by_weekday2=data_2m[['weekday','customer_id']].groupby(['weekday']).count()
                          .sort_values(by=['weekday'],ascending=True)
by_weekday2.reset_index(inplace=True)
by_weekday3=data_3m[['weekday','customer_id']].groupby(['weekday']).count()
                          .sort_values(by=['weekday'],ascending=True)
```

```
    by_weekday3.reset_index(inplace=True)
    by_weekday4=data_4m[['weekday','customer_id']].groupby(['weekday']).count()
                                .sort_values(by=['weekday'],ascending=True)
    by_weekday4.reset_index(inplace=True)
    line = (
        Line()
        .add_xaxis(['周一','周二','周三','周四','周五','周六','周日'])
        .add_yaxis("2 月统计数量小计", by_weekday2['customer_id'])
        .add_yaxis("3 月统计数量小计", by_weekday3['customer_id'])
        .add_yaxis("4 月统计数量小计", by_weekday4['customer_id'])
        .set_global_opts(title_opts=opts.TitleOpts(title="不同月份一周 7 天统计数量
小计"))
    )
    line .render_notebook()
```

输出结果如图 8-31 所示。

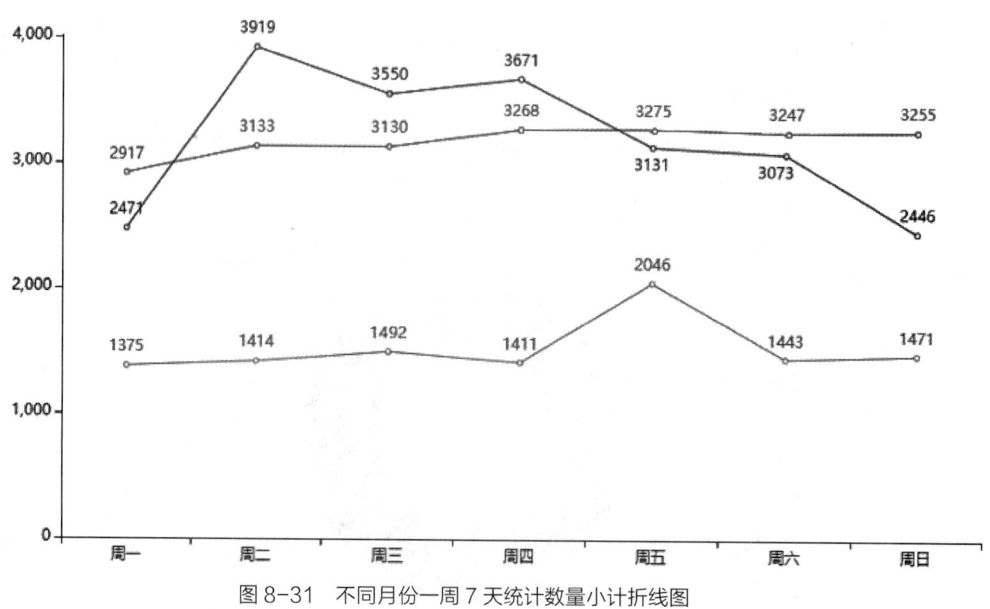


图 8-31　不同月份一周 7 天统计数量小计折线图

从图 8-31 可以看出不同月份一周 7 天的统计数量小计变化，2 月一周 7 天统计数量小计分布比较均匀，3 月一周 7 天统计数量小计中周二的高于其余时间的，4 月一周 7 天统计数量小计中周五的普遍高于其余时间的。

（4）绘制一周 7 天的统计数量小计分布柱形图

可以通过多种方法绘制一周 7 天的统计数量小计分布柱形图。

方法 1 的代码如下：

```
week = df_short['weekday'].value_counts().sort_index()
week.index=['星期一','星期二','星期三','星期四','星期五','星期六','星期日']
plt.figure(figsize=(12,8))
sns.barplot(x=week.index,y=week.values).set(title='一周 7 天的统计数量小计分布')
plt.show()
```

输出结果如图 8-32 所示。

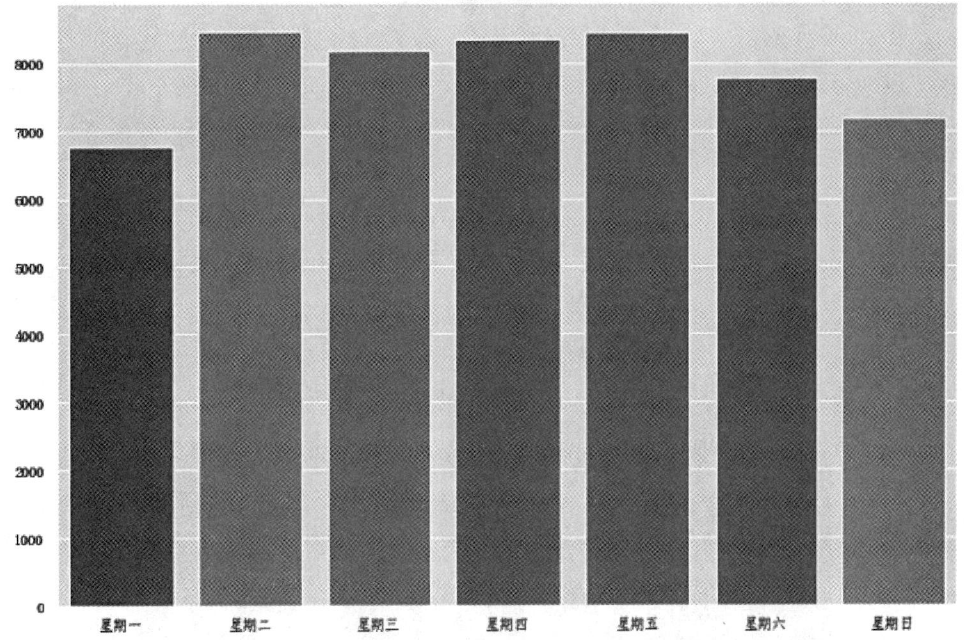


图 8-32　一周 7 天的统计数量小计分布柱形图之一

扫描二维码在线浏览电子活页 8-24“绘制一周 7 天的统计数量小计分布柱形图方法 2”中的代码及绘制的图形。

扫描二维码在线浏览电子活页 8-25“绘制一周 7 天的统计数量小计分布柱形图方法 3”中的代码及绘制的图形。

在线浏览

电子活页 8-24

在线浏览

电子活页 8-25

## 10. 针对数据集 df_short 比较一月内一周 7 天的访问量

代码如下：

```
bar1_x = range(1,8)
bar1_data =  df_short[( df_short['date'].astype('str')>'2022-03-01')
                    &( df_short['date'].astype('str')<'2022-03-31')]
                              .groupby(['weekday']).count()['customer_id']
bar1_y = bar1_data.to_list()
bar1 = Bar()
bar1_x = ['星期一', '星期二', '星期三', '星期四', '星期五', '星期六','星期日']
bar1.add_xaxis(bar1_x)
bar1.add_yaxis('',bar1_y,
          label_opts=opts.LabelOpts(
          font_size=12,
          color='white',
          position='insideTop',
          ),
         markpoint_opts=opts.MarkPointOpts(
         data=[opts.MarkPointItem(type_="max",name="MAX"),
         opts.MarkPointItem(type_="min",name="MIN")])
          )
bar1.set_series_opts(
   markline_opts=opts.MarkLineOpts(
```

```
        data=[opts.MarkLineItem(type_="average",name="AVE")]
    )
)
bar1.set_global_opts(title_opts=opts.TitleOpts(title="一月内一周 7 天访问量比较"
                                        ,pos_left='center',pos_top='2%'))
bar1.render_notebook()
```

输出结果如图 8-33 所示。

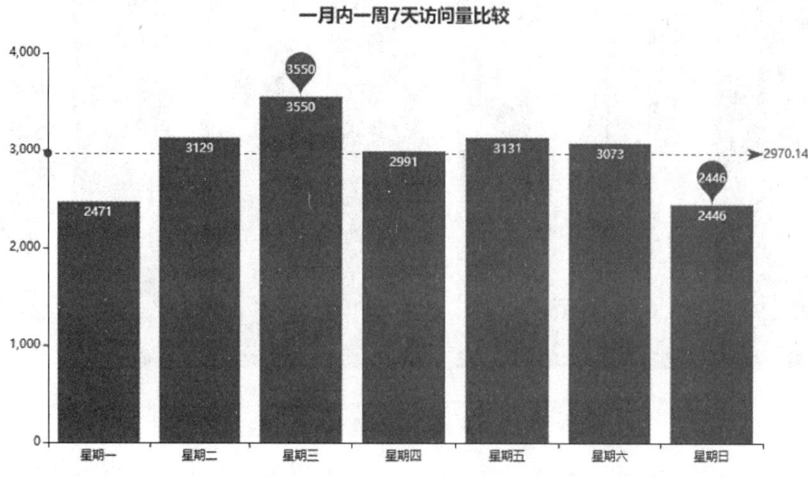


图 8-33　一月内一周 7 天访问量比较柱形图

### 11. 针对数据集 df_short_buy 分析 2—4 月一周 7 天的统计数量与周几的关系

分析 2—4 月一周 7 天的统计数量与周几的关系，对应的代码及绘制的图形详见本书配套的电子活页 8-9。

电子活页 8-9

### 12. 针对数据集 df_short 分析客户活跃频次分布与活跃客户的购买次数分布

（1）分析客户活跃频次分布

根据 customer_id 对 49003 位客户按其活跃频次进行分类汇总的代码如下：

```
customer = df_short['customer_id'].value_counts()
customer_1 = customer[customer.values == 1].count()
customer_2 = customer[customer.values == 2].count()
customer_3 = customer[customer.values >= 3].count()
customer_count = [customer_1, customer_2, customer_3]
```

扫描二维码在线浏览电子活页 8-26“绘制客户活跃频次分布柱形图和饼图”中的代码及绘制的图形。

在线浏览

电子活页 8-26

（2）分析活跃客户的购买次数分布

根据 customer_id 对客户在 2022-02-01—2022-04-15 的购买次数进行分类汇总的代码如下：

```
df = df_short[df_short['type']== '购买'].groupby(df_short['customer_id'])['customer_id'].count()
finish = pd.DataFrame(df)
finish.columns=['购买次数']
# 将购买次数进行划段分区
```

```
frequency_content = ['1 次', '2 次', '3 次及以上']
# 计算 3 个区间的购买次数
frequency_number =[0, 0, 0]
for id in finish.index:
    if finish.loc[id,'购买次数'] == 1:
        frequency_number[0] = frequency_number[0] + 1
    elif finish.loc[id,'购买次数'] == 2:
        frequency_number[1] = frequency_number[1] + 1
    else:
        frequency_number[2] = frequency_number[2] + 1
frequency_number
```

扫描二维码在线浏览电子活页 8-27“绘制客户购买次数柱形图和饼图”中的代码及绘制的图形。

在线浏览

电子活页 8-27

### 13. 针对数据集 df_label 分析客户的月活跃度和周活跃度

（1）读取数据

代码如下：

```
data2 = pd.read_excel(r'.\data\df_consume.xlsx')
df_label=data2
del df_label['Unnamed: 0']
df_order = df_label[df_label['time_order'].notnull()]
df_order.shape
```

输出结果：

```
(3172, 21)
```

（2）输出月加入购物车人数和周加入购物车人数

代码如下：

```
print('月加入购物车人数：')
print(df_order['month_cart'].value_counts())
print('周加入购物车人数：')
print(df_order['week_cart'].value_counts())
```

输出结果：

```
月加入购物车人数：
1.0    4
Name: month_cart, dtype: int64
周加入购物车人数：
1.0    4
Name: week_cart, dtype: int64
```

（3）输出月购买人数和周购买人数

代码如下：

```
print('月购买人数：')
print(df_order['month_buy'].value_counts())
print('周购买人数：')
print(df_order['week_buy'].value_counts())
```

输出结果：

```
月购买人数：
1.0             1356
2.0             2
Name: month_buy, dtype: int64
周购买人数：
1.0             344
2.0             1
Name: week_buy, dtype: int64
```

（4）输出月活跃人数

代码如下：

```
print('月活跃人数：')
print(df_order['month_active'].value_counts())
```

输出结果：

```
月活跃人数：
1.0             1349
2.0             23
3.0             2
4.0             2
6.0             1
Name: month_active, dtype: int64
```

（5）绘制客户月活跃人数柱形图

代码如下：

```
sns.displot(df_order['month_active'])
plt.title('客户月活跃人数')
plt.show()
```

输出结果如图 8-34 所示。

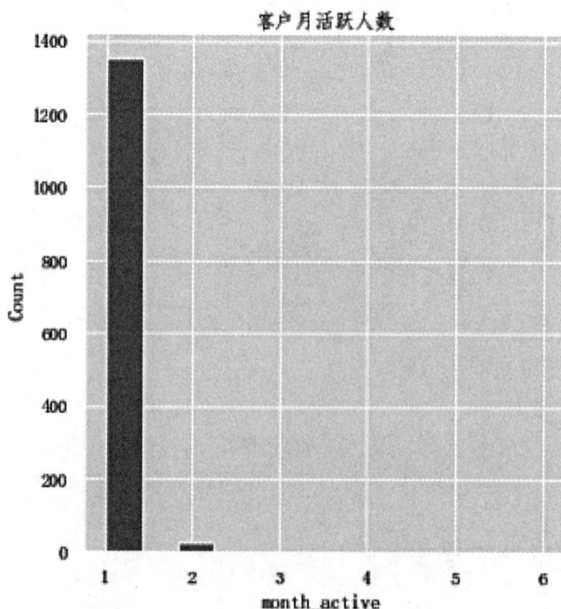


图 8-34　客户月活跃人数柱形图

（6）输出周活跃人数

代码如下：

```
print('周活跃人数：')
print(df_order['week_active'].value_counts())
```

输出结果：

```
周活跃人数：
1.0          1349
2.0          23
3.0          2
4.0          2
6.0          1
Name: week_active, dtype: int64
```

从以上结果可以看出：近 30 天和近 7 天大多数客户活跃次数为 1 次、2 次，并且近 30 天客户活跃次数和近 7 天客户活跃次数基本一样，说明客户可能会流失。

（7）绘制客户周活跃人数柱形图

代码如下：

```
sns.displot(df_order['week_active'])
plt.title('客户周活跃人数')
plt.show()
```

输出结果如图 8-35 所示。

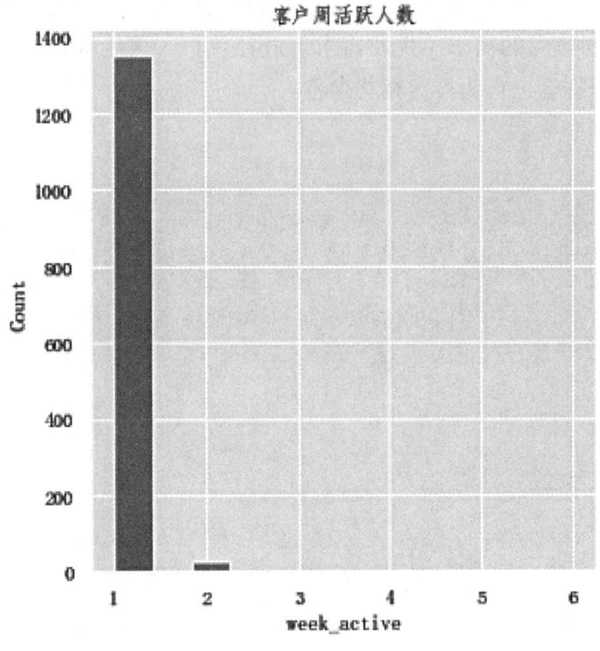


图 8-35　客户周活跃人数柱形图

（8）绘制客户月活跃人数变化趋势图

代码如下：

```
user_active_level = df_order['month_active'].value_counts().sort_index
(ascending=False)
```

```
    plt.plot(user_active_level.index, user_active_level.values, label='user_
active_level')
    plt.xlabel (u' 月份 ', fontsize=12)
    plt.ylabel (u' 活跃人数 ', fontsize=12)
    plt.show()
```

输出结果如图 8-36 所示。

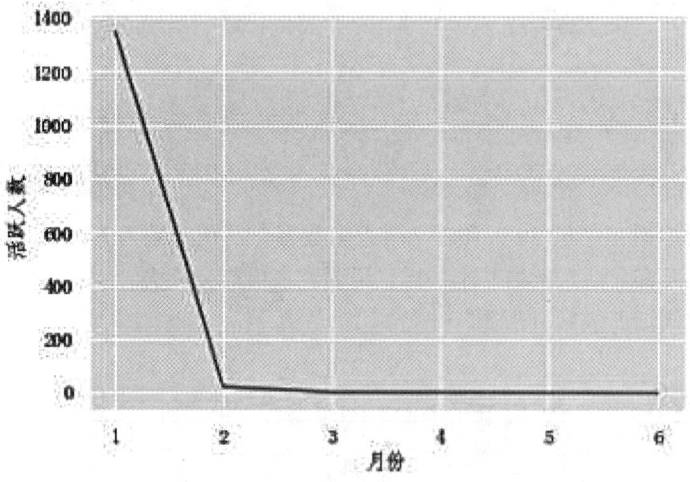


图 8-36　客户月活跃人数变化趋势图

从图 8-36 可以看出：即兴浏览的人多，重复多次访问的人少，客户黏性不够强，可以考虑把受欢迎的需求和近期热门的需求（优质需求）放在首页，再给客户推送受欢迎的店铺和商品（优质内容），后续再根据客户行为推送相关内容。

（9）输出客户周活跃人数

代码如下：

```
active_week_data = df_order.week_active.value_counts()
inactive_week_num = df_order[df_order.week_active.isnull()].shape[0]
activity_week_data = pd.Series({'0.0':inactive_week_num})
activity_week_data = activity_week_data.append(active_week_data,ignore_index=True)
activity_week_data
```

输出结果：

```
0          1795
1          1349
2          23
3          2
4          2
5          1
dtype: int64
```

（10）绘制客户周活跃人数饼图

扫描二维码在线浏览电子活页 8-28“绘制客户周活跃人数饼图”中的代码及绘制的图形。

在线浏览

电子活页 8-28

因为周活跃人数和月活跃人数的数据一样，所以周活跃度和月活跃度只需要一张饼图就可以了。

# 【任务 8-5】京东电商客户浏览与下单时间的偏好特征分析





**【任务描述】**

现有 1 个 Excel 文件“df_label.xlsx”，该文件中有 21 列、49003 行数据，该文件的主要列名称及说明可参见表 8-2。针对 df_label 数据集完成以下操作。

（1）分析电商客户浏览时间的偏好特征。

（2）分析电商客户下单时间的偏好特征。

（3）分析客户最近一次浏览距今间隔天数分布。

（4）分析客户最近一次下单距今间隔天数分布。

（5）分析客户最近一次浏览频次分布。

（6）分析客户最近一次下单频次分布。

**【任务实现】**

在 Jupyter Notebook 开发环境中创建 tc08-05.ipynb，然后在单元格中编写代码并输出对应的结果。

### 1. 导入模块

导入通用模块的代码详见“本书导学”，其他模块导入的代码详见【任务 8-2】的“1. 针对数据集 df_product 分析京东电商客户喜好的商品大类”。

### 2. 读取数据

代码如下：

```
data2 = pd.read_excel(r'.\data\df_consume.xlsx')
df_label=data2.copy()
del df_label['Unnamed: 0']
```

### 3. 分析电商客户浏览时间的偏好特征

（1）获取浏览时间数据

代码如下：

```
df_time_browse=df_label[['customer_id','time_browse']].copy()
df_time_browse=df_time_browse.dropna(axis=0,subset=['time_browse'],how='all',
                                                      inplace=False)
df_time_browse['time_browse']
```

输出结果：

```
0        上午
1        下午
2        上午
3        晚上
4        晚上
48997    上午
48998    下午
```

```
48999        上午
49000        上午
49001        上午
```

（2）统计各个浏览时间段的人数

代码如下：

```
df = df_time_browse.groupby(['time_browse'])['customer_id'].count()
get_time_browse = pd.DataFrame(df)
get_time_browse.sort_values(by=['customer_id'],inplace=True,ascending=False)
get_time_browse.rename(columns={'customer_id':'浏览人数'},inplace=True)
get_time_browse.head(10)
```

输出结果：

| time_browse | 浏览人数 |
|---|---|
| 晚上 | 13241 |
| 下午 | 10498 |
| 上午 | 7767 |
| 中午 | 6554 |
| 凌晨 | 3196 |
| 下午,晚上 | 419 |
| 上午,晚上 | 317 |
| 中午,晚上 | 254 |
| 上午,下午 | 235 |
| 中午,下午 | 204 |





从输出结果可以发现：客户浏览时间段主要分为上午、中午、下午、晚上、凌晨这 5 个时间段，下一步统计每个时间段的浏览人数分布。

（3）拆分包含多个浏览时间段的列数据与统计各个浏览时间段的人数分布

可以通过多种方法拆分包含多个浏览时间段的列数据与统计各个浏览时间段的人数分布

方法 1 的代码如下：

```
time_browse_list = ['上午', '中午', '下午', '晚上','凌晨']
time_browse_amount1 = []
for time_type in time_browse_list:
    df = df_time_browse[df_time_browse['time_browse'].str.contains(time_type)]
                                                        ['customer_id'].count()
    time_browse_amount1.append(df)
time_browse=pd.DataFrame({'浏览时间段':time_browse_list,
                                     '浏览人数':time_browse_amount1})
time_browse
```

输出结果：

| | 浏览时间段 | 浏览人数 |
|---|---|---|
| 0 | 上午 | 8721 |
| 1 | 中午 | 7365 |
| 2 | 下午 | 11596 |
| 3 | 晚上 | 14544 |
| 4 | 凌晨 | 3708 |

方法 2 的代码如下：

```
df_time_browse2=df_time_browse.copy()
df_time_browse2.reset_index(drop=True,inplace=True)
time_browse_amount2 = []
for i in range(df_time_browse2.shape[0]):
    t=df_time_browse2['time_browse'].loc[i].split(',')
    for j in range(len(t)):
        tt=t[j]
        time_browse_amount2.append(tt)
get_time_browse2=pd.DataFrame(time_browse_amount2)
get_time_browse2['浏览次数']=1
get_time_browse2.rename(columns={0:'浏览时间段'},inplace=True)
browse_counts = get_time_browse2.浏览时间段.value_counts()
browse_counts
```

输出结果：

```
晚上    14544
下午    11596
上午     8721
中午     7365
凌晨     3708
Name: 浏览时间段, dtype: int64
```

（4）绘制客户浏览时间段分布柱形图与饼图

扫描二维码在线浏览电子活页 8-29“在同一画布上分别绘制客户浏览时间段分布柱形图与饼图”中的代码及绘制的图形。

在线浏览

电子活页 8-29

单独绘制饼图的代码如下：

```
trace=[go.Pie(labels=browse_counts.index.tolist(),values=browse_counts.values.tolist(),
                        hole=0.5,textfont=dict(size=12,color='white'))]
layout=go.Layout(title='浏览时间段分布')
fig=go.Figure(data=trace,layout=layout)
pyplot(fig)
```

输出结果如图 8-37 所示。

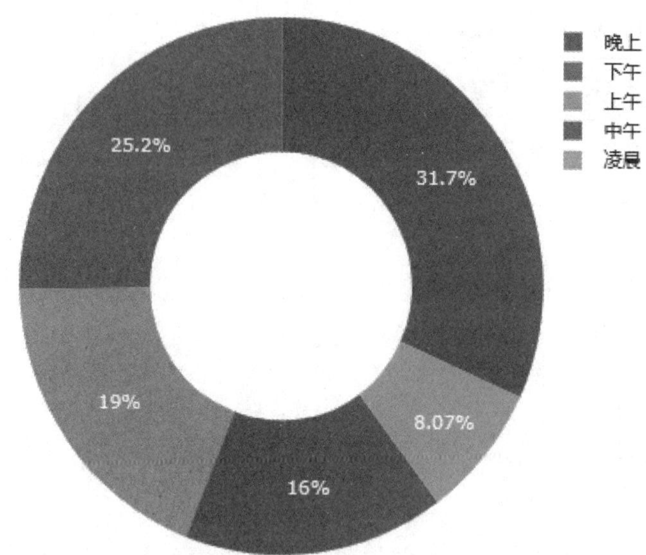


图 8-37　客户浏览时间段分布饼图





扫描二维码在线浏览电子活页 8-30“单独绘制客户最喜欢浏览平台的时间段柱形图”中的代码及绘制的图形。

在线浏览

电子活页 8-30

#### 4. 分析电商客户下单时间的偏好特征

在什么时间段营销比较合适？或者客户在什么时间段比较活跃？下面就这些问题进行探讨。

（1）获取下单时间数据

代码如下：

```
df_time_order=df_label[['customer_id','time_order']].copy()
df_time_order=df_time_order.dropna(axis=0,subset=['time_order'],how='all',
inplace=False)
df_time_order['time_order'].isnull().sum()
```

输出结果：

```
0
```

（2）统计各个下单时间段的人数

代码如下：

```
df = df_time_order.groupby(['time_order'])['customer_id'].count()
get_time_order = pd.DataFrame(df)
get_time_order.sort_values(by=['customer_id'],inplace=True,ascending=False)
get_time_order.rename(columns={'customer_id':'下单人数'},inplace=True)
get_time_order
```

输出结果：

| time_order | 下单人数 |
|---|---|
| 晚上 | 882 |
| 下午 | 869 |
| 上午 | 633 |
| 中午 | 618 |
| 凌晨 | 164 |
| 上午,晚上 | 3 |
| 上午,中午 | 2 |
| 中午,下午 | 1 |





从输出结果可以发现：客户下单主要集中在上午、中午、下午、晚上、凌晨这 5 个时间段，下一步计算每个时间段的人数分布。

（3）拆分包含多个下单时间段的列数据与统计各个下单时间段的人数分布

可以通过多种方法拆分包含多个下单时间段的列数据与统计各个下单时间段的人数分布

方法 1 的代码如下：

```
time_order_list = ['上午', '中午', '下午', '晚上','凌晨']
time_order_amount = []
for time_type in time_order_list:
    num = df_time_order[df_time_order['time_order'].str.contains(time_type)]
                                                ['customer_id'].count()
    time_order_amount.append(num)
time_order=pd.DataFrame({'下单时间段':time_order_list,'下单人数':time_order_amount})
time_order
```

输出结果：

| | 下单时间段 | 下单人数 |
|---|---|---|
| 0 | 上午 | 638 |
| 1 | 中午 | 621 |
| 2 | 下午 | 870 |
| 3 | 晚上 | 885 |
| 4 | 凌晨 | 164 |

方法 2 的代码如下：

```
df_time_order2=df_time_order.copy()
df_time_order2.dropna(axis=0,subset=['time_order'],how='all',inplace=True)
df_time_order2.reset_index(drop=True,inplace=True)
time_order_amount2=[]
for i in range(df_time_order2.shape[0]):
```

```
    t=df_time_order2['time_order'].loc[i].split(',')
    for j in range(len(t)):
        tt=t[j]
        time_order_amount2.append(tt)
get_time_order2=pd.DataFrame(time_order_amount2)
get_time_order2['下单次数']=1
get_time_order2.rename(columns={0:'下单时间段'},inplace=True)
order_counts =get_time_order2.下单时间段.value_counts().head()
order_counts
```

输出结果：

```
晚上    885
下午    870
上午    638
中午    621
凌晨    164
Name: 下单时间段, dtype: int64
```



在线浏览

电子活页 8-31

（4）绘制客户下单时间段分布柱形图与饼图

扫描二维码在线浏览电子活页 8-31“在同一画布上分别绘制客户下单时间段分布柱形图与饼图”中的代码及绘制的图形。

单独绘制饼图的代码如下：

```
trace=[go.Pie(labels=time_order['下单时间段'],values=time_order['下单人数'],hole=0.5,
                                textfont=dict(size=14,color='white'))]
layout=go.Layout(title='下单时间段分布')
fig=go.Figure(data=trace,layout=layout)
pyplot(fig)
```

输出结果如图 8-38 所示。

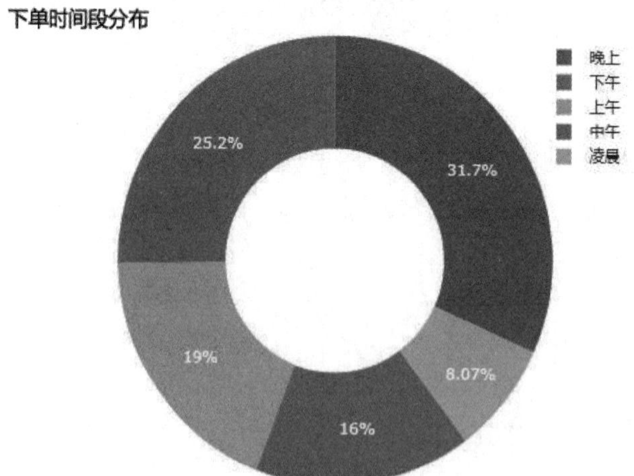


图 8-38　客户下单时间段分布饼图

扫描二维码在线浏览电子活页 8-32“单独绘制客户喜欢的下单时间段柱形图”中的代码及绘制的图形。

在线浏览

电子活页 8-32

## 5. 对比分析客户浏览时间段与客户下单时间段

（1）浏览人数中下单人数的占比

代码如下：

```
browse_num=df_time_browse['time_browse'].value_counts().sum()
order_num=df_time_order['time_order'].value_counts().sum()
print('浏览人数中下单人数的占比：')
print(round(order_num/browse_num,4)*100,'%')
```

输出结果：

```
浏览人数中下单人数的占比：
7.3 %
```

（2）使用 Counter 统计各个时间段的浏览数量与下单数量

代码如下：

```
from collections import Counter
# 浏览时间段
time_value=[]
for item in list(df_label['time_browse']):
    time_value.extend(str(item).split(','))
browse=pd.DataFrame([Counter(time_value)]).T
browse.drop(['nan'],inplace=True)
browse=browse.sort_values([0],ascending=False)
# 下单时间段
time_value=[]
for item in list(df_label['time_order']):
    time_value.extend(str(item).split(','))
order=pd.DataFrame([Counter(time_value)]).T
order.drop(['nan'],inplace=True)
order=order.sort_values([0],ascending=False)
bo=pd.merge(browse,order,on=browse.index,how='outer')
bo.columns=['时间段','浏览数量','下单数量']
bo
```

输出结果：

| | 时间段 | 浏览数量 | 下单数量 |
|---|---|---|---|
| 0 | 晚上 | 14544 | 885 |
| 1 | 下午 | 11596 | 870 |
| 2 | 上午 | 8721 | 638 |
| 3 | 中午 | 7365 | 621 |
| 4 | 凌晨 | 3708 | 164 |

（3）绘制各个时间段的客户浏览数量占比与客户下单数量占比饼图

代码如下：

```
plt.figure(figsize=(10,8),dpi=80)
plt.figure(1)
ax1 = plt.subplot(121)
```

```
plt.pie(bo['浏览数量'],labels=bo['时间段'],autopct='%1.2f%%')
plt.title('各个时间段的客户浏览数量占比')
ax2 = plt.subplot(122)
plt.pie(bo['下单数量'],labels=bo['时间段'],autopct='%1.2f%%')
plt.title('各个时间段的客户下单数量占比')
plt.show()
```

输出结果如图 8-39 所示。

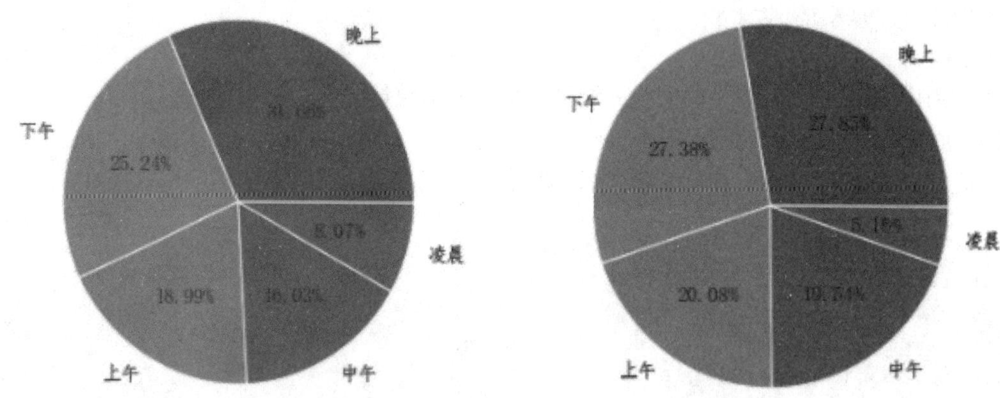


图 8-39　各个时间段的客户浏览数量占比与客户下单数量占比饼图

从图 8-39 可以看出：客户浏览与下单频繁的时间段都是晚上，数量排序为晚上、下午、上午、中午、凌晨；与客户浏览时间段分布比较，客户下单时间段分布较为均匀，晚上与下午、上午与中午相差不大。

（4）绘制各个时间段浏览和下单数量对比柱形图

扫描二维码在线浏览电子活页 8-33“绘制各个时间段浏览和下单数量对比柱形图”中的代码及绘制的图形。

在线浏览

电子活页 8-33

（5）绘制各个时间段浏览数量与下单数量的堆叠柱形图

拆分包含多个浏览时间段列数据的代码如下：

```
df_browse_order=df_label[['customer_id','time_browse','time_order']].copy()
time_browse_list = []
for i in df_browse_order[df_browse_order['time_browse'].isna()==False]
                                                .time_browse.tolist():
    for j in range(0,len(str(i).split(','))):
        time_browse_list.append(str(i).split(',')[j])
pd.Series(time_browse_list).value_counts()
```

输出结果：

```
晚上    14544
下午    11596
上午     8721
中午     7365
凌晨     3708
dtype: int64
```

拆分包含多个下单时间段列数据的代码如下：

```
    time_order_list = []
    for i in df_browse_order[df_browse_order['time_order'].isna()==False].time_
order.tolist():
        for j in range(0,len(str(i).split(','))):
            time_order_list.append(str(i).split(',')[j])
```

输出结果：

```
晚上    885
下午    870
上午    638
中午    621
凌晨    164
dtype: int64
```

绘制各个时间段浏览数量与下单数量的堆叠柱形图代码如下：

```
    bar = (
        Bar()
        .add_xaxis(pd.Series(time_browse_list).value_counts().index.tolist())
        .add_yaxis("下单时间段", pd.Series(time_order_list).value_counts().tolist(),
                                stack="stack1", category_gap="50%")
        .add_yaxis("浏览时间段",pd.Series(time_browse_list).value_counts().tolist(),
                                stack="stack1", category_gap="50%")
        .set_series_opts(
            label_opts=opts.LabelOpts(position="right")
        )
    )
    bar.render_notebook()
```

输出结果如图 8-40 所示。

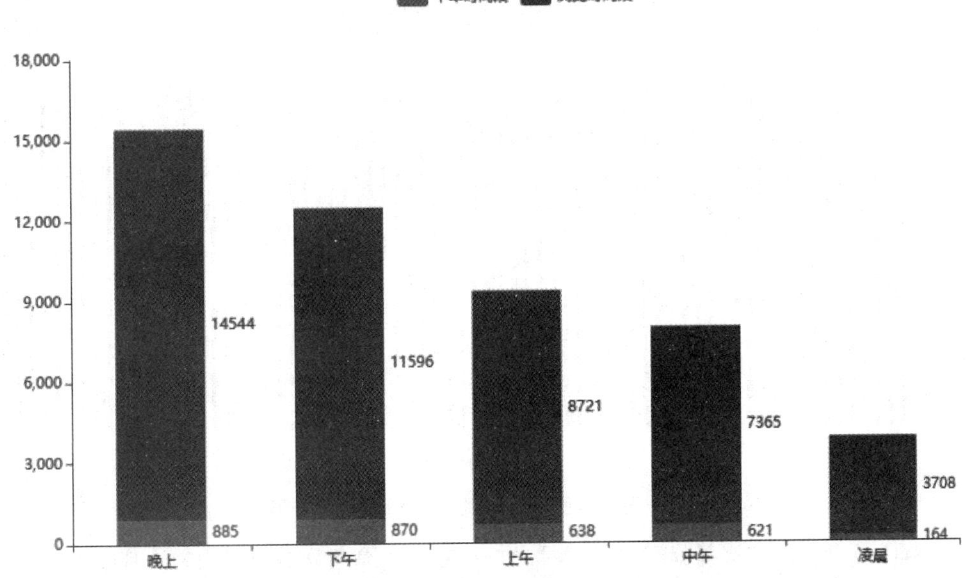


图 8-40　各个时间段浏览数量与下单数量的堆叠柱形图

从图 8-40 可以看出：大部分客户的浏览时间段为晚上，下单时间段主要是在晚上，因此可以多把优惠活动设定在晚上，以提高曝光量和下单数量。

（6）绘制浏览数量柱形图与下单数量折线图以对比各个时间段的浏览数量与下单数量

在线浏览

电子活页 8-34

扫描二维码在线浏览电子活页 8-34“绘制浏览数量柱形图与下单数量折线图以对比各个时间段的浏览数量与下单数量”中的代码及绘制的图形。

### 6. 分析客户最近一次浏览距今间隔天数分布

（1）获取客户最近一次浏览距今间隔天数数据

代码如下：

```
last_browse = df_label['last_browse'].value_counts()
```

（2）绘制客户最近一次浏览距今间隔天数分布柱形图

代码如下：

```
plt.figure(figsize = (16, 8), dpi = 80)
plt.bar(last_browse.index, last_browse.values, width = 0.5)
for x, y in zip(last_browse.index, last_browse.values):
    plt.text(x, y, '{0}'.format(y), ha='center', va='bottom')
plt.xlabel('客户浏览间隔天数')
plt.ylabel('客户人数')
plt.title('客户最近一次浏览距今间隔天数分布')
plt.show()
```

输出结果如图 8-41 所示。

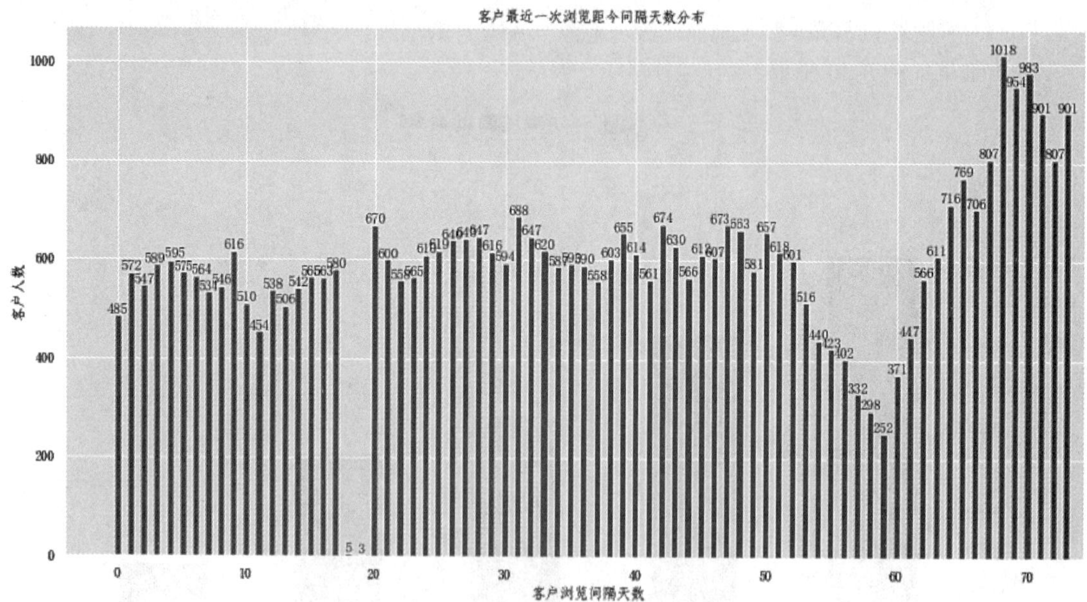


图 8-41　客户最近一次浏览距今间隔天数分布柱形图

从图 8-41 可以看出：从浏览间隔天数看，0 ～ 50 天间隔期分布情况均匀，其中 18 天、19 天间隔期人数最少，可能是样本本身导致的异常数据；60 天间隔期人数较少，超过 60 天间隔期的人数急剧上升；作为平台方，应重点关注间隔期在 60 天之内的客户，精准推送，进一步提高客户黏性。

在线浏览

电子活页 8-35

扫描二维码在线浏览电子活页 8-35“绘制客户最近一次浏览距今间隔天数分布柱形图方法 2”中的代码。

### 7. 分析客户最近一次下单距今间隔天数分布

（1）获取客户最近一次下单距今间隔天数数据

代码如下：

```
last_order=df_label['last_order'].value_counts().sort_index()
```

（2）绘制客户最近一次下单距今间隔天数分布柱形图

代码如下：

```
plt.figure(figsize = (16, 8), dpi = 80)
plt.bar(last_order.index, last_order.values, width = 0.5)
for x, y in zip(last_order.index, last_order.values):
    plt.text(x, y, '{0}'.format(y), ha='center', va='bottom')
plt.xlabel(' 客户下单间隔天数 ')
plt.ylabel(' 下单人数 ')
plt.title(' 客户最近一次下单距今间隔天数分布 ')
plt.show()
```

输出结果如图 8-42 所示。

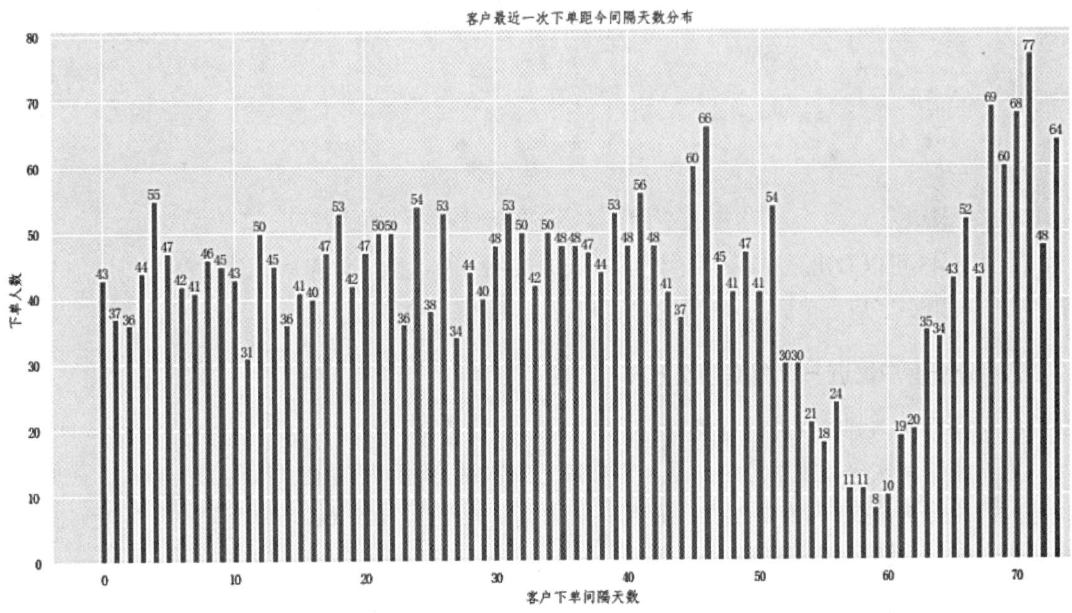


图 8-42　客户最近一次下单距今间隔天数分布

从图 8-42 可以看出：最近一次下单距今 60 天左右出现“洼地”。

在线浏览

电子活页 8-36

扫描二维码在线浏览电子活页 8-36“绘制客户最近一次下单距今间隔天数分布柱形图方法 2”中的代码。

（3）绘制客户最近一次下单距今间隔天数分布折线图

代码如下：

```
plt.figure(figsize=(12,8))
last_Order.plot()
plt.ylabel('下单人数', fontsize=14)
plt.xlabel('距今天数', fontsize=14)
```

输出结果如图 8-43 所示。

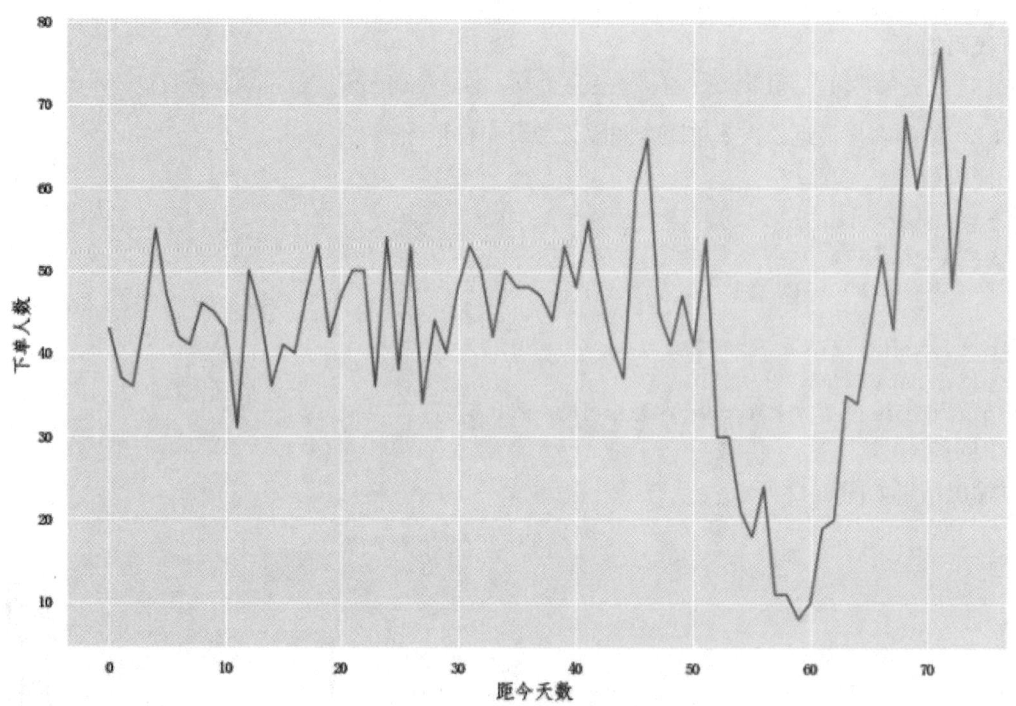


图 8-43　客户最近一次下单距今间隔天数分布折线图

从图 8-43 可以看出：在距今天数为 60 天时突然下单人数下降很多，然后又突然增加；作为平台方，可以在客户下单后的 45 天内对客户持续营销。

### 8. 分析客户最近一次浏览频次分布

（1）将客户浏览频次进行分类

客户浏览频次分类规则约定如下：客户最近一次浏览时间距今在 7 天内为高频次，最近一次浏览时间距今 8 ～ 30 天为中频次，最近一次浏览时间距今 31 ～ 60 天为低频次，最近一次浏览时间距今 61 天及以上为极低频次。

代码如下：

```
last=df_label[['customer_id','last_browse','last_savedCart','last_order','interval_buy']].copy()
last['频次类型']='高频次'
last.loc[(last['last_browse']>7)& (last['last_browse']<=30),'频次类型']='中频次'
last.loc[(last['last_browse']>30)& (last['last_browse']<=60),'频次类型']='低频次'
last.loc[(last['last_browse']>60),'频次类型']='极低频次'
last_browse2=last[['customer_id','频次类型']].groupby('频次类型').count()
last_browse2.reset_index(inplace=True)
```

```
last_browse2.rename(columns={'customer_id':'客户人数'},inplace=True)
ratio=((last_browse2['客户人数']/last_browse2['客户人数'].sum())*100).round(2)
last_browse2['占比(%)']=ratio
last_browse2
```

输出结果：

| | 频次类型 | 客户人数 | 占比(%) |
|---|---|---|---|
| 0 | 中频次 | 12190 | 24.88 |
| 1 | 低频次 | 16632 | 33.94 |
| 2 | 极低频次 | 10186 | 20.79 |
| 3 | 高频次 | 9995 | 20.40 |

（2）绘制客户最近一次浏览频次分布饼图

扫描二维码在线浏览电子活页 8-37“绘制客户最近一次浏览频次分布饼图”中的代码及绘制的图形。

在线浏览

电子活页 8-37

### 9. 分析客户最近一次下单频次分布

（1）将客户下单频次进行分类

客户下单频次的分类规则与客户浏览频次分类规则约定相似，如前所述。

代码如下：

```
last=df_label[['customer_id','last_browse','last_savedCart','last_order','interval_buy']].copy()
last.dropna(axis=0,subset=['last_order'],how='all',inplace=True)
last['频次类型']='高频次'
last.loc[(last['last_order']>7)& (last['last_order']<=30),'频次类型']='中频次'
last.loc[(last['last_order']>30)& (last['last_order']<=60),'频次类型']='低频次'
last.loc[(last['last_order']>60),'频次类型']='极低频次'
last_order2=last[['customer_id','频次类型']].groupby('频次类型').count()
last_order2.reset_index(inplace=True)
last_order2.rename(columns={'customer_id':'客户人数'},inplace=True)
ratio=((last_order2['客户人数']/last_order2['客户人数'].sum())*100).round(2)
last_order2['占比(%)']=ratio
last_order2
```

输出结果：

| | 频次类型 | 客户人数 | 占比(%) |
|---|---|---|---|
| 0 | 中频次 | 1013 | 31.94 |
| 1 | 低频次 | 1182 | 37.26 |
| 2 | 极低频次 | 632 | 19.92 |
| 3 | 高频次 | 345 | 10.88 |

（2）绘制客户最近一次下单频次分布饼图

扫描二维码在线浏览电子活页 8-38“绘制客户最近一次下单频次分布饼图”中的代码及绘制的图形。

在线浏览

电子活页 8-38

# 【任务 8-6】京东电商客户消费行为特征分析与 RFM 分析

## 【任务描述】

现有两个 Excel 文件,分别为“df_short.xlsx”和“df_label.xlsx”,“df_short.xls”文件中有 8 列、55148 行数据，“df_label.xlsx”文件中有 21 列、49003 行数据，Excel 文件“df_short.xlsx”的主要列名称及说明可参见表 8-1，Excel 文件“df_label.xlsx”的主要列名称及说明可参见表 8-2。

针对 df_short 和 df_label 两个数据集完成以下操作。

（1）分析浏览和加入购物车对购买行为的影响。

（2）分析客户复购情况。

（3）针对数据集 df_short 进行 RFM 分析。

（4）针对 df_label 和 df_short 两个数据集进行 RFM 分析。



## 【任务实现】

在 Jupyter Notebook 开发环境中创建 tc08-06.ipynb，然后在单元格中编写代码并输出对应的结果。

扫描二维码在线浏览电子活页 8-39“【任务 8-6】京东电商客户消费行为特征分析与 RFM 分析”的实现过程。

在线浏览

电子活页 8-39

# 模块9 广告投放效果分析

09

本模块主要针对广告投放效果进行可视化分析，包括利用线性回归建立广告费用与销售额模型、分析广告投入与销售收入的关系、分析网络广告投放效果、基于K-Means算法的广告投放效果聚类分析、使用“A/B测试”分析支付宝营销策略的广告投放效果。

## 方法要点

☑ 使用 read_excel() 函数读取 Excel 文件中的数据以及完成读取数据时的参数设置。
☑ 使用 read_csv() 函数读取 CSV 文件中的数据。
☑ 查看数据集的前 5 行数据、数据集的维度。
☑ 查看数据的数据类型。
☑ 利用线性回归建立经典线性模型。
☑ 利用线性回归建立广告费用与销售额模型。
☑ 删除信息无效的列。
☑ 统计缺失数值。
☑ 删除缺失数值所在的行。
☑ 计算相关系数。
☑ 建立销售收入的预测模型。
☑ 检测各个数据集中是否存在重复值。
☑ 计算页面访问点击率。
☑ 计算客户点击广告并浏览后收藏广告推送的转化率。
☑ 连接数据集。
☑ 从时间戳列获取月、天、时、周等时间数据。
☑ 分析变量之间的相关性。
☑ 使用 MinMaxScaler 对象对数据进行标准化处理。
☑ 对数据进行特征数字化。
☑ 对数据进行独热编码。
☑ 基于 K-Means 获取最佳 *K* 值。
☑ 获取各列唯一值的数量、重复值的数量。

☑ 统计非空值数据的数量。

☑ 应用以下方法或函数：copy()、describe()、head()、info()、rename()、set_index()、duplicated()、sum()、drop_duplicates()、drop()、reset_index()、len()、round()、astype()、count()、pivot_table()、sort_values()、merge()、dropna()、cut()、zip()、append()、size()、isna()、corr()、mean()、fillna()、hstack()、concat()、value_counts()、nunique() 等。

## 绘图清单

☑ 使用 matplotlib.pyplot 的 plot() 函数绘制散点图、折线图。
☑ 使用 matplotlib.pyplot 的 pie() 函数绘制圆环图、饼图。
☑ 使用 matplotlib.pyplot 的 subplots() 函数设置画布中子图的行列数。
☑ 使用 pandas 中 DataFrame.hist() 函数绘制直方图。
☑ 使用 seaborn 的 pairplot() 方法绘制散点图。
☑ 使用 seaborn 的 jointplot() 方法绘制散点图。
☑ 使用 seaborn 的 boxplot() 方法绘制箱形图。
☑ 使用 seaborn 的 heatmap() 方法绘制热力图。
☑ 使用 seaborn 的 barplot() 方法绘制柱形图。
☑ 使用 pyecharts.charts 的 Pie 类绘制饼图。
☑ 使用 pyecharts.charts 的 Bar 类绘制柱形图。
☑ 使用 pyecharts.charts 的 Funnel 类绘制漏斗图。
☑ 绘制雷达图。

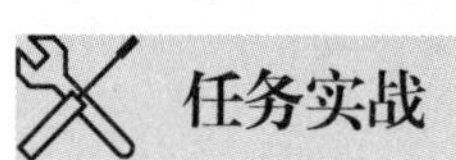

## 任务实战

# 【任务 9-1】利用线性回归建立广告费用与销售额模型

### 【任务描述】

Excel 文件“advertising.xlsx”共有 200 行、5 列数据，列名分别为 Unnamed: 0、TV、Radio、Newspaper、Sales（产品的销量）。该数据集包含 200 个不同市场产品的销售额，每个销售额对应 3 种广告媒体投入成本，分别是 TV（电视媒体）、Radio（广播媒体）和 Newspaper（报纸媒体）的投入成本。如果我们能分析出广告媒体投入成本与销售额之间的关系，我们就可以更好地分配广告开支并且使销售额最大化。

针对该数据集主要完成以下数据分析与可视化操作。

（1）对广告费用与销售额的数据进行对比。
（2）利用线性回归建立经典线性模型。
（3）利用线性回归建立广告费用与销售额模型。
（4）绘制图形展示预测数据与真实数据的变化趋势。

【任务实现】

在 Jupyter Notebook 开发环境中创建 tc09-01.ipynb，然后在单元格中编写代码并输出对应的结果。

### 1. 导入模块

导入通用模块的代码详见“本书导学”，导入其他模块与设置 rcParams 参数的代码如下：

```
import matplotlib as mpl
mpl.rcParams['font.sans-serif'] = [u'simHei'] # 用来显示中文标签
mpl.rcParams['axes.unicode_minus'] = False # 用来显示负号
from sklearn.model_selection import train_test_split
from sklearn.linear_model import LinearRegression
```

### 2. 读取数据与查看数据集的前 5 行数据

（1）读取数据

代码如下：

```
data = pd.read_excel(r'.\data\advertising.xlsx')
data1=data.copy()
```

（2）查看数据集的前 5 行数据

代码如下：

```
data.head()
```

输出结果：

| | Unnamed: 0 | TV | Radio | Newspaper | Sales |
|---|---|---|---|---|---|
| 0 | 1 | 230.1 | 37.8 | 69.2 | 22.1 |
| 1 | 2 | 44.5 | 39.3 | 45.1 | 10.4 |
| 2 | 3 | 17.2 | 45.9 | 69.3 | 9.3 |
| 3 | 4 | 151.5 | 41.3 | 58.5 | 18.5 |
| 4 | 5 | 180.8 | 10.8 | 58.4 | 12.9 |

从输出的前 5 行结果可以看出，第 1 列“Unnamed: 0”为索引列，不纳入数据建模（后续需要去除）；数据共 4 个变量，其中自变量为“TV”“Radio”“Newspaper”，因变量为“Sales”。

（3）查看数据集的维度

代码如下：

```
data.shape
```

输出结果：

```
(200, 5)
```

输出结果表明：数据集共 5 个特征、200 条记录。

（4）查看数据集的基本统计信息

代码如下：

```
data.describe()
```

输出结果：

| | Unnamed: 0 | TV | Radio | Newspaper | Sales |
|---|---|---|---|---|---|
| count | 200.000000 | 200.000000 | 200.000000 | 200.000000 | 200.000000 |
| mean | 100.500000 | 147.042500 | 23.264000 | 30.554000 | 14.022500 |
| std | 57.879185 | 85.854236 | 14.846809 | 21.778621 | 5.217457 |
| min | 1.000000 | 0.700000 | 0.000000 | 0.300000 | 1.600000 |
| 25% | 50.750000 | 74.375000 | 9.975000 | 12.750000 | 10.375000 |
| 50% | 100.500000 | 149.750000 | 22.900000 | 25.750000 | 12.900000 |
| 75% | 150.250000 | 218.825000 | 36.525000 | 45.100000 | 17.400000 |
| max | 200.000000 | 296.400000 | 49.600000 | 114.000000 | 27.000000 |





（5）查看数据集的基本信息

代码如下：

```
data.info()
```

输出结果：

```
<class 'pandas.core.frame.DataFrame'>
Int64Index: 200 entries, 1 to 200
Data columns (total 4 columns):
 #   Column     Non-Null Count  Dtype
---  ------     --------------  -----
 0   TV         200 non-null    float64
 1   Radio      200 non-null    float64
 2   Newspaper  200 non-null    float64
 3   Sales      200 non-null    float64
dtypes: float64(4)
memory usage: 7.8 KB
```

从输出结果可以看出，数据集不存在缺失值。

### 3. 数据预处理

（1）列重命名与重置索引

代码如下：

```
data.rename(columns={'Unnamed: 0': 'No'}, inplace=True)
data.set_index('No', inplace=True)
```

（2）提取特征值与目标值

代码如下：

```
x = data[['TV', 'Radio', 'Newspaper']]
print(x.head())
y = data['Sales']
print(y.head())
```

输出结果：

```
        TV  Radio  Newspaper
No
1    230.1   37.8       69.2
2     44.5   39.3       45.1
3     17.2   45.9       69.3
4    151.5   41.3       58.5
5    180.8   10.8       58.4
No
1    22.1
2    10.4
3     9.3
4    18.5
5    12.9
Name: Sales, dtype: float64
```

### 4. 绘制散点图

（1）绘制广告费用与销售额对比的单一散点图

代码如下：

```
plt.figure(facecolor='w')  # 设置背景颜色
plt.plot(data['TV'], y, 'ro', label='TV')
plt.plot(data['Radio'], y, 'g^', label='Radio')
plt.plot(data['Newspaper'], y, 'mv', label='Newspaper')
plt.legend(loc='lower right')
plt.xlabel(u'广告费用', fontsize=16)
plt.ylabel(u'销售额', fontsize=16)
plt.title(u'广告费用与销售额对比数据', fontsize=20)
plt.grid(linestyle='--')
```

输出结果如图 9-1 所示。

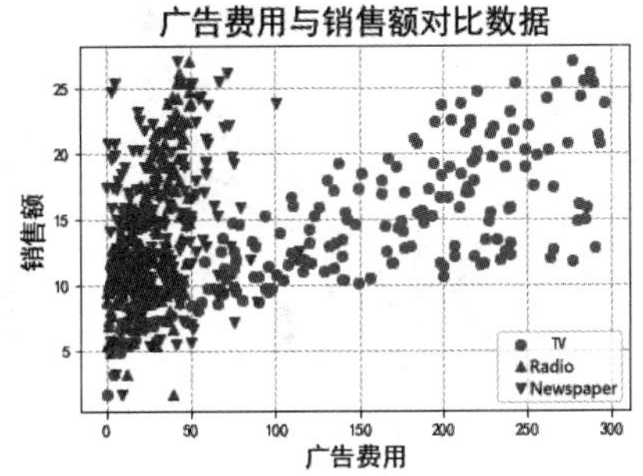


图 9-1 广告费用与销售额对比的单一散点图

（2）绘制不同广告渠道费用与销售额散点图的多张子图

扫描二维码在线浏览电子活页 9-1“绘制不同广告渠道费用与销售额散点图的多张子图”中的代码及绘制的图形。

在线浏览

电子活页 9-1

### 5. 绘制每一个维度特征与销售额的散点图

（1）在不设置 seaborn 的 kind 参数的前提下绘制每一个维度特征与销售额的散点图

代码如下：

```
sns.pairplot(data,x_vars = ['TV','Radio','Newspaper'],y_vars = 'Sales',height
= 4,aspect = 0.8)
```

输出结果如图 9-2 所示。

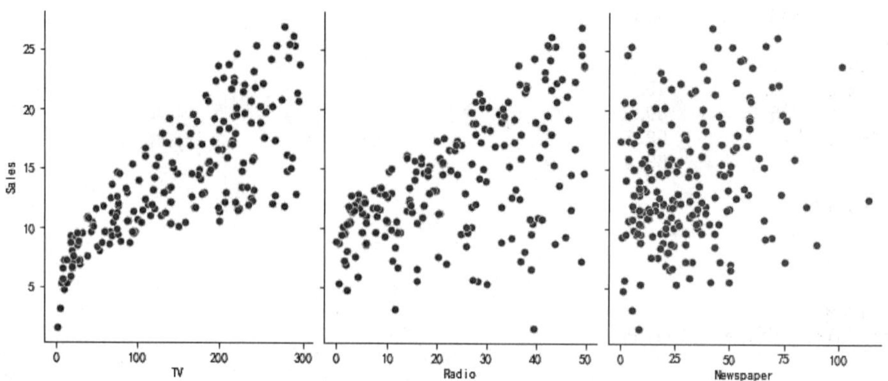


图 9-2 在不设置 seaborn 的 kind 参数的前提下绘制的每一个维度特征与销售额的散点图

通过绘制每一个维度特征与销售额的散点图，可以大概看出，各种广告投入与销售额成正比。

（2）在设置 seaborn 的 kind 参数的前提下绘制每一个维度特征与销售额的散点图

为了进一步查看关系，此处可以设置 seaborn 的 kind 参数，添加一条拟合直线和 95% 的置信带。

代码如下：

```
# 设置参数 kind = 'reg'
sns.pairplot(data,x_vars = ['TV','Radio','Newspaper'],y_vars = 'Sales',
height = 4,
          aspect = 0.8, kind = 'reg')
```

输出结果如图 9-3 所示。

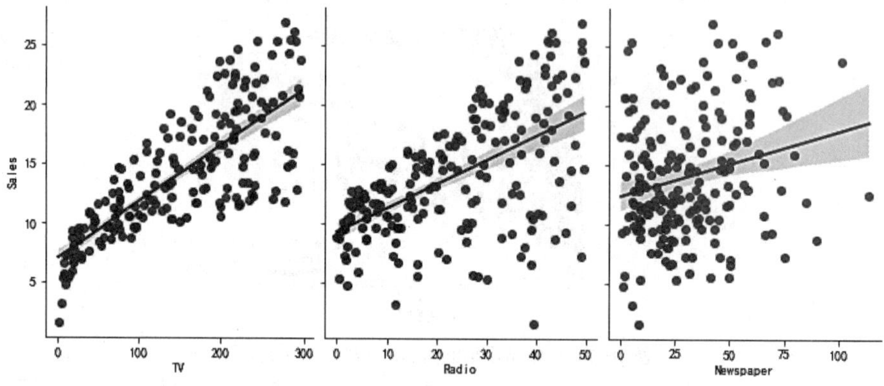


图 9-3 在设置 seaborn 的 kind 参数的前提下绘制的每一个维度特征与销售额的散点图

从绘制的散点图可以看出："TV""Radio" 和 "Sales" 线性关系较强，而 "Newspaper" 和 "Sales" 的线性关系较弱。同时销售额是连续型数据，适合用线性回归模型进行拟合。

### 6. 利用线性回归建立经典线性模型

（1）划分自变量与因变量

代码如下：

```
x = data.iloc[:,:3]
```

```
y = data.iloc[:,3]
```

（2）划分训练数据集和测试数据集

代码如下：

```
from sklearn.model_selection import train_test_split
x_train, x_test, y_train, y_test = train_test_split(x, y, train_size=0.8, random_state=1)
```

（3）建立模型

代码如下：

```
from sklearn.linear_model import LinearRegression
linreg = LinearRegression()
linreg.fit(x_train, y_train)
```

输出结果：

```
LinearRegression()
```

（4）查看模型参数

代码如下：

```
print("截距：",linreg.intercept_)    #截距
print("回归系数",linreg.coef_)     #回归系数
```

输出结果：

```
截距：2.9079470208164295
回归系数 [0.0468431  0.17854434 0.00258619]
```

（5）将自变量与对应系数打包

代码如下：

```
#zip()函数为打包函数
#计算各指标回归系数
feature = ['TV','Radio','Newspaper']
a = zip(feature,linreg.coef_)
for i in a:
    print (i)
```

输出结果：

```
('TV', 0.04684310317699042)
('Radio', 0.17854434380887624)
('Newspaper', 0.0025861860939889944)
```

因此可以得到线性方程：y = 2.9079 + 0.0468 * TV + 0.1785 * Radio + 0.0026 * Newspaper。

（6）查看模型的可决系数 $R^2$

代码如下：

```
from sklearn.metrics import r2_score
y_pred1 = linreg.predict(x_train)
r2_score(y_train, y_pred1)
```

输出结果：

```
0.8959372632325174
```

$R^2$ 范围为 0 ～ 1，越接近 1 说明模型拟合得越好。

此结果接近 0.896，说明拟合效果较优。

（7）模型预测

代码如下：

```
# 测试数据集上的预测
y_pred2 = linreg.predict(x_test)
# 可决系数
r2_score(y_test, y_pred2)
```

输出结果：

```
0.8927605914615385
```

测试数据集上的 $R^2$ 也达到 0.8 以上，拟合效果也较优。

（8）绘制训练数据集与测试数据集的对比曲线

代码如下：

```
plt.plot(range(len(y_pred2)), y_pred2, color = 'blue', label = 'predict')
plt.plot(range(len(y_pred2)),y_test, color = 'red', label = 'test')
plt.legend(loc = 'upper right')
plt.xlabel(" 销售数量 ")
plt.ylabel(" 销售额 ")
```





输出结果如图 9-4 所示。

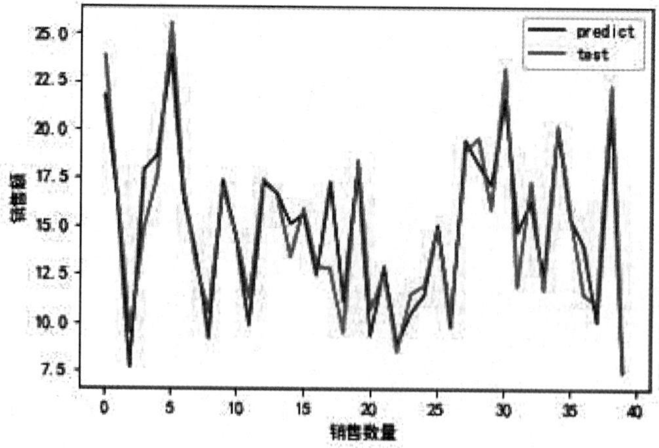


图 9-4　训练数据集与测试数据集的对比曲线

从训练数据集与测试数据集对比曲线可以看出，两条曲线基本重合。

### 7. 利用线性回归建立广告费用与销售额模型

代码如下：

```
# 划分数据集
x_train, x_test, y_train, y_test = train_test_split(x, y, train_size=0.8, random_state=1)
# 利用线性回归建立模型
linreg = LinearRegression()
model = linreg.fit(x_train, y_train)
print(linreg.coef_, linreg.intercept_)
order = y_test.argsort(axis=0)
y_test = y_test.values[order]
x_test = x_test.values[order, :]
```

```
y_hat = linreg.predict(x_test)
mse = np.average((y_hat - np.array(y_test)) ** 2)
rmse = np.sqrt(mse)
print('MSE = ', mse, )
print('RMSE = ', rmse)
print('R2 = ', linreg.score(x_train, y_train))
print('R2 = ', linreg.score(x_test, y_test))
```

输出结果：

```
[0.0468431   0.17854434 0.00258619] 2.9079470208164295
MSE =  1.9918855518287881
RMSE =  1.4113417558581578
R2 =  0.8959372632325174
R2 =  0.8927605914615385
```

### 8. 展示预测数据与真实数据的变化趋势

代码如下：

```
plt.figure(facecolor='w')
t = np.arange(len(x_test))
plt.plot(t, y_test, 'r-', linewidth=2, label=u'真实数据')
plt.plot(t, y_hat, 'g-', linewidth=2, label=u'预测数据')
plt.legend(loc='upper right')
plt.title(u'线性回归预测销量', fontsize=18)
plt.grid(b=True, linestyle='--')
```

输出结果如图 9-5 所示。

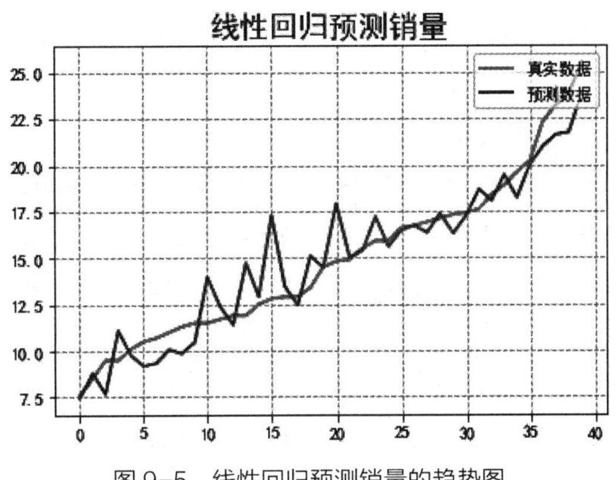


图 9-5　线性回归预测销量的趋势图

# 【任务 9-2】分析广告投入与销售收入的关系

### 【任务描述】

对于零售商，对商超门店的销售额进行精准预测，尤其是量化自身所能控制的各种促销因素产生的结果，是重要的数据应用。

CSV 文件“sales_advert.csv”共有 985 行、7 列数据，该文件中为某零售商广告投入与销售收入相关数据，列名分别为：revenue（销售收入）、reach（微信推送次数）、local_tv（本地电视广告投入)、online(线上广告投入)、instore(门店内海报陈列等投入)、person(门店销售人员投入)、event(促销事件),促销事件细分为 cobranding(品牌联合促销)、holiday(节假日)、special(门店特别促销)、non-event(无促销活动)。

针对该数据集完成以下数据分析与可视化操作。

(1)分析各项投入与销售收入之间的关系。

(2)计算相关系数与绘制相关系数热力图。

(3)建立销售收入的预测模型。

(4)绘制预测值与真实值对比折线图。

**【任务实现】**

在 Jupyter Notebook 开发环境中创建 tc09-02.ipynb,然后在单元格中编写代码并输出对应的结果。





### 1. 导入模块

导入通用模块的代码详见“本书导学”,导入其他模块的代码如下:

```
sns.set(style='whitegrid',palette="summer")
from warnings import filterwarnings
filterwarnings('ignore')
```

### 2. 导入数据

代码如下:

```
data = pd.read_csv(r".\data\sales_advert.csv")
df=data
```

输出结果:

| | Unnamed: 0 | revenue | reach | local_tv | online | instore | person | event |
|---|---|---|---|---|---|---|---|---|
| 0 | 845 | 45860.28 | 2 | 31694.91 | 2115 | 3296 | 8 | non_event |
| 1 | 483 | 63588.23 | 2 | 35040.17 | 1826 | 2501 | 14 | special |
| 2 | 513 | 23272.69 | 4 | 30992.82 | 1851 | 2524 | 6 | special |
| 3 | 599 | 45911.23 | 2 | 29417.78 | 2437 | 3049 | 12 | special |
| 4 | 120 | 36644.23 | 2 | 35611.11 | 1122 | 1142 | 13 | cobranding |

### 3. 数据预处理

(1)删除信息无效的列

代码如下:

```
df.drop(axis = 1,columns = "Unnamed: 0",inplace=True)
#df.drop([data.columns[0]],axis=1,inplace = True)
```

(2)查看基本信息

代码如下:

```
data.info()
```

输出结果：

```
<class 'pandas.core.frame.DataFrame'>
RangeIndex: 985 entries, 0 to 984
Data columns (total 7 columns):
 #   Column    Non-Null Count  Dtype
---  ------    --------------  -----
 0   revenue   985 non-null    float64
 1   reach     985 non-null    int64
 2   local_tv  929 non-null    float64
 3   online    985 non-null    int64
 4   instore   985 non-null    int64
 5   person    985 non-null    int64
 6   event     985 non-null    object
dtypes: float64(2), int64(4), object(1)
memory usage: 54.0+ KB
```

（3）统计缺失数值

代码如下：

```
df.isnull().sum()
```

输出结果：

```
revenue      0
reach        0
local_tv    56
online       0
instore      0
person       0
event        0
dtype: int64
```

（4）删除缺失数值所在的行

代码如下：

```
df.dropna(inplace=True)
```

### 4. 查看数据集的基本统计信息

代码如下：

```
df.describe()
```

输出结果：

| | revenue | reach | local_tv | online | instore | person |
|---|---|---|---|---|---|---|
| count | 929.000000 | 929.000000 | 929.000000 | 929.000000 | 929.000000 | 929.000000 |
| mean | 38475.476652 | 3.399354 | 31324.061109 | 1595.045210 | 3374.162540 | 11.052745 |
| std | 11747.868177 | 1.016480 | 3970.934733 | 502.666035 | 979.219476 | 3.065101 |
| min | 5000.000000 | 0.000000 | 20000.000000 | 0.000000 | 0.000000 | 0.000000 |
| 25% | 30327.080000 | 3.000000 | 28733.830000 | 1250.000000 | 2727.000000 | 9.000000 |
| 50% | 38432.780000 | 3.000000 | 31104.520000 | 1595.000000 | 3394.000000 | 11.000000 |
| 75% | 45901.750000 | 4.000000 | 33972.410000 | 1921.000000 | 4036.000000 | 13.000000 |
| max | 79342.070000 | 7.000000 | 43676.900000 | 3280.000000 | 6489.000000 | 24.000000 |

## 5. 绘制直方图查看数据集中各列数据的分布情况

代码如下：

```
df.hist(bins=40,figsize=(12,8))
plt.show()
```

扫描二维码在线浏览电子活页 9-2 “数据集中各列数据分布情况直方图”。

## 6. 绘制数据集中各列数据的箱形图

代码如下：

```
fig =plt.figure(figsize=(14,7))
sns.boxplot(data=df)
plt.show()
```

输出结果如图 9-6 所示。

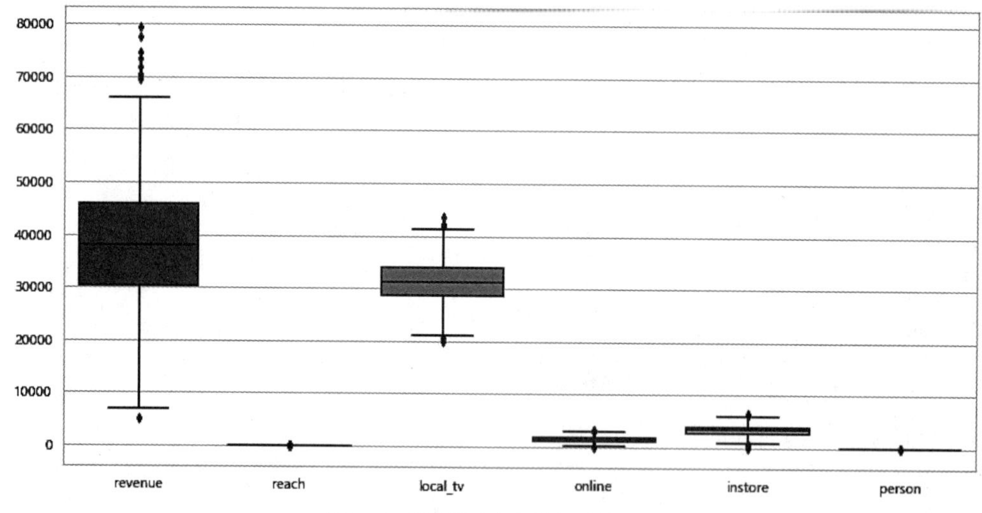


图 9-6　数据集中各列数据的箱形图

## 7. 新增加数据列 “total_cost”

代码如下：

```
df["total_cost"]=df.local_tv + df.online + df.instore+df.person
#df['total_cost'] = df['local_tv']+df['online']+df['instore']+df['person']
df.head()
```

输出结果：

| | revenue | reach | local_tv | online | instore | person | event | total_cost |
|---|---|---|---|---|---|---|---|---|
| 0 | 45860.28 | 2 | 31694.91 | 2115 | 3296 | 8 | non_event | 37113.91 |
| 1 | 63588.23 | 2 | 35040.17 | 1826 | 2501 | 14 | special | 39381.17 |
| 2 | 23272.69 | 4 | 30992.82 | 1851 | 2524 | 6 | special | 35373.82 |
| 3 | 45911.23 | 2 | 29417.78 | 2437 | 3049 | 12 | special | 34915.78 |
| 4 | 36644.23 | 2 | 35611.11 | 1122 | 1142 | 13 | cobranding | 37888.11 |

### 8. 分析各项投入与销售收入之间的关系

（1）绘制总投入中各促销事件投入所占比例的圆环图

扫描二维码在线浏览电子活页 9-3“绘制总投入中各促销事件投入所占比例的圆环图”中的代码及绘制的图形。

（2）绘制各促销事件的投入对总销售收入的贡献占比圆环图。

代码如下：

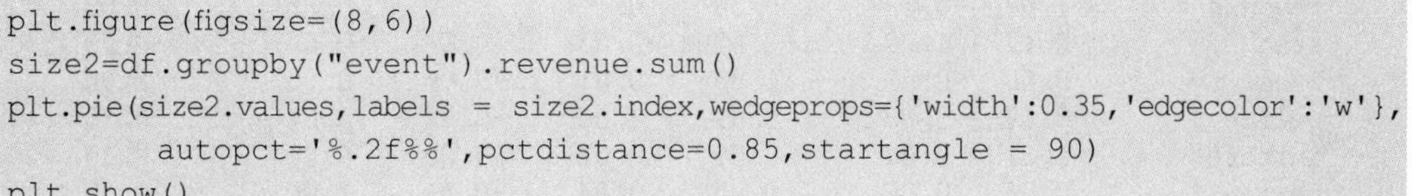

```
plt.figure(figsize=(8,6))
size2=df.groupby("event").revenue.sum()
plt.pie(size2.values,labels = size2.index,wedgeprops={'width':0.35,'edgecolor':'w'},
        autopct='%.2f%%',pctdistance=0.85,startangle = 90)
plt.show()
```

输出结果如图 9-7 所示。

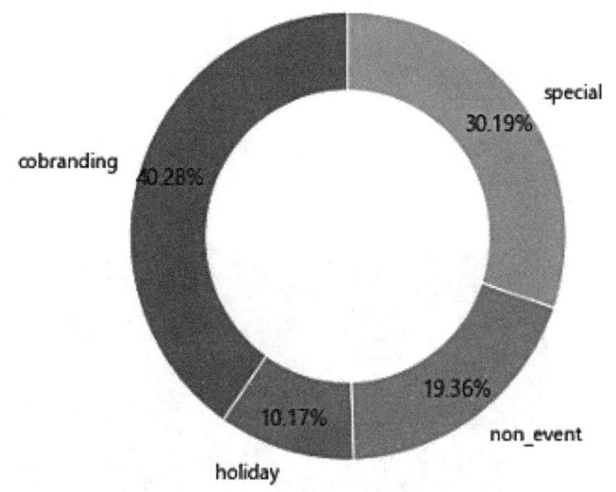


图 9-7　各促销事件的投入对总销售收入的贡献占比圆环图

从各促销事件的投入对总销售收入的贡献占比看出，投入与销售收入之间存在的一定的正相关关系，而且不同促销事件投入占比和收入占比基本相当。

（3）绘制散点图分析各投入与销售额之间的关系

代码如下：

```
sns.jointplot(x="reach",y="revenue",data = df)
sns.jointplot(x="person",y="revenue",data = df)
sns.jointplot(x="local_tv",y="revenue",data = df)
sns.jointplot(x="online",y="revenue",data = df)
sns.jointplot(x="instore",y="revenue",data = df)
sns.jointplot(x="total_cost",y="revenue",data = df)
plt.show()
```

扫描二维码在线浏览电子活页 9-4“绘制散点图分析各投入与销售额之间的关系”中的代码及绘制的图形。

依据各投入与销售额之间的关系可以看出，门店销售人员投入、本地电视广告投入与销售收入有比较强的正相关关系，门店投入和线上投入与销售收入也有一定的关系，可进一步分析各不同渠道投入的 ROI（Return On Investment，广告投入回报），优化资源投入的分配方案，从而提高销售收入。

## 9. 计算相关系数

代码如下：

```
print('相关系数矩阵：\n',np.round(df.corr(method = 'pearson'),2))
```

输出结果：

```
相关系数矩阵:
            revenue  reach  local_tv  online  instore  person  total_cost
revenue        1.00  -0.17      0.60    0.17     0.31    0.56        0.68
reach         -0.17   1.00     -0.03   -0.03     0.04    0.06       -0.03
local_tv       0.60  -0.03      1.00    0.01    -0.05    0.05        0.96
online         0.17  -0.03      0.01    1.00    -0.02    0.04        0.13
instore        0.31   0.04     -0.05   -0.02     1.00   -0.01        0.19
person         0.56   0.06      0.05    0.04    -0.01    1.00        0.05
total_cost     0.68  -0.03      0.96    0.13     0.19    0.05        1.00
```

## 10. 绘制相关系数热力图





代码如下：

```
sns.heatmap(df.corr())
```

输出结果如图 9-8 所示。

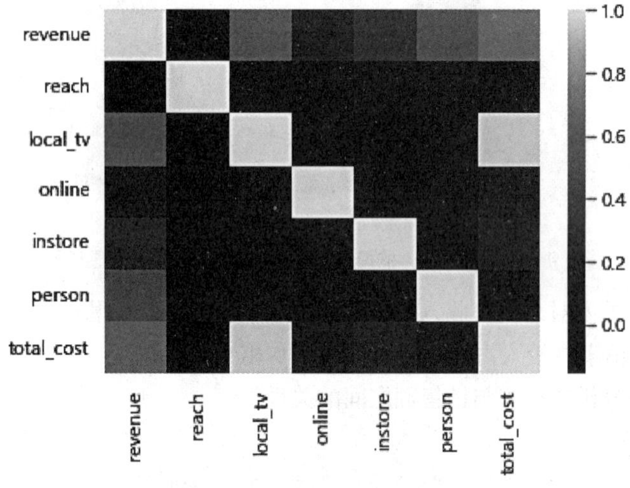


图 9-8 相关系数热力图

## 11. 建立销售收入的预测模型

（1）导入 sklearn 中的线性回归模型以及训练数据集、测试数据集划分函数

代码如下：

```
from sklearn.linear_model import LinearRegression
from sklearn.model_selection import train_test_split
```

（2）删除无效的列数据

代码如下：

```
x= df.drop(axis=1,columns=["event","revenue","total_cost"])
#x = df.drop(['revenue','event',"total_cost"],axis = 1)
```

```
y=df["revenue"]
```

（3）划分训练数据集、测试数据集

代码如下：

```
x_train,x_test,y_train,y_test=train_test_split(x,y,test_size=0.2,random_
state = 2021)
```

（4）创建线性回归模型

代码如下：

```
lr_model= LinearRegression()
lr_model.fit(x_train,y_train)
```

（5）计算可决系数

代码如下：

```
R2=lr_model.score(x_test,y_test)
R2
```

输出结果：

```
0.8206658950332533
```

（6）计算回归系数

代码如下：

```
w = lr_model.coef_
w
```

输出结果：

```
array([-2.17286257e+03,  1.73825253e+00,  3.28827423e+00,  4.07512062e+00,
        2.07002294e+03])
```

（7）计算截距

代码如下：

```
b = lr_model.intercept_
b
```

输出结果：

```
-50327.81848644526
```

（8）依据线性回归模型预测销售收入

代码如下：

```
y_pre = lr_model.predict(x_test)
y_pre[:5]
```

输出结果：

```
array([27991.38966242, 27914.94186385, 48109.81035159, 35083.85372346,
       49891.44008046])
```

### 12. 绘制预测值与真实值对比折线图

代码如下：

```
fig = plt.figure(figsize = (10,6))
plt.plot(np.arange(len(y_test)),y_test,color='blue',linestyle = '-')
```

```
plt.plot(np.arange(len(y_pre)),y_pre,color='red',linestyle = '-')
plt.legend(['真实值','预测值'])
plt.show()
```

输出结果如图 9-9 所示。

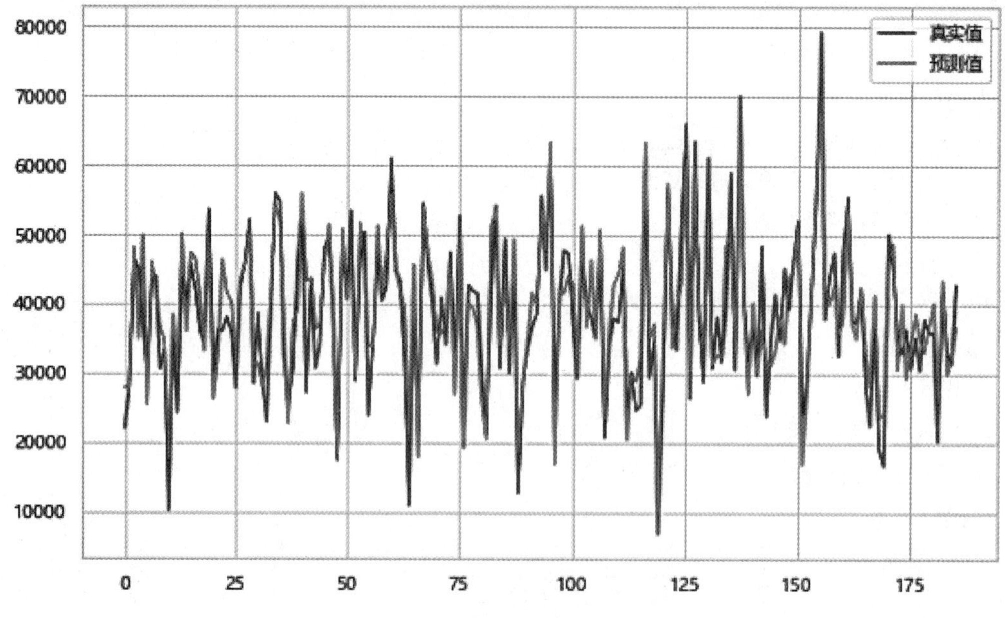


图 9-9 预测值与真实值对比折线图





## 【任务 9-3】分析网络广告投放效果

### 【任务描述】

随着互联网的飞速发展，各种网络产品应运而生，例如电商网站、移动应用、视频媒体、新媒体等，网络广告成了一种主要的广告形式，而网络广告具有形式复杂和多样化的特点。在大数据时代的背景下，网络广告的精准投放对广告主、服务平台与潜在用户而言，在提升效率与效益方面，有更迫切的需求。

实现广告的精准投放就是最大化投入产出的过程，需要知道我们的用户在哪里、在哪些渠道能够最大化用户价值，以及各个渠道用户价值的变化规律。

本任务将从广告渠道、用户特征、投放时间、投放位置、投放人群以及高点击率广告的特征等方面多维度地进行数据分析，以提高用户点击率，实现网络广告精准投放，提升广告投放效果，实现高效率、高产出。

网络广告投放效果分析的数据源主要包括 4 个 Excel 文件，即包括以下 4 个数据集。广告点击的样本数据集 raw_sample. xlsx，体现的是用户对不同位置广告点击、没点击的情况；广告基本信息数据集 ad_feature. xlsx，体现的是每个广告的种类、品牌、价格特征；用户基本信息数据集 user_profile. xlsx，体现的是用户群组、性别、年龄、消费档次等特征；用户行为日志数据集 behavior_log. xlsx，体现的是用户对商品种类、品牌的浏览、加入购物车、收藏、购买等信息。

为达到广告精准投放的效果，分别从 3 方面分析网络广告投放效果：

① 广告投放渠道；

② 广告投放时间；

③ 广告投放目标人群。

根据以下两项指标衡量不同广告投放效果：

① 页面访问占比，即以点击率为指标衡量广告投放效果；

② 以用户行为为指标衡量广告投放效果，找出实现广告精准投放的方案。

**【任务实现】**

在 Jupyter Notebook 开发环境中创建 tc09-03.ipynb，然后在单元格中编写代码并输出对应的结果。

扫描二维码在线浏览电子活页 9-5“【任务 9-3】分析网络广告投放效果”的实现过程。

在线浏览

电子活页 9-5





## 【任务 9-4】基于 K-Means 算法的广告投放效果聚类分析

**【任务描述】**

K-Means 算法属于无监督机器学习算法，通过计算样本项之间的相似度（也称为样本间的距离），按照数据内部存在的数据特征将数据集划分为多个不同的类别，使类别内的数据相似度比较高，类别之间的数据相似度比较低。

基于最优的数据尺度确定 K-Means 算法中的 $K$ 值，其基本思想为，最佳的聚类类别划分从数据特征上看，类别内距离最小化且类别间距离最大化，直观的理解就是“物以类聚”：同类别的“聚集”“抱团”，不同类别的分散。轮廓系数通过枚举每个 $K$ 计算平均轮廓系数得到最佳值。

CSV 文件“ad_performance.csv”共有 889 行（889 条有关广告投放与效果的数据）、13 列数据。本任务通过各类广告渠道 90 天内的日均 UV、平均注册率、平均搜索量、访问深度、平均停留时间、订单转化率、投放总时间、素材类型、广告类型、合作方式、广告尺寸和广告卖点等特征，将渠道分类，找出每类渠道的重点特征，为数据分析提供支持。

假如公司有多个广告投放渠道，每个渠道的客户性质可能不同，例如在优酷视频投放广告和今日头条投放广告，效果可能会有差异。为了知道哪些渠道的效果较好，哪些渠道的效果较差，需要有针对性地做广告投放效果测量和优化工作。通过之前的数据对每一个渠道进行分析和评价，根据不同渠道的特征，有针对性地制定广告投放策略，实现利益的最大化。

基于 K-Means 算法对不同的广告投放渠道的广告投放效果进行聚类分析，找到不同渠道的特征，从而有针对性地投放广告，主要完成以下操作。

（1）观察数据，对数据进行清洗。

（2）计算相关的指标。

（3）将不同数量级的数据缩放到同一数量级中，对文本数据进行独热编码，将其数字化。

（4）使用 K-Means 建模。

（5）绘制展示变量相关性的热力图。

（6）绘制对比分析各聚类类别数值显著特征的雷达图。

【任务实现】

在 Jupyter Notebook 开发环境中创建 tc09-04.ipynb，然后在单元格中编写代码并输出对应的结果。

扫描二维码在线浏览电子活页 9-6“【任务 9-4】基于 K-Means 算法的广告投放效果聚类分析”的实现过程。

# 【任务 9-5】使用“A/B 测试”分析支付宝营销策略的广告投放效果





【任务描述】

“A/B 测试”应用在网站设计、App 设计、产品运营中，经常会面临多个设计、运营方案的选择。从按钮的位置、文案的内容、主题的颜色，到注册表单的设计、不同的运营方案等，都有不同的选择。“A/B 测试”可以帮助客户做出选择，消除客户体验设计因意见不同而起的争执。

“A/B 测试”的基本原理为：对用户进行分组，每个组使用一个方案（方案应遵从单变量前提），在相同的时间维度上观察用户的反应（体现在业务数据和用户体验数据上）；根据假设检验的结果，判断哪些版本较原版本有统计意义上的差异，并根据效应量选出其中表现最好的版本。需要注意的是，各个用户群组的组成成分应当尽量相似，例如新老用户很有可能表现出较大的偏好差异。

CSV 文件“effect_tb.csv”为广告点击情况数据集，有效数据共有以下 3 列：dmp_id（营销策略编号，1 表示对照组，2 表示营销策略一，3 表示营销策略二）、user_id（支付宝用户 ID）、label（用户当天是否点击活动广告，0 表示未点击，1 表示点击）。

通过广告点击率指标比较两组支付宝营销策略的广告投放效果。

【任务实现】

在 Jupyter Notebook 开发环境中创建 tc09-05.ipynb，然后在单元格中编写代码并输出对应的结果。

扫描二维码在线浏览电子活页 9-7“【任务 9-5】使用‘A/B 测试’分析支付宝营销策略的广告投放效果”的实现过程。

# 模块10

## 股票数据分析与股价趋势预测

10

本模块主要针对股票数据进行可视化分析，并对股价趋势进行预测，包括使用2年的股票数据建立ARIMA模型并使用该模型预测股价趋势、绘制股票数据的各种图形、获取五粮液股票数据并进行分析、绘制bilibili网站上市至今的股价图形、使用10年的股票数据建立ARIMA模型并使用该模型预测股价趋势。

### 方法要点

☑ 使用 read_excel() 函数读取 Excel 文件中的数据以及完成读取数据时的参数设置。

☑ 查看数据集中是否存在空值。

☑ 查看数据集中各列数据的数据类型。

☑ 将采样的频率由天改为月、将采样的频率由天改为周。

☑ 从网站抓取股票数据。

☑ 转换数据类型。

☑ 建立 ARIMA 模型与拟合模型、评估 ARIMA 模型。

☑ 应用以下方法或函数：to_datetime()、drop()、set_index()、info()、rename()、sort_values()、tail()、mean() 等。

### 绘图清单

☑ 使用 matplotlib.pyplot 的 plot() 函数绘制折线图。

☑ 使用 pandas 中的 DataFrame.plot() 函数绘制折线图。

☑ 使用 pandas 中的 DataFrame.hist() 函数绘制直方图。

☑ 使用 seaborn 的 lineplot() 方法绘制股票数据的 OHLC 图。

☑ 使用 pyecharts.charts 的 Line 类、Timeline 类绘制每日收盘价的时间流动图。

☑ 使用 pyecharts.charts 的 Kline 类绘制股价蜡烛图。

☑ 使用 pyecharts.charts 的 Bar 类绘制股票交易量柱形图。

☑ 使用 plot_acf() 函数绘制 ACF 系数时序图。

☑ 使用 plot_pacf() 函数绘制 PACF 系数时序图。

☑ 使用 mpl_finance 的 candlestick_ohlc() 方法通过 K 线图绘制股票数据的 OHLC 图。

☑ 使用 mpl_finance 的 plot() 方法绘制日 K 线图、月 K 线图。

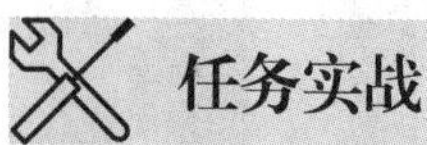

任务实战

## 【任务 10-1】使用 2 年的股票数据建立 ARIMA 模型并使用该模型预测股价趋势

### 【任务描述】

常用的预测模型有以下几种。

（1）自回归模型



自回归模型（Autoregressive Model，简称 AR 模型）用于描述当前值与历史值之间的关系，使用变量自身的历史数据对自身进行预测。AR 模型首先需要确定一个阶数 $p$，表示使用几期的历史值来预测当前值。AR 模型有以下限制条件。

① AR 模型是用自身的数据进行预测的。

② 时间序列数据必须具有平稳性。

③ AR 模型只适用于预测与自身历史相关的现象。

（2）移动平均模型

移动平均模型（Moving Average Model，简称 MA 模型）关注的是 AR 模型中误差项的累加，能有效地消除预测中的随机波动。

（3）自回归移动平均模型

AR 模型和 MA 模型相结合，就得到了自回归移动平均模型（Autoregressive Moving Average Model，简称 ARMA 模型）。

（4）差分自回归移动平均模型

将 AR 模型、MA 模型和差分法结合就得到了差分自回归移动平均模型（Autoregressive Integrated Moving Average Model，简称 ARIMA 模型）。

Excel 文件“stock-2.xlsx”为“五粮液股票”2020 和 2021 年相关数据，包括以下 10 列有效数据：date（日期）、code（股票代码）、open（开盘价）、high（最高价）、low（最低价）、close（收盘价）、preclose（上一收盘价，指上一个交易日收盘价）、volume（成交量）、amount（成交额）、turn（换手率）。使用 2 年的股票数据建立 ARIMA 模型并使用该模型预测股价趋势。



### 【任务实现】

在 Jupyter Notebook 开发环境中创建 tc10-01.ipynb，然后在单元格中编写代码并输出对应的结果。

#### 1. 导入模块

导入通用模块的代码详见“本书导学”，导入其他模块的代码如下：

```
from statsmodels.tsa.arima_model import ARIMA
from statsmodels.graphics.tsaplots import plot_acf, plot_pacf
```

```
from warnings import filterwarnings
filterwarnings('ignore')
```

### 2. 读取数据

代码如下：

```
path=r".\data\stock-2.xlsx"
# 默认读取 Excel 文件的第一个工作表
data=pd.read_excel(path,index_col = 'date',parse_dates=['date'])
```

### 3. 数据预处理

代码如下：

```
stock=data
stock =stock.drop(columns = "Unnamed: 0")
sub = stock['2021-01':'2021-12']['close']
train = sub.loc['2021-01':'2021-06']
test = sub.loc['2021-07':'2021-12']
```

### 4. 绘制股票收盘价训练数据集的折线图

代码如下：

```
plt.figure(figsize=(8,6))
plt.plot(train)
plt.show()
```

输出结果如图 10-1 所示。

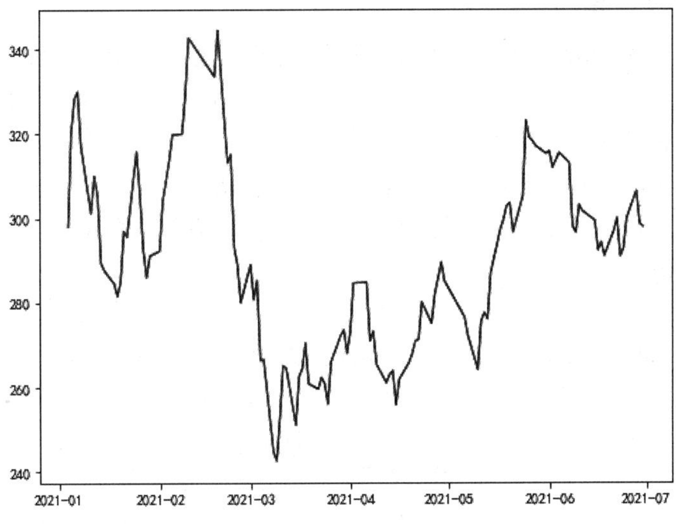


图 10-1　股票收盘价训练数据集的折线图

### 5. 时间序列差分处理后绘制折线图

时间序列的平稳性要求经由样本时间序列所得到的拟合曲线在未来一段时间内仍能顺着现有的形态惯性地延续下去，要求序列的均值和方差不发生明显变化。使用差分法可以使数据更平稳，常用的方法就是一阶差分法和二阶差分法。

时间序列差分值的求解可以直接通过 pandas 中的 diff() 函数得到，代码如下：

```
stock['close_diff_1'] = stock['close'].diff(1)
stock['close_diff_2'] = stock['close_diff_1'].diff(1)
fig = plt.figure(figsize=(20,6))
ax1 = fig.add_subplot(131)
ax1.plot(stock['close'])
ax2 = fig.add_subplot(132)
ax2.plot(stock['close_diff_1'])
ax3 = fig.add_subplot(133)
ax3.plot(stock['close_diff_2'])
plt.show()
```

输出结果如图 10-2 所示。

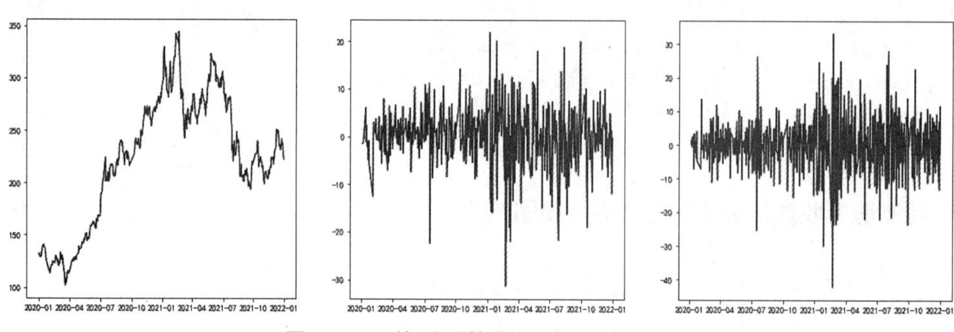

图 10-2　时间序列差分处理前后的折线图

从图 10-2 可以看到，时间序列基本上在一阶差分的时候就已经接近于平稳序列了。

### 6. 建立 ARIMA 模型

一般来说，建立 ARIMA 模型一般有 4 个阶段，分别是模型识别和定阶、参数估计、模型检验和模型预测。

（1）模型识别和定阶

模型的识别和定阶，要确定 $p$、$d$、$q$ 这 3 个参数，其中 $p$ 为自回归模型 AR 的阶数、$d$ 为差分次数（阶数）、$q$ 为滑动平均项数。差分的阶数 $d$ 一般为 1 阶或 2 阶即可。

首先认识两个函数。

① 自相关函数

自相关函数（Autocorrelation Function，ACF）描述的是时间序列观测值与其历史观测值之间的线性相关性，计算公式如下：

$$\text{ACF}(k)=p_k=\frac{\text{Cov}(y_t,y_{t-k})}{\text{Var}(y_t)}$$

其中 $k$ 代表滞后期数，如果 $k$=2，则代表描述的是 $y_t$ 和 $y_{t-2}$ 的相关性。

② 偏自相关函数

偏自相关函数（Partial Autocorrelation Function，PACF）描述的是在给定中间观测值的条件下，时间序列观测值与其历史观测值之间的线性相关性。

例如，假设 $k$=3，那么我们描述的是 $y_t$ 和 $y_{t-3}$ 之间的相关性，但是这个相关性还受到 $y_{t-1}$ 和 $y_{t-2}$ 的影响。PACF 剔除了这个影响，而 ACF 包含这个影响。

（2）参数估计

拖尾指序列以指数率单调递减或震荡衰减，而截尾指序列从某个时点变得非常小。根据不同的截尾和拖尾的情况，我们可以选择 AR 模型，也可以选择 MA 模型，当然还可以选择 ARIMA 模型。

接下来，我们就来绘制图形，分析拖尾和截尾情况。

代码如下：

```
acf=plot_acf(train,lags=20)
plt.title('股票指数的 ACF')
plt.show()
```

输出结果如图 10-3 所示。

从图 10-3 可以看出，其阶数呈下降趋势，所以不能用来确定 MA 模型的阶数 $q$。

接下来看一下 PACF。

代码如下：

```
pacf=plot_pacf(train,lags=20)
plt.title('股票指数的 PACF')
plt.show()
```

输出结果如图 10-4 所示。

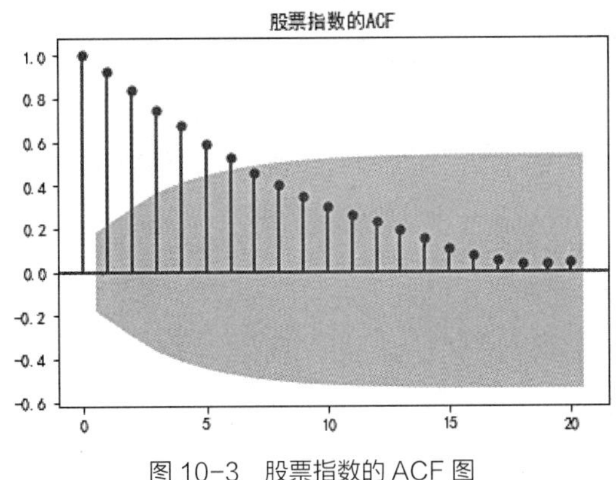


图 10-3　股票指数的 ACF 图

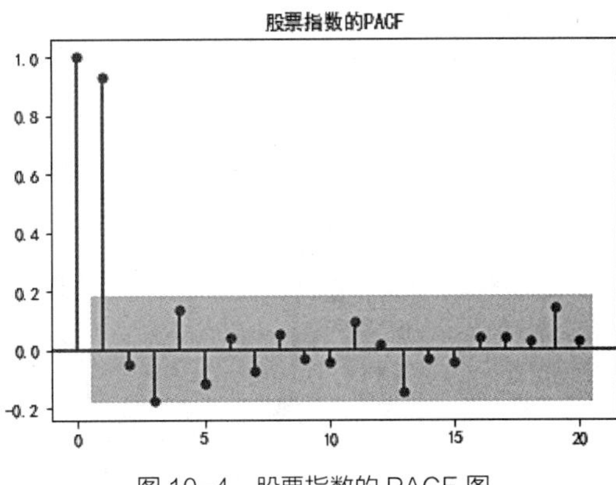


图 10-4　股票指数的 PACF 图

从图 10-4 可以看出，一阶之后的数据就已经在置信区间之内了，可以用来确定 AR 模型中的阶数 $p$。

这里取 $p$=1,$d$=0,$q$=0，即 ARIMA(1,0,0)。

（3）模型检验

模型检验主要有两个：检验参数估计的显著性（t 检验）、检验残差序列的随机性。残差序列的随机性可以通过自相关函数法来检验，即绘制残差的自相关函数图。

代码如下：

```
model = ARIMA(train, order=(1, 0, 0))
results = model.fit()
resid = results.resid #赋值
fig = plt.figure(figsize=(12,8))
fig = plot_acf(resid.values.squeeze(), lags=40)
plt.title('残差的自相关函数图')
plt.show()
```

输出结果如图 10-5 所示。

从图 10-5 可以看出，几乎 95% 的自相关系数都落在 2 倍标准差范围以内，这就说明模型通过了 ACF 的检验。

（4）模型预测

模型预测主要有两个函数，一个是 predict() 函数，另一个是 forecast() 函数。predict() 预测的时间段的值必须在训练 ARIMA 模型的数据中，forecast() 则是对训练数据集末尾下一个时间段的值进行预估。

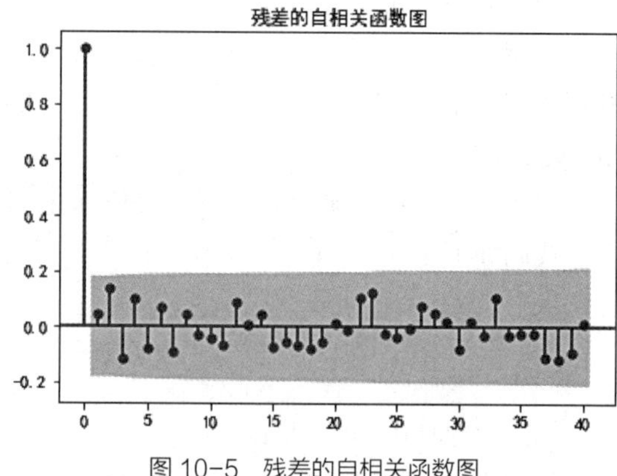


图 10-5　残差的自相关函数图

代码如下：

```
model = ARIMA(sub, order=(1, 0, 0))
results = model.fit()
predict_sunspots = results.predict(start=pd.to_datetime('2021-01-04'),
              end=pd.to_datetime('2021-12-29'),dynamic=False,type='levels')
print(predict_sunspots)
fig, ax = plt.subplots(figsize=(12, 8))
ax = sub.plot(ax=ax)
predict_sunspots.plot(ax=ax)
plt.show()
```

输出结果如图 10-6 所示。

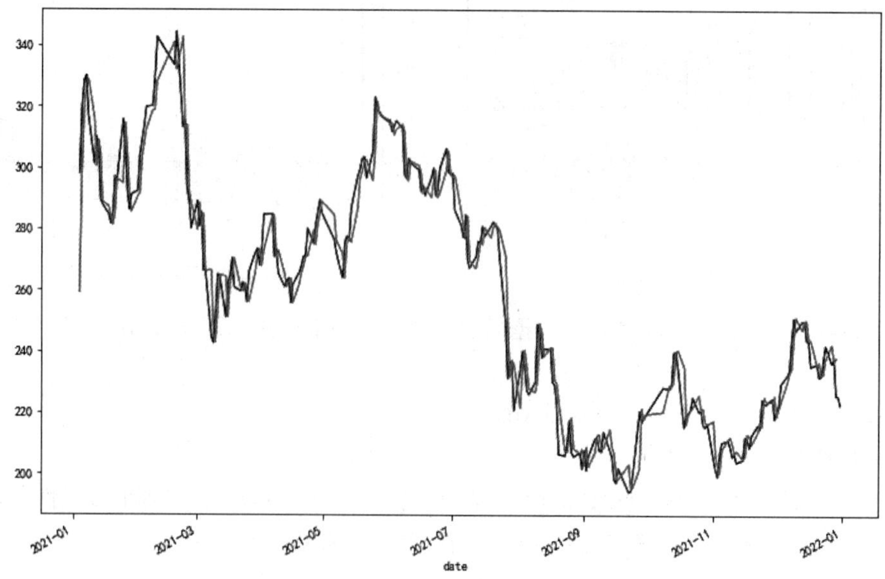


图 10-6　ARIMA 模型预测的趋势图

预估下一个时间段的值的代码如下：

```
results.forecast()[0]
```

输出结果：

```
array([223.4214934])
```

# 【任务 10-2】绘制股票数据的各种图形





**【任务描述】**

数据源为 Excel 文件“stock-2.xlsx”，该文件为“五粮液股票”2020 和 2021 年相关数据，包括以下 10 列有效数据：date（日期）、code（股票代码）、open（开盘价）、high（最高价）、low（最低价）、close（收盘价）、preclose（上一收盘价）、volume（成交量）、amount（成交额）、turn（换手率）。针对该数据集完成以下数据可视化分析操作。

（1）绘制股票每日收盘价的趋势图。

（2）绘制股票最高价和最低价中值的月度趋势图。

（3）绘制股票开盘价与收盘价中值的月度趋势图。

（4）绘制股票收盘价均值的周趋势图。

（5）绘制股票数据集各列数据的直方图。

（6）绘制股票局部区间收盘价均值的周趋势图。

（7）绘制股票收盘价经一阶差分后的周趋势图。

（8）绘制股票指数的 ACF（Autocorrelation Function，自相关函数）系数时序图和 PACF（Periodic Autocorrelation Function，周期自相关函数）系数时序图。

（9）使用 ARMA 模型对股票数据进行拟合，绘制 ARIMA 模型预测的周收盘价均值趋势图。

（10）绘制股票数据的 OHLC 图（O 代表开盘价、H 代表最高价、L 代表最低价、C 代表收盘价）。

（11）通过 K 线图绘制 OHLC 图。

**【任务实现】**

在 Jupyter Notebook 开发环境中创建 tc10-02.ipynb，然后在单元格中编写代码并输出对应的结果。

### 1. 导入模块

导入通用模块的代码详见“本书导学”，导入其他模块的代码如下：

```
import matplotlib
```

### 2. 读取数据

代码如下：

```
path=r".\data\stock-2.xlsx"
# 默认读取 Excel 文件的第一个工作表
df_stock=pd.read_excel(path)
```

### 3. 数据预处理

df_stock 数据集的行索引默认值为从 0 开始的递增数值，一般股票数据应该按照日期进行分析，所以需要将行索引改为“date”列的数据。

代码如下：

```
df_stock['date'] = pd.to_datetime(df_stock.date,format='%Y-%m-%d')
#df_stock['date'] = pd.to_datetime(df_stock['date'],format='%Y-%m-%d')
df_stock =df_stock.drop(columns = "Unnamed: 0")
df_stock.set_index('date',inplace = True)  #inplace 表示是否对数据进行永久改变
df_stock.head()
```

输出结果：

| | code | open | high | low | close | preclose | volume | amount | turn |
|---|---|---|---|---|---|---|---|---|---|
| **date** | | | | | | | | | |
| **2020-01-02** | sz.000858 | 132.00 | 133.50 | 129.59 | 132.08 | 133.01 | 30667439 | 4.038537e+09 | 0.8079 |
| **2020-01-03** | sz.000858 | 131.60 | 132.07 | 129.61 | 130.55 | 132.08 | 20469248 | 2.672531e+09 | 0.5393 |
| **2020-01-06** | sz.000858 | 130.00 | 130.25 | 128.52 | 129.20 | 130.55 | 25936979 | 3.353682e+09 | 0.6833 |
| **2020-01-07** | sz.000858 | 129.50 | 131.07 | 129.00 | 129.37 | 129.20 | 22327793 | 2.901574e+09 | 0.5882 |
| **2020-01-08** | sz.000858 | 128.99 | 129.76 | 128.05 | 128.89 | 129.37 | 16180218 | 2.083243e+09 | 0.4263 |





### 4. 查看数据集的数据特征

查看数据集中是否存在空值的代码如下：

```
df_stock.isnull().any(axis = 1)
```

查看数据集中各列数据的数据类型的代码如下：

```
df_stock.dtypes
```

输出结果：

```
code         object
open        float64
high        float64
low         float64
close       float64
preclose    float64
volume        int64
amount      float64
turn        float64
dtype: object
```

从输出结果可以看出：数据集没有空值，数据类型也符合要求。

### 5. 绘制股票每日收盘价的趋势图

（1）使用 pyplot 子模块的 plot() 函数绘制股票每日收盘价的趋势图

代码如下：

```
plt.figure(figsize=(8,6))
plt.plot(df_stock['close'])
plt.title('股票每日收盘价')
plt.show()
```

输出结果如图 10-7 所示。

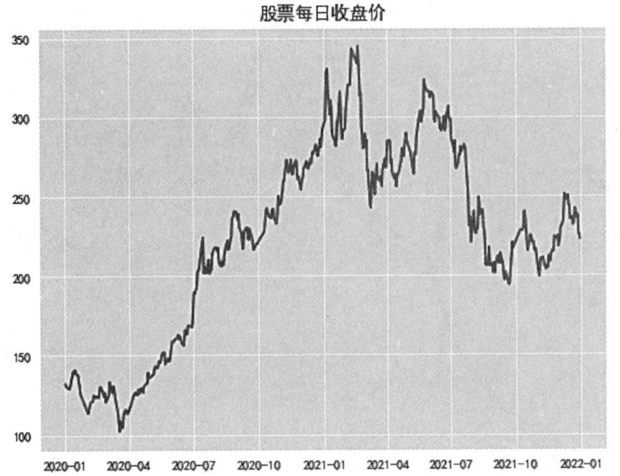

图 10-7　使用 pyplot 子模块的 plot() 函数绘制的股票每日收盘价趋势图

（2）使用 DataFrame 对象的 plot() 方法绘制股票每日收盘价趋势图

代码如下：

```
df_stock['close'].plot(kind ='line',figsize=(8,6))
plt.title('股票每日收盘价')
plt.show()
```

输出结果如图 10-8 所示。

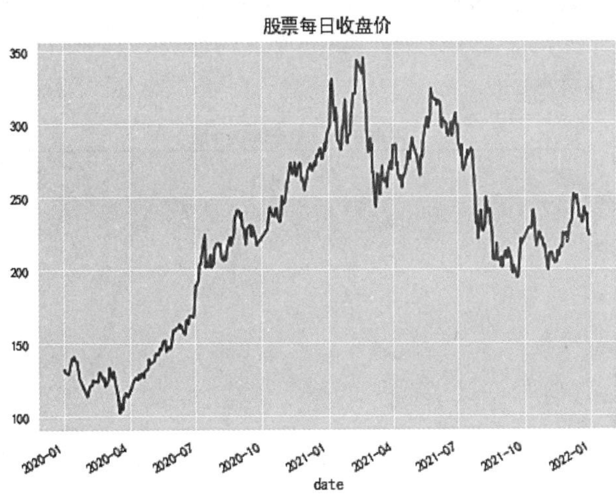

图 10-8　使用 DataFrame 对象的 plot() 方法绘制的股票每日收盘价趋势图

### 6. 绘制股票最高价和最低价中值的月度趋势图

将采样的频率由天改为月，然后绘制采样频率为月的股票最高价和最低价中值趋势图。

代码如下：

```
df_stock.resample('M').median()[['high','low']].plot(kind ='line',figsize=(8,6))
plt.title('股票最高价与最低价的月中值')
plt.show()
```

输出结果如图 10-9 所示。

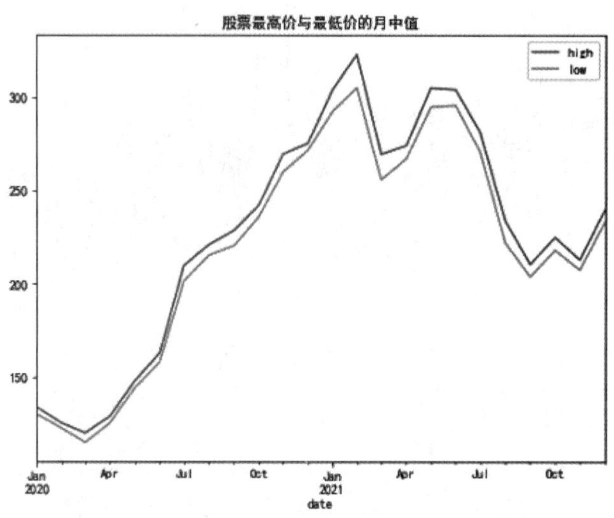

图 10-9　股票最高价和最低价中值的月度趋势图





### 7. 绘制股票开盘价与收盘价中值的月度趋势图

将采样的频率由天改为月，然后绘制采样频率为月的股票开盘价与收盘价中值趋势图。代码如下：

```
df_stock.resample('M').median()[['open','close']].plot(kind ='line',figsize=(8,6))
plt.title('股票开盘价与收盘价的月中值')
plt.show()
```

输出结果如图 10-10 所示。

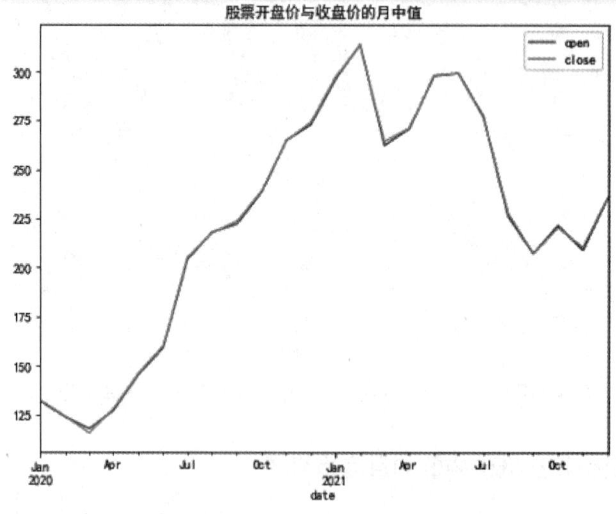

图 10-10　股票开盘价与收盘价中值的月度趋势图

### 8. 绘制股票收盘价均值的周趋势图

将采样的频率由天改为周，然后绘制采样频率为周的股票收盘价均值趋势图。

（1）使用 DataFrame 对象的 plot() 方法绘制股票收盘价均值的周趋势图

代码如下：

```
stock_week = df_stock['close'].resample('W-MON').mean()
stock_week.plot(kind ='line',figsize=(8,6))
plt.title('股票周收盘价均值')
plt.show()
```

输出结果如图 10-11 所示。

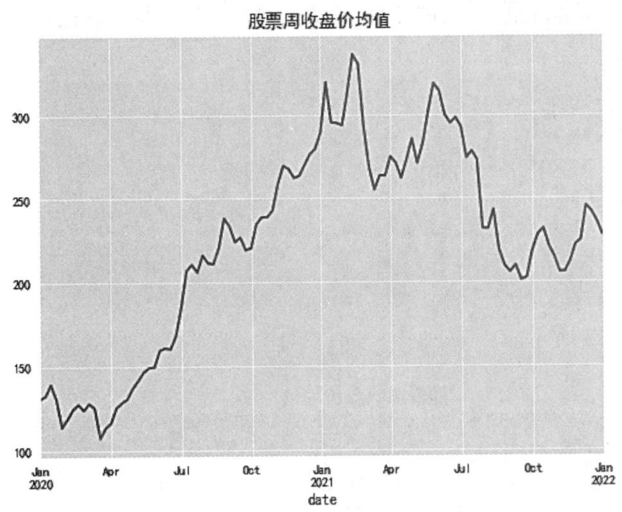


图 10-11　使用 DataFrame 对象的 plot() 方法绘制的股票收盘价均值周趋势图

（2）使用 pyplot 子模块的 plot() 函数绘制股票收盘价均值的周趋势图

代码如下：

```
plt.figure(figsize=(8,6))
plt.plot(stock_week)
plt.title('股票周收盘价均值')
plt.show()
```

输出结果如图 10-12 所示。

图 10-12　使用 pyplot 子模块的 plot() 函数绘制的股票收盘价均值的周趋势图

## 9. 绘制股票数据集各列数据的直方图

代码如下：

```
df_stock.hist(figsize=(8,8))
```

扫描二维码在线浏览电子活页 10-1 查看绘制好的股票数据集各列数据的直方图。

在线浏览

电子活页 10-1

## 10. 绘制股票局部区间收盘价均值的周趋势图

以 2020 和 2021 年局部的股票数据作为 ARIMA 模型中的训练数据。

代码如下：

```
stock_train = stock_week['2020':'2021']
stock_train[np.isnan(stock_train)] = 0
stock_train[np.isinf(stock_train)] = 0
stock_train.plot(figsize=(8,6))
plt.legend(bbox_to_anchor=(1.0, 0.5))
plt.title("股票周收盘价均值")
plt.show()
```





输出结果如图 10-13 所示。

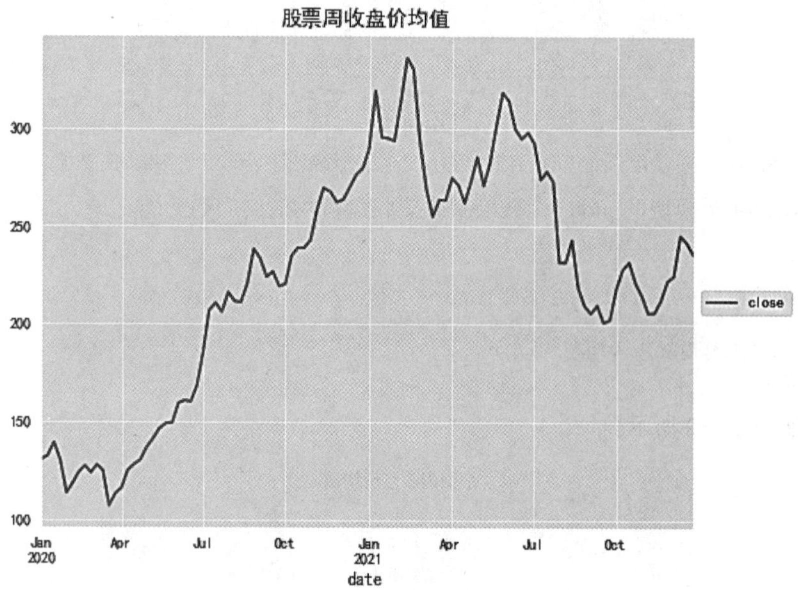


图 10-13　股票 2020 和 2021 年局部区间收盘价均值的周趋势图

从图 10-13 所示的趋势图可以看出，它并不是一个平稳序列，所以需要单独对其进行处理，也就是说利用 ARIMA 模型将非平稳序列转换为平稳序列。

## 11. 绘制股票收盘价经一阶差分处理后的周趋势图

（1）对 ARIMA 模型中的训练数据进行一阶差分处理

对于非平稳序列，需要通过差分算法，将非平稳序列变成弱平稳或者近似平稳序列，代码如下：

```
stock_diff = stock_train.diff()
stock_diff = stock_diff.dropna()
```

（2）绘制经一阶差分处理后的收盘价均值周趋势图

代码如下：

```
plt.figure(figsize=(8, 6))
plt.plot(stock_diff)
plt.title('一阶差分')
plt.show()
```

输出结果如图 10-14 所示。

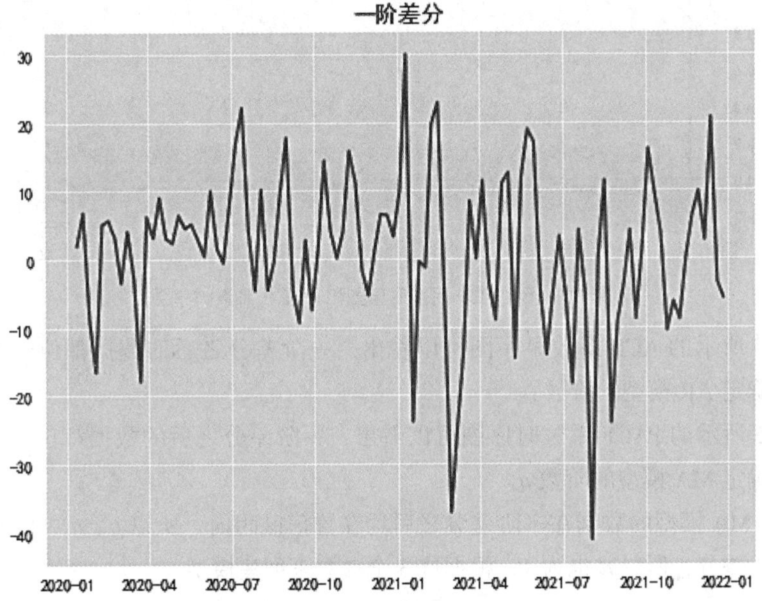


图 10-14 经一阶差分处理后的收盘价均值周趋势图

从图 10-14 所示的趋势图可以看出，经过一阶差分之后，时间序列数据基本上满足了弱平稳趋势，所以可以不再进行差分处理。

### 12. 绘制股票指数的 ACF 系数时序图和 PACF 系数时序图

使用时序图展示一阶差分处理后股票指数的 ACF 系数和 PACF 系数。

代码如下：

```
from statsmodels.tsa.arima_model import ARIMA
from statsmodels.graphics.tsaplots import plot_acf, plot_pacf
fig=plt.figure(figsize=(8, 6))
ax1=fig.add_subplot(211)
ax2=fig.add_subplot(212)
acf = plot_acf(stock_diff, lags=20,ax=ax1,title="股票指数的 ACF 系数")
pacf = plot_pacf(stock_diff, lags=20,ax=ax2,title="股票指数的 PACF 系数")
plt.show()
```

输出结果如图 10-15 所示。

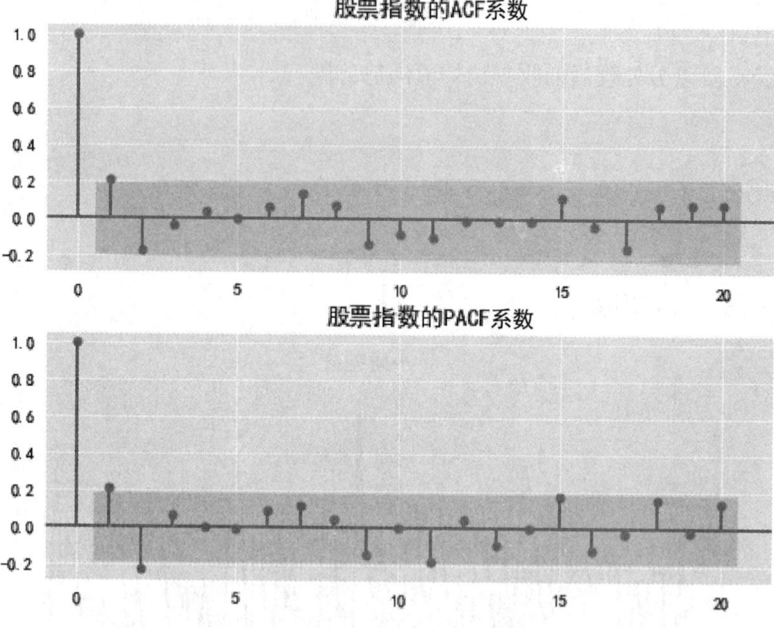


图 10-15　ACF 系数时序图和 PACF 系数时序图

从图 10-15 所示的 ACF 系数时序图可以看出，一阶差分之后的数据都位于置信区间之内，所以可以用来确定 AR 模型的阶数 $p$。

从图 10-15 所示的 PACF 系数时序图可以看出，一阶差分之后的数据都位于置信区间之内，因此可以用来确定 MA 模型的阶数 $q$。

AR 模型、MA 模型的数据在一阶差分之后均在置信区间内，所以 $p$、$q$ 可以确定为 1，且因为只进行了一阶差分，所以 $d$ 也为 1，根据这 3 个参数来创建模型。

### 13. 绘制 ARIMA 模型预测的周收盘价均值趋势图

（1）创建 ARIMA 模型并使用 ARMA 模型对股票数据进行拟合

代码如下：

```
# 设定 p=1, q=1，使用 ARMA 模型进行数据拟合
from statsmodels.tsa.arima_model import ARMA
model = ARMA(stock_train, order=(1,1,1),freq='W-MON')
result_arma = model.fit()
```

（2）绘制 ARIMA 模型预测的周收盘价均值趋势图

代码如下：

```
pred_vals = result_arma.predict('2020-06-01', '2022-12-31',dynamic=False)
plt.figure(figsize=(8, 6))
plt.xticks(rotation=45)
plt.plot(pred_vals)
plt.show()
```

输出结果如图 10-16 所示。

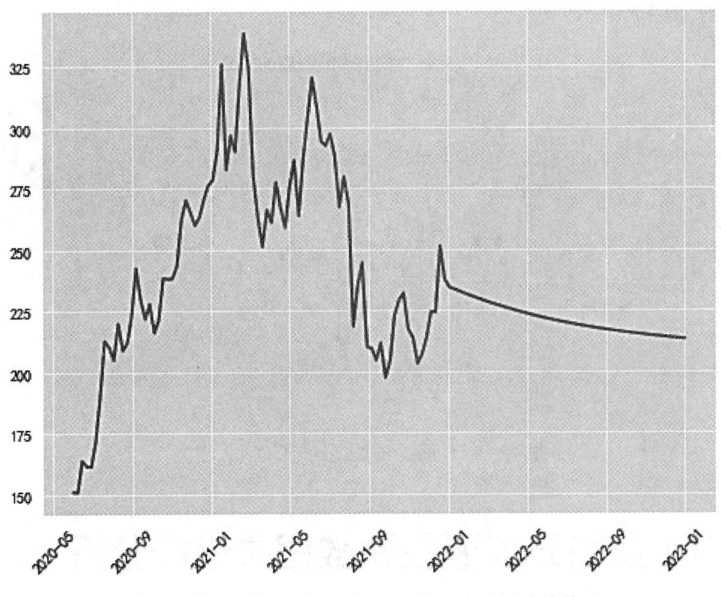

图 10-16　ARIMA 模型预测的周收盘价均值趋势图

## 14．绘制股票数据的 OHLC 图

扫描二维码在线浏览电子活页 10-2“绘制股票数据的 OHLC 图”中的代码及绘制的图形。

## 15．通过 K 线图绘制 OHLC 图

通过 K 线图绘制 OHLC 图时需要导入一个包 mpl_finance，并使用该包中的函数 candlestick_ohlc() 进行绘制。

代码如下：

```
import matplotlib.dates as dates
import mpl_finance as mf
# 设置尺寸
plt.rcParams['figure.figsize'] = (18,6)
# 抽取开盘价、最高价、最低价、收盘价数据
new_df = df_stock.loc[:,['open','high','low','close']]
new_df = new_df.iloc[:100]
# 转换时间数据为可迭代类型
zip_data = zip(dates.date2num(new_df.index.to_pydatetime()),new_df.open,new_df.high,
                                                          new_df.low,new_df.close)
# 直接生成画布
ax = plt.gca()
# 绘制 K 线图
plt.title(' 通过 K 线图绘制的股票 OHLC 图 ',size=20,fontproperties = myfont)
mf.candlestick_ohlc(ax,zip_data,width=1,colorup='r',colordown='g')
# 把 x 轴的时间整数替换为时间日期
ax.xaxis_date()
# 把 x 轴的文字倾斜
plt.xticks(rotation=45)
```

输出结果如图 10-17 所示。

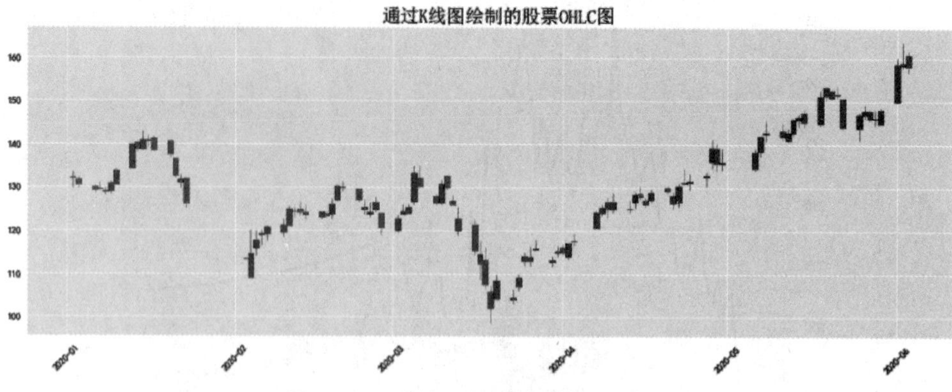


图 10-17 通过 K 线图绘制的 OHLC 图



## 【任务 10-3】获取五粮液股票数据并进行分析

### 【任务描述】

利用 baostock 包获取 2020 和 2021 年五粮液股票的以下相关数据：date（日期）、code（股票代码）、open（开盘价）、high（最高价）、low（最低价）、close（收盘价）、preclose（上一收盘价）、volume（成交量）、amount（成交额）、turn（换手率）。

针对五粮液股票完成以下数据可视化分析操作。

（1）绘制五粮液股票数据的日 K 线图和月 K 线图。

（2）计算五粮液股票 2020 年总收益率。

（3）绘制五粮液股票日收益率的直方图。

（4）绘制五粮液股票数据的五日线和三十日线。

### 【任务实现】

在 Jupyter Notebook 开发环境中创建 tc10-03.ipynb，然后在单元格中编写代码并输出对应的结果。

#### 1. 导入模块

导入通用模块的代码详见“本书导学”，导入其他模块的代码如下：

```
import tushare as ts
from pandas import Series,DataFrame
import baostock as bs
import mplfinance as mf
import matplotlib.pyplot as plot
from statsmodels.graphics.tsaplots import plot_acf,plot_pacf
from statsmodels.tsa.arima_model import ARIMA
from pandas.plotting import scatter_matrix
```

## 2. 获取"五粮液股票"数据

代码如下：

```
# 创建登录对象，并获取数据
lg = bs.login()
rs = bs.query_history_k_data_plus("sz.000858","date,code,open,high,low,close,
                                  preclose,volume,amount,turn",
                                  start_date='2021-01-01', end_date='2022-01-01',
                                  frequency="d", adjustflag="3")
# 输出该数据
data_list = []
while (rs.error_code == '0') & rs.next():
    # 获取一条记录，将该记录与此前获取的记录合并在一起
    data_list.append(rs.get_row_data())
result = pd.DataFrame(data_list, columns=rs.fields)
# 生成 DataFrame 结构
stock=DataFrame(result)
stock.head()
```

输出结果：

| | date | code | open | high | low | close | preclose | volume | amount | turn |
|---|---|---|---|---|---|---|---|---|---|---|
| 0 | 2021-01-04 | sz.000858 | 292.0000 | 300.0000 | 291.9900 | 298.0500 | 291.8500 | 23427822 | 6977115208.0700 | 0.617200 |
| 1 | 2021-01-05 | sz.000858 | 297.2000 | 319.9800 | 294.5000 | 319.9800 | 298.0500 | 31460633 | 9802665755.9500 | 0.828800 |
| 2 | 2021-01-06 | sz.000858 | 320.1500 | 335.6600 | 317.7900 | 328.3000 | 319.9800 | 31343033 | 10211616773.8100 | 0.825700 |
| 3 | 2021-01-07 | sz.000858 | 328.3100 | 330.6800 | 317.0800 | 330.0000 | 328.3000 | 24255948 | 7882443069.0600 | 0.639000 |
| 4 | 2021-01-08 | sz.000858 | 330.0600 | 331.6000 | 308.9400 | 317.0000 | 330.0000 | 37870249 | 12096818569.5300 | 0.997700 |

## 3. 数据预处理

（1）查看该数据集列数据的数据类型

代码如下：

```
stock.info()
```

输出结果：

```
<class 'pandas.core.frame.DataFrame'>
RangeIndex: 243 entries, 0 to 242
Data columns (total 10 columns):
 #   Column    Non-Null Count  Dtype
---  ------    --------------  -----
 0   date      243 non-null    object
 1   code      243 non-null    object
 2   open      243 non-null    object
 3   high      243 non-null    object
 4   low       243 non-null    object
 5   close     243 non-null    object
 6   preclose  243 non-null    object
 7   volume    243 non-null    object
 8   amount    243 non-null    object
 9   turn      243 non-null    object
dtypes: object(10)
memory usage: 19.1+ KB
```

从以上输出结果可以看出，提取出来的数据全为 object 类型，为了方便后面的数据分析，我

们需要对这些数据进行类型转换，并将 date 设置为索引。

（2）转换数据类型

代码如下：

```
stock['date'] = pd.to_datetime(stock['date'])
stock[['open','high','low','close','preclose','volume','amount']]
      =stock[['open','high','low','close','preclose','volume','amount']].astype(float)
```

（3）重命名列与设置 date 为索引

代码如下：

```
dict={
    'open':'Open',
    'close':'Close',
    'high':'High',
    'low':'Low',
    'preclose':'Preclose',
    'volume':'Volume',
    'amount':'Amount',
    'date':'Date'

}
stock.rename(columns=dict,inplace=True)
stock.set_index(['Date'],inplace=True)
```

### 4. 绘制五粮液股票数据的日 K 线图

扫描二维码在线浏览电子活页 10-3“绘制五粮液股票数据的日 K 线图”中的代码及绘制的图形。

在线浏览

电子活页 10-3

### 5. 绘制五粮液股票数据的月 K 线图

代码如下：

```
stockM=stock.resample('M').first()
mc = mf.make_marketcolors(
    up="red",          # 上涨 K 线的颜色
    down="green",      # 下跌 K 线的颜色
    edge="gray",       # 蜡烛图箱体的颜色
    volume="pink",     # 成交量柱子的颜色
    wick="gray"        # 蜡烛图影线的颜色
)
style = mf.make_mpf_style(base_mpl_style="ggplot", marketcolors=mc)
mf.plot(
    data=stockM,
    type="candle",
    title="K-LINE-months",
    ylabel="price",
    style=style,
    volume=True
)
```

输出结果如图 10-18 所示。

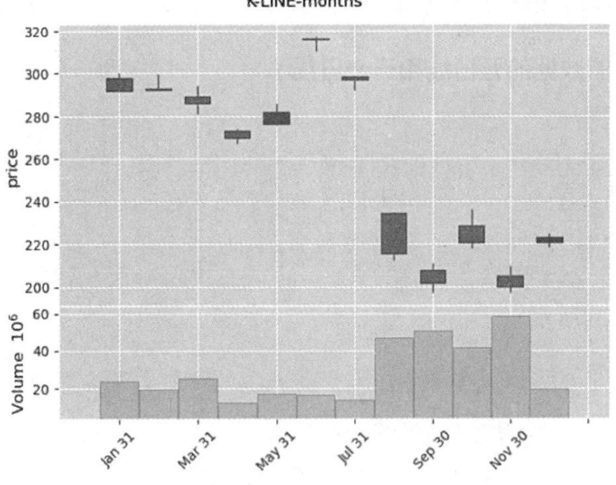


图 10-18　五粮液股票数据的月 K 线图

## 6. 计算五粮液股票 2020 年总收益率

代码如下：

```
# 将收益率输入列表
stock['Profit']=((stock['Close']-stock['Preclose'])/stock['Preclose'])
#stock['Profit'] =stock['Profit'].apply(lambda x: '%.2f%%' % (x*100))  # 显示百分比
# 计算五粮液股票 2020 年总收益率
total_profit=((stock['Close'][-1]-stock['Close'][0])/stock['Close'][0])*100
total_profit=total_profit.round(2)
print(' 五粮液 2020 年股价上涨了 {}%'.format(total_profit))
```

输出结果：

```
五粮液 2020 年股价上涨了 -25.29%
```

## 7. 绘制五粮液股票日收益率的直方图

代码如下：

```
stock.Profit.plot.hist(bins=40)
```

输出结果如图 10-19 所示。

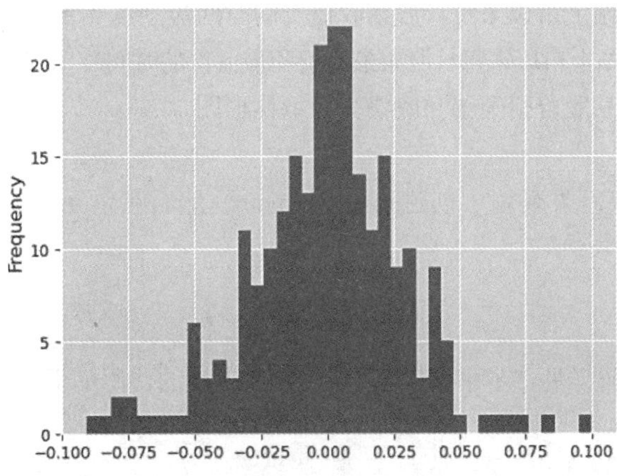


图 10-19　五粮液股票日收益率的直方图

从直方图可以看出，五粮液股价上涨的天数多于下跌的天数，总体还是相对均匀的。

### 8. 绘制五粮液股票数据的五日线和三十日线

代码如下：

```
M5=stock['Close'].rolling(5).mean()
M5.plot(color='red')          # 绘制五日线
M30=stock['Close'].rolling(30).mean()
M30.plot(color='pink')        # 绘制三十日线
```

输出结果如图 10-20 所示。

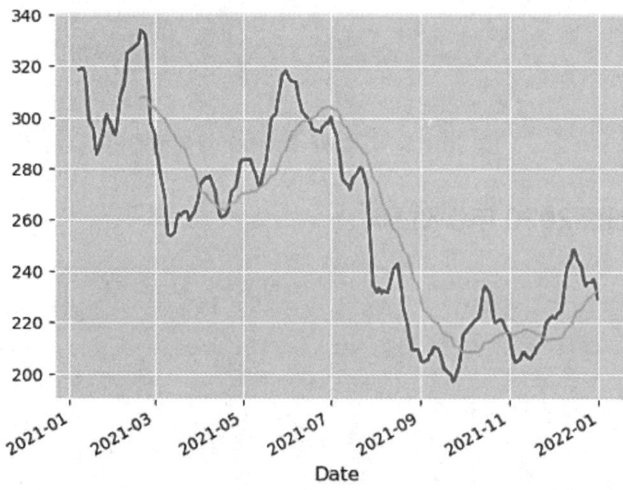


图 10-20　五粮液股票数据的五日线和三十日线





## 【任务 10-4】绘制 bilibili 网站上市至今的股价图形

**【任务描述】**

CSV 文件“bilibili 股票数据 .csv”共有 867 行、7 列数据，列名分别为：日期、收盘价、开盘价、最高价、最低价、交易量、涨跌幅。针对该数据集完成以下数据可视化分析操作。

（1）绘制 bilibili 网站上市以来每日股票收盘价的时间流动图（单线）。

（2）绘制 bilibili 网站上市以来每日股票最高价和最低价的时间流动图（双线）。

（3）绘制 bilibili 网站股价蜡烛图和股票交易量柱形图。

【任务实现】

在 Jupyter Notebook 开发环境中创建 tc10-04.ipynb，然后在单元格中编写代码并输出对应的结果。

### 1. 导入模块

导入通用模块的代码详见“本书导学”，导入其他模块的代码如下：

```
import datetime
from pyecharts.commons.utils import JsCode
from pyecharts.charts import Kline
```

### 2. 读取数据

代码如下：

```
stock = pd.read_csv(r"data/bilibili 股票数据 .csv")
stock.tail(5)
```

输出结果：

| | 日期 | 收盘价 | 开盘价 | 最高价 | 最低价 | 交易量 | 涨跌幅 |
|---|---|---|---|---|---|---|---|
| **862** | 2018年4月5日 | 10.98 | 11.00 | 11.05 | 10.75 | 893.30K | 0.09% |
| **863** | 2018年4月4日 | 10.97 | 10.75 | 11.08 | 10.55 | 1.50M | 0.55% |
| **864** | 2018年4月3日 | 10.91 | 11.50 | 11.50 | 10.79 | 2.51M | -0.82% |
| **865** | 2018年4月2日 | 11.00 | 11.05 | 11.50 | 10.91 | 2.77M | 0.00% |
| **866** | 2018年3月29日 | 11.00 | 11.50 | 11.80 | 10.65 | 5.86M | -2.14% |

### 3. 数据预处理

代码如下：

```
stock.columns = (['date','close','open','high','low','volume','percentage'])
stock['date'] = pd.to_datetime(stock.date,format="%Y 年 %m 月 %d 日 ")
stock = stock.sort_values(by='date',ascending=True)
stock.tail()
```

输出结果：

| | date | close | open | high | low | volume | percentage |
|---|---|---|---|---|---|---|---|
| **4** | 2021-08-31 | 80.23 | 76.27 | 80.24 | 75.11 | 7.37M | 8.23% |
| **3** | 2021-09-01 | 84.56 | 82.52 | 87.49 | 81.75 | 9.11M | 5.40% |
| **2** | 2021-09-02 | 83.73 | 85.47 | 86.48 | 82.46 | 4.26M | -0.98% |
| **1** | 2021-09-03 | 85.95 | 84.93 | 87.26 | 84.55 | 3.03M | 2.65% |
| **0** | 2021-09-07 | 91.14 | 90.80 | 93.47 | 90.43 | 6.80M | 6.04% |

### 4. 绘制 bilibili 网站上市以来每日股票收盘价的时间流动图（单线）

绘制 bilibili 网站上市以来每日股票收盘价的时间流动图（单线），对应的代码及绘制的图形详见本书配套的电子活页 10-1。

电子活页 10-1

### 5. 绘制 bilibili 网站上市以来每日股票最高价和最低价的时间流动图（双线）

绘制 bilibili 网站上市以来每日股票最高价和最低价的时间流动图（双线），对应的代码及绘制的图形详见本书配套的电子活页 10-2。

电子活页 10-2

### 6. 绘制 bilibili 网站股价蜡烛图和股票交易量柱形图

绘制 bilibili 网站股价蜡烛图和股票交易量柱形图，对应的代码及绘制的图形详见本书配套的电子活页 10-3。

电子活页 10-3

# 【任务 10-5】使用 10 年的股票数据建立 ARIMA 模型并使用该模型预测股价趋势

## 【任务描述】

Excel 文件“stock-10.xlsx”中为“五粮液股票”2012—2021 年这 10 年的相关数据，包括以下 9 列有效数据：date（日期）、code（股票代码）、open（开盘价）、high（最高价）、low（最低价）、close（收盘价）、preclose（上一收盘价）、volume（成交量）、amount（成交额）。针对该数据集完成以下数据分析与可视化操作。

（1）绘制最高价与最低价趋势图。

（2）绘制股票开盘价的年度趋势图。

（3）绘制股票多维度的直方图。

（4）计算股票的每日收益并绘制图形。

（5）使用单位根检测数据的平稳性。

（6）对收盘价数据进行差分处理。

（7）创建 ARIMA 模型与拟合模型。

（8）评估 ARIMA 模型。





## 【任务实现】

在 Jupyter Notebook 开发环境中创建 tc10-05.ipynb，然后在单元格中编写代码并输出对应的结果。

扫描二维码在线浏览电子活页 10-4“【任务 10-5】使用 10 年的股票数据建立 ARIMA 模型并使用该模型预测股价趋势”的实现过程。

在线浏览

电子活页 10-4